高等学校计算机基础教育改革与实践系列教材

C 程序设计（第 2 版）

C Chengxu Sheji

杨国林　主编

萨智海　陈秀燕　贺　慧　赵永红　编著

高等教育出版社·北京

内容提要

本书以培养学生结构化程序设计基本能力为主线，围绕相关知识点，用大量难易不等并具有代表性的实例，按照面向应用、重视实践的原则，由浅入深、循序渐进地讲解C语言程序设计的基本概念、语法，以及使用C语言进行程序设计的方法和技巧。

全书共10章，内容包括C语言概述，基本数据类型、运算符和表达式，数据的输入/输出，程序控制结构与结构化程序设计，数组，指针，函数，编译预处理，结构体、联合体及枚举类型，文件。

本书可作为高等学校计算机类专业程序设计基础课程教材，也可作为非计算机专业程序设计类公共基础课教材，还可作为参加全国计算机等级考试的考生、工程技术人员的参考书和程序设计爱好者的自学用书。

本书配有电子教案、例题和习题源代码等教学资源，便于师生的教和学。

图书在版编目(CIP)数据

C程序设计 / 杨国林主编. --2版. --北京 ：高等教育出版社，2018.6

ISBN 978-7-04-049755-7

Ⅰ.①C… Ⅱ.①杨… Ⅲ.①C语言-程序设计-高等学校-教材 Ⅳ.①TP312.8

中国版本图书馆CIP数据核字(2018)第107360号

策划编辑 唐德凯　责任编辑 唐德凯　封面设计 张雨微　版式设计 马敬茹
插图绘制 杜晓丹　责任校对 王　雨　责任印制 韩　刚

出版发行 高等教育出版社
社　　址 北京市西城区德外大街4号
邮政编码 100120
印　　刷 天津文林印务有限公司
开　　本 787mm×1092mm　1/16
印　　张 22.25
字　　数 540千字
购书热线 010-58581118
咨询电话 400-810-0598

网　　址 http://www.hep.edu.cn
　　　　 http://www.hep.com.cn
网上订购 http://www.hepmall.com.cn
　　　　 http://www.hepmall.com
　　　　 http://www.hepmall.cn
版　　次 2013年2月第1版
　　　　 2018年6月第2版
印　　次 2018年6月第1次印刷
定　　价 40.30元

物 料 号 49755-00

前　　言

随着计算机技术的飞速发展，多种高级程序设计语言应运而生，其中 C 语言最具生命力。C 语言是 C++、Java、C#等语言的基础，这些语言完全或部分兼容了 C 语言的语法。因此，国内高校的计算机专业及许多非计算机专业都将 C 语言作为程序设计的入门课程。

近几年来，作者在主持建设“C 语言程序设计精品课程”的同时，对课程的教学内容和教学方法进行了改革实践，重点对教学内容进行了优化和完善。在此基础上，结合作者多年从事 C 语言程序设计课程教学和利用 C 语言完成科研工作的经验，按照教育部高等学校计算机基础课程教学指导委员会发布的《高等学校计算机基础教学发展战略研究报告暨计算机基础课程教学基本要求》，编写了本书和与之配套的《C 程序设计实验指导与习题解答》。经过多年教学实践证明，本书的内容组织循序渐进、通俗易懂，易于被学生接受。

本书以标准 C 语言(ANSI C)为依据，全面系统地阐述了 C 语言的基本概念及其程序设计方法，并对结构化程序设计技术做了较深入的讨论。全书共 10 章，内容包括 C 语言概述，基本数据类型、运算符和表达式，数据的输入/输出，程序控制结构与结构化程序设计，数组，指针，函数，编译预处理，结构体、联合体及枚举类型，文件。由于 C 语言涉及的概念比较复杂，规则较多，使用灵活，使初学者编程时很容易出错，所以书中还对指针概念、指针与数组的关系、函数间的数据传送以及结构体和联合体等难点内容，进行了深入的分析和解释，进一步突出了本书的实用性。

为了便于读者牢固掌握本书知识，并能尽快地把它们应用到实际开发中，书中给出了大量难易不等并具有代表性的实例，所有实例程序均在 Turbo C 2.0 上调试通过。配套的《C 程序设计实验指导与习题解答》介绍了 Visual C++ 6.0 和 Turbo C 2.0 两个集成开发环境的使用，读者可以任选一个环境调试程序。每章末都附有一定数量的习题，可供不同层次的读者选作练习。

本书由杨国林主编。第一章、第二章、第五章、第六章和第八章由杨国林编写，第七章由萨智海编写、第九章由陈秀燕编写，第三章和第四章由贺慧编写，第十章和附录由赵永红编写。全书最后由杨国林修改并统稿。

在本书的编写过程中，得到了校内外同行的大力支持和帮助，在此一并表示衷心的感谢。

限于编者的水平，书中难免存在错误和不当之处，敬请广大读者不吝赐教。

编　　者

2018 年 1 月

目　　录

第一章 C 语言概述

1.1 C 语言的发展与特点

随着电子计算机的迅速发展和广泛应用，C 程序设计语言（简称 C 语言）已成为目前世界上使用最广泛的高级程序设计语言之一。几乎在各种型号的大、中、小及微型计算机上都配有 C 语言编译系统。现在，C 语言已被人们普遍使用，它在系统软件（操作系统、语言处理、系统实用程序）、数据处理、科学工程数值计算等多个领域的软件开发中起着越来越重要的作用。

本章将简要介绍 C 语言的发展与特点、C 语言的基本程序结构、C 语言的基本语法单位、C 语言程序的编译与执行等，使读者对 C 语言有一个总体的印象，并为以后各章的学习打下良好的基础 。

1.1.1 C 语言的发展

20 世纪 70 年代初期，为编写 UNIX 操作系统，种类繁多的计算机程序设计语言家族中又增添了一名新成员——C 语言。

1970 年，美国 AT&T 公司贝尔实验室的肯·汤普森（Ken Thompson）为实现 UNIX 操作系统而提出一种仅供自己使用的工作语言。该工作语言的前身是英国剑桥大学的马丁· 理查德（Martin Richards）在 1967 年开发的 BCPL（Basic Combined Programming Language）语言，被作者命名为 B 语言，B 取自 BCPL 的第一个字母。B 语言用于在美国 DEC 公司的 PDP-7 计算机上编写的第一个 UNIX 操作系统。此后，在美国贝尔实验室进行的更新型的小型机 PDP-11 的 UNIX 操作系统的开发中，戴尼斯·利奇（Dennis Ritchie）和布莱恩·卡尼汉（Brian Kernighan）又在 B 语言的基础上系统地引入了各种数据类型，从而使 B 语言的数据结构类型化，于 1972 年至 1973 年间推出了一种新型的程序设计语言，该语言被命名为 C 语言，C 取自 BCPL 的第二个字母。可见，C 语言名称的由来反映了该语言诞生所经历的两个过程。1973 年，肯·汤普森和戴尼斯·利奇用 C 语言重写了 UNIX 操作系统，推出了 UNIX V5，1975 年又推出了 UNIX V6。最初设计的 C 语言只是为描述和实现 UNIX 操作系统提供的一种工作语言，这时的 C 语言是附属于 UNIX 操作系统的。

在 UNIX V6 公布后，C 语言的优点逐渐引起人们的关注。为了使 UNIX 操作系统能够在所有的计算机上推广，C 语言又经过了多次改进。1977 年 C 语言的作者发表了不依赖于具体计算机系统的 C 语言编译文本《可移植 C 语言编译程序》，使 C 语言移植到其他计算机时所需做的工作大大简化,从而推动了 UNIX 操作系统在各种计算机上的实现以及 UNIX 操作系统的发展。1978 年推出了 UNIX V7 之后,UNIX 操作系统的巨大成功和广泛使用使人们普遍注意到 C 语言的突出优点,从而又促进了 C 语言的迅速推广。C 语言和 UNIX 可以说是一对孪生兄弟,在发展过程中相辅相成。1978 年,布莱恩 · 卡尼汉和戴尼斯 · 利奇以 UNIX V7 中的 C 编译程序为基础合著了具有深远影响的著作《The C Programming Language》,被称为标准 C。这本书上介绍的 C 语言是以后各种 C 语言版本的基础。1978 年以后,C 语言先后被移植到各种大、中、小及微型计算机上。C 语言与大多数高级语言不同,它是在长期的实践中不断变化,产生了很多变种,最终才成为今天这种形式。C 语言注重硬件直接支持的低级操作,从而带来了高速度。随着 UNIX 操作系统的不断传播,C 语言也普及开来,C 语言的可移植性又反过来推动了 UNIX 的传播。目前,C 语言已成为世界上使用最广泛的高级程序设计语言之一,且不依赖于 UNIX 操作系统而独立存在。

1983 年,美国国家标准化协会(American National Standards Institute, ANSI)根据 C 语言问世以来的各种版本对 C 语言的发展和扩充,制定了新的标准,称为 ANSI C。1987 年,ANSI 又公布了新标准——87 ANSI C。1988 年,戴尼斯 · 利奇按照 ANSI C 标准又重写了《The C Programming Language》一书。目前人们常将 1978 年的标准 C 称为旧标准,将 ANSI C 称为新标准,1990 年国际标准化组织(International Standard Organization,ISO)公布的 C 语言标准是以 87 ANSI C 为基础制定的。当前,国内最流行的 IBM PC 系列计算机上使用的 C 版本有 Turbo C、Microsoft C、Quick C 等。它们的不同版本又略有差异,因此,读者可查阅有关手册来了解所用计算机系统的 C 编译的特点和规定。

1.1.2　C 语言的特点

C 语言之所以成为目前世界上广泛使用的程序设计语言,总是有些优于其他语言的特点。概括地说 C 语言有如下特点。

(1) C 语言兼容了其他计算机语言的一些优点,其程序结构紧凑、简洁、规整,表达式简练、灵活、实用。用 C 语言编写的程序书写格式自由,可读性强。C 语言压缩了一切不必要的成分,相对其他语言其源程序短,因此输入程序时的工作量少,编译效率高。

(2) C 语言是介于高级语言和汇编语言之间的一类语言,它比其他高级语言更接近硬件系统。它既具有像汇编语言那样直接访问硬件的功能,又具有高级语言面向用户、容易记忆和便于阅读等特点。它把高级语言的基本结构和汇编语言的高效率结合起来,其运行效率可以与汇编语言媲美。

(3) C 语言是一种结构化程序设计语言,即程序的逻辑结构可以用顺序、选择和循环 3 种基本结构组成。C 语言具有编写结构化程序所必需的基本流程控制语句(如 if-else、for、do-while、while、switch 等语句),十分便于采用自顶向下、逐步求精的结构化程序设计方法。因此,用 C 语言编制的程序具有容易理解,便于维护的优点。

(4) C 语言程序是由函数集合构成的,函数各自独立,它特别适合于大型程序的模块化设计。C 语言程序又可分割成多个源程序文件分别进行编译,然后连接起来构成一个可执行的目标文件,这一特点为开发大型软件提供了极大的方便,也为多人同时进行大型软件的集体性开发提供了强有力的支持。

(5) C 语言的运算符多达 44 种。除可使用常见的四则运算(+、-、*、/)及与(&&)、或(||)、非(!)等逻辑运算功能外,还可以实现以二进制位(bit)为单位的位与(&)、位或(|)、位反(~)、位异或(∧)以及移位(>>、<<)等位运算,并且具有如 i++、i--等单目运算符和+=、-=、*=、/=等复合运算符。丰富的数据类型与丰富的运算符相结合,使 C 语言具有表达灵活和效率高等特点。

(6) C 语言具有丰富的数据类型,它有整型、字符型、实型等基本数据类型,还有数组类型、结构体类型、联合体类型、枚举类型及指针类型等构造数据类型,利用这些类型可实现各种复杂的数据结构。因此,C 语言具有较强的数据处理能力。

(7) C 语言程序可以通过#define、#include 等编译预处理命令来定义"宏"和实现外部文本文件的读取和合并;还可使用#if、#else 等来实现条件预编译等。总之,可通过使用预编译功能来提高软件的开发效率。

(8) C 语言代码质量高(指 C 源程序经编译后生成的目标程序其运行速度快,占用的存储空间少),一般高级语言相对于汇编语言而言其代码质量要低得多,而 C 语言在代码质量上只比汇编语言低 10%~20%。

(9) C 语言具有较高的可移植性(可移植性是指将一个程序不作改动或稍加改动就能从一个计算机系统移到另一个计算机系统上运行)。在 C 语言中,没有依赖于硬件的输入输出语句,程序的输入输出功能是通过调用输入输出函数实现的,而这些函数是系统提供的独立于 C 语言的程序模块。从而便于硬件结构不同的计算机间实现程序的移植。

由于 C 语言的上述特点,使它成为一种既可用于编写系统软件,又可用于编写应用软件的通用程序设计语言,它特别适用于编写各种与硬件环境相关的系统软件,许多以前只能用汇编语言处理的问题现在可以改用 C 语言来处理。因此,C 语言又被称为"高级汇编语言"。

C 语言的优点很多,但和其他程序设计语言一样,它也有弱点,如运算符的优先级较多,有些还与常规约定不同,不便记忆;各种 C 语言版本间略有差异;C 语言中的变量及其值在数据类型上不要求具有严格的对应关系,类型检验很弱,转换比较随便。如 char 类型数据可以作为 int 类型数据参加运算,表达式可以作为语句使用,数组元素和结构体成员均可用指针来表示等。C 语言强调灵活、高效的同时,在一定程度上也存在某些不安全因素。因此,C 语言对程序设计人员提出了较高的要求,对于有经验的 C 程序员来说,就要能够避免不安全因素可能造成的影响。但是,C 语言的优点远远超过了它的弱点,这些优点使 C 语言具有强大的吸引力。

1.2　C 语言的基本程序结构

任何一种计算机程序设计语言都具有特定的语法规则和表现形式,程序的构成规则和书写格式则是程序设计语言表现形式的重要方面。熟悉 C 程序的构成规则和书写格式是程序设计人员编制一个易读并能被计算机正确执行的程序的前提。

学习一种新的语言,最好先读懂几个由这种语言编写的程序,弄清楚该语言的语法规则,然后自己仿写几个程序并上机运行,才能加深对其了解,这是学习计算机语言最行之有效的方法。

本节以几个简单的例子说明 C 程序的基本结构。

【例 1.1】 建立一个简单的 C 源程序(简称 C 程序)。

程序如下:

```
/ * 该程序的文件名为 example1.c * /
#include <stdio.h>
main( )
{
 printf( "The C Programming Language.\n" );
}
```

这是一个简单而又完整的 C 程序。这个程序的功能是在显示屏上输出下面一行信息:

The C Programming Language.

该程序仅由一个主函数 main( )构成,main 是主函数的函数名,任何一个 C 程序都必须有一个名为 main 的主函数,main 后的圆括号( )中可以有参数,也可以像该例那样没有参数,但无论有参数或无参数,括号均不能省略。函数名和参数表构成函数的头部,用花括号{ }括起来的部分称为函数体,花括号是函数体开始和结束的标志符号,程序中的花括号必须成对出现。本例中主函数的函数体仅由一个可执行语句组成。

printf( )是 C 函数库中的标准输出函数,它的作用是输出 printf 后面( )中括在双引号" "中的文字(称为字符串常量或字符串),其中的"\n"是换行字符,它是由"\"和"n"两个字符构成,表示输出"\n"左边的文字之后要换行。分号";"是 C 语句的结束符,一个 C 语句必须以分号结束。加上分号的"printf( );"称为输出语句。

#include 是编译程序的预编译命令,它不是 C 语句。"stdio.h"是 Standard Input&Output 的缩写,文件后缀"h"是 head 的缩写,#include 命令都是放在程序的开头,因此这类文件被称为包含文件或头文件。"stdio.h"是 C 编译程序提供的许多头文件之一,该文件中定义了 I/O 库所用到的某些宏和变量。#include <stdio.h>的作用是把头文件"stdio.h"的内容展开在#include 命令所在位置处。程序中凡是调用了标准输入与标准输出函数则均需在调用之前写上#include <stdio.h>预编译命令,并独占一行。但是,考虑到 printf( )和 scanf( )函数(例 1.2 中介绍)使用频繁,系统允许在使用这两个函数时可不加#include 命令。

【例 1.2】 计算三个数之和。

程序如下:

```
/ * 计算三个数的和 * /
#include <stdio.h>
main( )
{int x,y,z;                              / * 说明 x,y,z 为整型变量 * /
 float sum;                              / * 说明 sum 为实型变量 * /
 printf( "input x,y,z: " );
 scanf( "%d%d%d" ,&x,&y,&z);             / * 输入 x,y,z 三个数 * /
 sum=x+y+z;                              / * 计算三个数的和并赋值给 sum * /
 printf( "\nsum=%f\n" ,sum);             / * 输出 sum 的值 * /
```

```
}
```

运行该程序时,首先给出提示信息"input x,y,z:",提示用户输入3个数,然后计算这三个数的和值,并把计算出的和值以如下形式显示在屏幕上:

sum=…

在此程序中,/*……*/表示注释部分,以"/*"开头到"*/"结尾之间的内容是一个注释,它可在一行书写或分多行书写,也可写在一个语句之后。为了便于理解,本书用汉字表示注释,当然也可以用英语或汉语拼音作注释。注释的作用是帮助阅读和理解程序。编译时,注释行被忽略掉,即不产生代码行。注释在语法上仅起一个空白符的作用,它可以出现在程序中空白符能出现的任何地方,但不能嵌套出现。例如:注释/*…/*…*/…*/,这种嵌套形式非法。

程序的第四、五行是变量说明语句,x、y、z被说明为整型(int)变量,sum被说明为实型(float)变量,以便使超出整数范围的数值也能存放在该变量中。

程序的第六行是一个输出语句,用于输出一行提示信息"input x,y,z:"。第七行的"scanf();"是输入语句,scanf()是一个由系统提供的标准格式化输入函数,其后的圆括号内为参数表,"%d%d%d"为格式串,%d表示十进制整数格式。该输入语句的作用是把来自标准输入设备的三个整数均按十进制整数格式分别存入变量x、y、z所对应的存储单元(以后简称存入变量x、y、z),&x、&y、&z分别表示变量x、y、z所对应的存储单元的地址(以后简称&a为变量a的地址),执行该语句时,操作员要从键盘输入3个整数,数之间以空格隔开。

程序第八行是赋值语句,等号=是赋值运算符,表示把赋值号右边的表达式x+y+z的运算结果赋给sum。

程序的第九行为输出语句,它首先在新的一行上输出字符串"sum=",然后按实数格式(%f)输出变量sum的值,并使光标移到下一行。

【例1.3】 求三个数中的最大值。

程序如下:

```
/*找出三个数中的最大值*/
main()                                /*主函数*/
{int a,b,c,maxi;                      /*变量说明*/
 printf("please to input a,b,c:");
 scanf("%d%d%d",&a,&b,&c);            /*输入变量a、b、c的值*/
 maxi=max(a,b,c);                     /*调用max函数,将得到的最大值赋给maxi*/
 printf("\nmaximum is %d",maxi);      /*输出最大值maxi*/
}
int max(int x,int y,int z)            /*在三个数中找最大值的函数*/
{int m;
 if (x>y)
   m=x;
 else
   m=y;
 if (m<z)
```

```
    m=z;
  return(m);                           /*将最大值m通过max函数返回调用处*/
  }
```

该程序由两个函数组成,主函数和一个名为max的用户自定义函数。用户自定义函数中的"int max(int x,int y,int z)"说明函数返回值的类型为整数类型,函数名为max,形式参数为x、y、z,它们均为整数类型。max函数的功能是找出x、y、z中较大的一个值并存入变量m,"return(m);"将结果返回给主函数main。

C程序的执行总是从main函数开始的,main函数中的所有语句执行完毕,则程序执行结束。main函数中scanf语句的作用是将三个整数值分别输入到变量a、b、c中,当执行到"maxi=max(a,b,c);"语句时,即调用max函数,在调用时将实际参数a、b、c的值分别传递给max函数中的形式参数x、y、z后,控制被传递给max函数,经过执行max函数得到了一个返回值m,当执行"return(m);"语句后,结束max函数的执行,控制又被传递给main函数,并将这个值赋给了变量maxi。然后通过printf语句输出maxi的值。

程序运行情况如下:

```
please to input a,b,c:4  6  2↵        (给变量a、b、c分别输入4、6、2)
maximum is 6                          (输出maxi的值)
```

该例的程序中只包含了两个函数,实际上,一个C程序可以包含多个像max()这样的被调用函数。

上面三个引例,源程序较短,各函数都放在同一个文件中。如果程序很长,将会增加程序的编译时间。C语言允许把一个程序分成几块,放在不同的文件中分别进行编译。分别编译的优点是,当只修改了一个文件中的代码时,不必重新编译整个程序,而只要编译做过修改的那个文件即可。另外,在编写程序的过程中,人们可能积累了一些有用的函数,此时可以把它们分别放在不同的文件中,以便在其他程序中随时调用。

下面是一个分别编译的例子。

【例1.4】 例1.3源程序被分别编辑在两个文件中。

文件名为file1.c的第一个文件内容如下:

```
/*找出三个数中的最大值*/
main()                                /*主函数*/
{int a,b,c,maxi;                      /*变量说明*/
 printf("please to input a,b,c:");
 scanf("%d%d%d",&a,&b,&c);            /*输入变量a、b、c的值*/
 maxi=max(a,b,c);                     /*调用max函数,将得到的最大值赋给maxi*/
 printf("\nmaximum is %d",maxi);      /*输出最大值maxi*/
}
```

文件名为file2.c的第二个文件内容如下:

```
int max(int x,int y,int z)            /*在三个数中找最大值的函数*/
{int m;
 if (x>y)
```

```
    m=x;
  else
    m=y;
  if (m<z)
    m=z;
  return(m);                        /*将最大值 m 通过 max 函数返回调用处*/
}
```

这实际上是把例 1.3C 程序中的两个函数分别放在了 file1.c 和 file2.c 两个源文件中，每个源文件是一个编译单位，编译时应分别进行。当组成一个 C 程序的所有源文件都被编译成二进制代码形式的目标文件之后，由连接程序将各目标文件中的目标函数和系统标准函数库中的函数装配成一个可执行的 C 程序，运行连接生成的可执行程序其结果同例 1.3。

下面是在 Turbo C 环境下进行多文件编译、连接的操作过程。

(1) 启动 Turbo C。

(2) 选择主菜单项 Edit 编辑一个项目文件，该文件的内容是：

file1.c

file2.c

即项目文件中只含有 C 源程序的两个文件名，在项目文件中还可指定这些 C 源程序文件的路径。

将该项目文件存盘时的文件扩展名命名为“.prj”，该例将项目文件命名为 filec.prj。

(3) 选择主菜单项 Project 下拉菜单中的 Project Name 项，按 Enter 键后，输入项目文件名，如：

filec.prj ↵

该项目文件是将 C 程序的多个源文件和目标文件连接成一个完整的程序。

(4) 按功能键<F9>进行编译、连接后可得到一个可执行文件，如 filec.exe，该文件是将项目文件中的各个 C 源程序文件依次编译成目标文件，并将它们连接起来后生成的。

(5) 选择主菜单项 Run 下拉菜单中的 Run 项，按 Enter 键后，则可执行所生成的可执行文件 filec.exe。

看了以上几个程序实例，现将 C 程序基本结构说明如下。

1. C 程序的组成

一个 C 程序可由一个函数或多个函数组成，其中必须有且只能有一个以 main 命名的主函数。其余函数的名字由程序设计者自定。每个函数完成一定的功能，函数与函数之间可以通过参数传递信息。各函数只能并列定义，相互不能嵌套。主函数 main 可以位于源程序文件的任何位置，但程序的执行总是从 main 函数的第一个可执行语句开始，随 main 函数的执行结束而结束。其余函数都是在 main 函数开始执行以后，通过函数调用或嵌套调用而得以执行的。因此，主函数实际上是整个程序的控制部分。其余的函数可以是用户自定义的函数，也可以是系统提供的库函数。C 语言的库函数十分丰富，ANSI C 提供 100 多个库函数，Turbo C 和 Microsoft C 提供 300 多个库函数。可以说 C 语言是函数式语言。

2. 函数的组成

一个函数由两部分组成：函数首部和函数体。函数首部包括函数的类型、函数名和形式参数

表。如例 1.3 中 max 函数的函数首部为:

```
int max(int x,int y,int z)
```

形式参数表可以为空,这样的函数为无参函数。函数体是花括号括起的部分,它包括局部变量说明部分和语句部分。可以没有局部变量说明部分,也可以没有语句部分,如

```
void dummy()
{ }
```

是一个不执行任何操作的空函数。综上所述,一般函数的结构如下:

```
[数据类型标识符] <函数名>(形式参数说明表)
{
   [局部变量说明部分]
   [语句部分]
}
```

3. C 库函数

C 函数分为两类:标准函数(即库函数)和用户自定义函数。标准函数是由 C 编译程序提供的,标准函数的定义以编译后的目标代码形式存放在系统的标准函数库中。用户在程序中需要使用标准函数(如 scanf、printf 函数)完成某个功能时,只需使用#include 预编译命令指出所使用标准函数的系统头文件即可。

用户自定义函数(如例 1.3 中的 max 函数)是用户根据自己的需要而编制的函数,有关函数的详细内容将在第七章介绍。

4. 外部说明

在函数定义之外还可以包含一个外部说明部分,它可包含#include 预编译命令、外部变量的说明等。

C 程序书写格式说明如下:

(1) C 程序习惯使用小写英文字母书写,大写英文字母一般用作符号常量名和其他特殊用途。

(2) C 程序每个语句可从任意列开始,不存在程序行的概念。一行中可以有多个语句,一个语句也可以占用多行。但是,为了使程序结构层次清楚,应当以锯齿形格式书写程序,即在语句之前加上适当数量的空格字符,使处于同一结构层次的语句从同一列开始,从而形成层层缩进对齐的书写格式。

(3) 标识符的命名应当“见其名知其意”。

(4) 为了增强 C 程序的可读性,可以使用适量的空格和空行,但变量名、函数名以及 C 语言的关键字(如 for、switch 等)中间不能加入空格。除此之外的空格和空行可以任意设置,C 语言编译系统不理会这些空格和空行。

(5) 为了帮助读者了解函数、程序块或某几个语句的功能,可以适当地使用注释。

下面是按上述书写格式编写的计算给定的 10 个正整数中奇数与偶数之和的程序实例。

```
/ ********************************
  *          计算奇数与偶数的和       *
  *          Auther: Zhang Ming     *
  *          Date : 2012.08.15      *
  ******************************** /
#include <stdio.h>
main( )
{ int a[10],i,oddsum,evensum;
  oddsum=0;                               /* 变量 oddsum、evensum 赋初值 0 */
  evensum=0;
  for (i=0;i<10;i++)                      /* 输入任意 10 个数存入数组 a */
    scanf("%d",&a[i]);
  for (i=0;i<10;i++)                      /* 计算奇数与偶数的和 */
    if (a[i]%2==1)
        oddsum+=a[i];
    else
        evensum+=a[i];
  printf("\n oddsum=%d",oddsum);          /* 输出奇数与偶数的和 */
  printf("\n evensum=%d",evensum);
}
```

1.3 C 语言的基本语法单位

任何一种程序设计语言都规定了一套严密的语法规则和基本语法单位，以便按照语法规则将基本符号构成语言的各种成分，例如常量、变量、表达式、语句和函数等。

C 语言的基本语法单位有字符集、标识符、关键字、分隔符等。

1.3.1 字符集

各种程序设计语言都规定了允许使用的字符集，以便语言系统能正确识别它们。

C 语言的字符集如下：

(1) 大写英文字母　A　B　C … Z

(2) 小写英文字母　a　b　c … z

(3) 数字　0　1　2 … 9

(4) 特殊字符

+　-　*　/　%　\　_　=　<　>　(　)　&　|　^

~　[　]　{　}　,　.　:　;　?　'　"　!　#

(5) 不可打印字符(空白符,包括空格、换行和制表符)

1.3.2 标识符

标识符是起标识作用的一类符号,一般是指用户或系统定义的常量、变量、类型和函数的名字,如例1.3中的变量名a、b、c、maxi,形式参数x、y、z,数据的类型名int和函数名main、max都是标识符。在C语言中,标识符的含义仅指用户定义的常量、变量、类型和函数的名字。int、float都是由编译程序定义的名字,这样的标识符称为关键字。main被C语言编译程序预定义为主函数的名字。

C语言标识符的构成规则如下:

(1) 一个标识符是一串由字母、数字和下划线"_"组成的字符串。标识符的第一个字符必须是字母或下划线。

(2) C语言编译程序区分大小写字母,例如SUM、sum和Sum是完全不同的标识符。习惯上,变量名和函数名用小写字母表示,符号常量名和由typedef定义的类型名用大写字母表示。

(3) 一个标识符可由许多字符组成,但其长度是有限的。Turbo C规定标识符的有效长度为前32个字符。对于旧标准来说,标识符的有效长度为前8个字符,例如,编译程序把studentname和studentnote视为同一个标识符。

为使程序有良好的可读性,标识符应尽量选用具有一定含义的英文单词来命名,使读者"见其名而知其意",例如代表平均值的标识符用average或aver要比用a好。若选用的英文单词太长,可采用公认的缩写方式。对于常用的标识符应当选用既简单又清楚的名字。对于由多个单词组成的标识符,建议使用下划线将各单词隔开,以增强可读性,例如averagescore可写成average_score。另外还要注意避免在书写标识符时引起的混淆,如字母o和数字0,字母l和数字1,字母z和数字2。下面是一些标识符的例子。

a b1 student_name _buf xy x12

下面是一些非法标识符的例子:

5h	不是以字母开头
no.1	含非字母且非数字的字符
float	与关键字同名
note book	空格不能出现在一个标识符的中间

1.3.3 关键字

关键字是一类特殊的标识符。每一个关键字在C语言中都具有特定的含义与用处。因此不允许在C语言程序中另作他用。C语言的关键字都用小写英文字母表示。

ANSI C标准中定义的32个关键字如下:

auto	break	case	char	const	continue	default	do
double	else	enum	extern	float	for	goto	if
int	long	register	return	short	signed	sizeof	static
struct	switch	typedef	union	unsigned	void	volatile	while

其中,sizeof 是一个运算符,而 void、int、float 等用于命名数据类型,if、for、switch 等用于命名语句。这些关键字将在以后各章逐步涉及。

除上述关键字外,还有几个特殊类型的预定义标识符。严格说来它们不属于关键字,对于这类标识符,虽然 C 语言准许程序设计者用于其他用途(这时就不具有系统原先规定的含义),但建议程序设计者把它们看成关键字而不要在程序中随意使用,以免造成混淆,这些预定义标识符是:

define　undef　include　ifdef　ifndef　endif　line

1.3.4 分隔符

空格字符、制表符、换行符和注释统称为空白符,空白字符在语法上仅起分隔单词的作用。在相邻的标识符、关键字和常量之间需要用空白符将其隔开,其间的空白字符可以为一个或多个。例如,在函数定义的函数首部"int max(int x,int y,int z)"中,int 和 max 之间、int 和 x 之间至少需要一个空格,也可以加多个空格。从广义上讲,C 语言中的运算符(如+、-、*、/ 等)也都是分隔符,它们是分隔运算量的。

1.4 C 语言程序的编译与执行

C 语言是一种高级程序设计语言,写在纸上的程序很容易被人们看懂和接受。但是,对于计算机来说,却不能接受这种语言,它只能识别机器语言。为此必须先把写好的程序在计算机上进行编辑,然后将其编译、连接成相应的可执行程序才能在计算机上运行。

编写好的 C 语言程序称为 C 源程序。C 源程序从在计算机上开始进行编辑到编译、连接和运行并得到正确的运行结果,其操作的基本过程如图 1.1 所示。

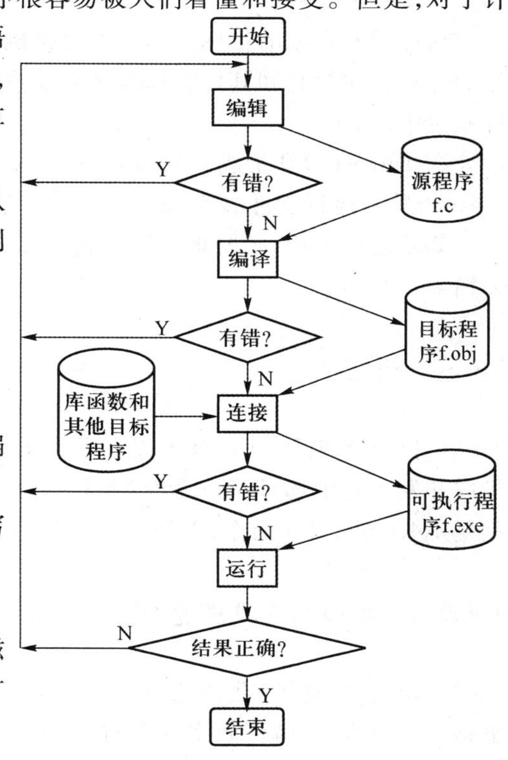

图 1.1　运行 C 程序的一般步骤

1.4.1 编辑

为了编译 C 源程序,首先要进行 C 源程序的编辑。所谓编辑,包括以下内容:

(1) 程序设计者首先用系统提供的编辑器将编写的 C 源程序输入计算机内存。

(2) 修改源程序文件。

(3) 将修改好的源程序以文本文件格式存放在磁盘文件中,源程序文件名由程序设计者自定,文件的扩展名为".c"。例如:f.c。

一个大的 C 语言程序往往可划分为若干模块,每个模块可建立一个源程序文件,一个源程序文件是一个独立的编译单位。因此,一个大的 C 程序可由多个源程序文件组成。

目前,可用于建立源程序文件的编辑软件种类很多,如使用 Visual C++ 6.0 集成开发环境或 Turbo C 2.0 集成开发环境下的编辑功能等。有关各种编辑软件的使用方法请参阅有关手册。

1.4.2 编译

将 C 源程序文件存入磁盘后,还要进行编译。编译的目的是把源程序文件转换成能直接在计算机上运行的二进制目标代码。编译由系统提供的编译程序来完成,编译命令随 C 语言系统的不同而异,具体操作请参阅相应的系统手册。

在对源程序文件进行编译前,要对源程序文件进行检查和确认,然后再进行编译。若编译不成功,则系统会输出"出错信息",告诉用户什么地方出现了什么样的错误。此时用户要重新进入编辑状态,对源程序文件进行修改后再重新编译,直到编译成功为止。经编译后生成的目标文件也存于文件系统中。

在 Turbo C 2.0 集成开发环境下,源程序文件 f.c 经编译后生成的目标文件的扩展名为".obj",其目标文件名为 f.obj。

1.4.3 连接

编译后所生成的目标文件不能直接执行,因为每一个模块往往是单独编译的,必须用系统提供的连接程序把它和其他目标程序以及系统所提供的库函数进行连接,生成可执行文件存于文件系统中。

在 Turbo C 2.0 集成开发环境下,目标文件 f.obj 经连接后生成的可执行文件的扩展名为".exe",其可执行文件名为 f.exe。

如果连接出错,则要重新调用编辑程序来修改 C 源程序,然后重新编译,再重新连接,直至无错。

1.4.4 执行

可执行文件生成后,就可以在操作系统支持下以可执行文件名为命令名(或在 Turbo C 2.0 集成开发环境中选择 Run 命令)执行该程序。如果程序不能正常执行或输出结果不正确则需要重复 1.4.1 至 1.4.4 操作,直到正常执行并输出正确结果。

1.4.5 Turbo C 2.0 的运行

近年来,出现了"集成化"的工具环境。Turbo C 2.0 不仅是一种先进的 C 语言编译程序,它更是一个速度快、编译效率高及自带编辑程序、调试程序和其他许多易用的实用程序的综合软件。它集编辑、编译、连接、调试工具于一身,用户可方便地在窗口状态连续进行编辑、编译、连接、调试、运行等操作。

Turbo C 是美国 Borland 公司的产品商标，可在 IBM PC 及其兼容机上运行。Turbo C 支持布莱恩·卡尼汉和戴尼斯·利奇的 C 定义和 ANSI C，在这个基础之上，Turbo C 还有自己扩充的关键字和扩充的功能。

Turbo C 2.0 的详细内容在配套教材《C 程序设计实验指导与习题解答》中进行介绍，假设 Turbo C 2.0 版的软件已经安装在 C:\TC 子目录下，下面简要介绍 Turbo C 2.0 的运行和操作方法。

1. 启动 Turbo C 2.0 集成开发环境

(1) 在 DOS 命令提示符下启动，有以下两种方式。

① 单击桌面左下角的“开始”菜单，将鼠标指针移至“运行(R)”处，单击即可弹出“运行”对话框，如图 1.2 所示。在对话框的“打开”文本框中输入 cmd，单击“确定”按钮，即可进入 DOS 命令提示符窗口，窗口标题为“C:\WINDOWS\system32\cmd.exe”。然后在该窗口中输入 cd\tc 并按 Enter 键，即可进入 TC 目录，如图 1.3 所示。

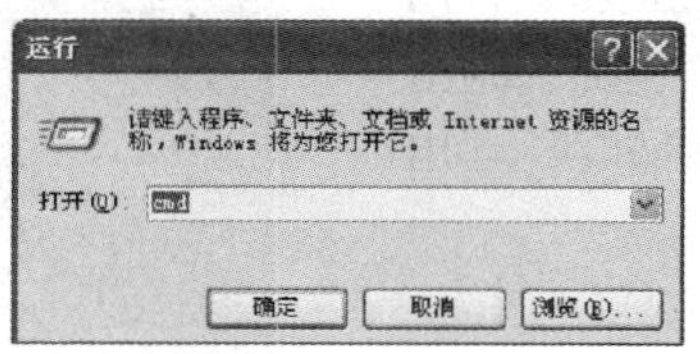

图 1.2　“运行”对话框

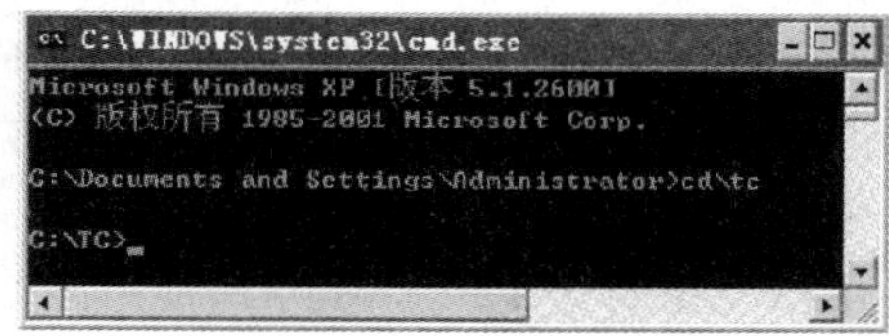

图 1.3　DOS 命令提示符窗口

② 单击桌面左下角的“开始”菜单，将鼠标指针移至“所有程序(P)”子菜单处，然后再将鼠标指针移至“附件”子菜单下的“命令提示符”处，单击即可进入 DOS 命令提示符窗口，窗口标题为“命令提示符”。然后在该窗口中输入 cd\tc 并按 Enter 键，即可进入 TC 目录。该窗口与图1.3 基本相同，只是窗口标题不同。

注意：利用上面两种方法进入 DOS 命令提示符窗口，虽然窗口标题有所不同，但都是进入了命令提示符窗口。

③ 接着在 DOS 命令提示符窗口中再输入 TC 并按 Enter 键，即可启动 Turbo C 2.0 集成开发环境。

(2) 在 Windows 下，通过“资源管理器”打开 C:\TC 文件夹(目录)，双击其中的 TC.EXE 文件即可启动 Turbo C 2.0 集成开发环境。

Turbo C 2.0 集成开发环境启动后，立即显示主窗口和版本信息。当单击任意键后，版本信息消失(要想再显示，随时按 Shift+F10 组合键即可)，Turbo C 2.0 主窗口如图 1.4 所示。

Turbo C 2.0 主窗口由 4 部分组成：主菜单、编辑窗口、信息窗口和功能键提示行。

用户可以通过窗口顶部的主菜单项来选择使用 Turbo C 2.0 集成环境所提供的各项主要功能。主菜单中的 8 个菜单项分别代表：文件操作(File)、编辑(Edie)、运行(Run)、编译(Compile)、项目文件(Project)、选项(Options)、调试(Debug)、中断/观察(Break/watch)等功能。

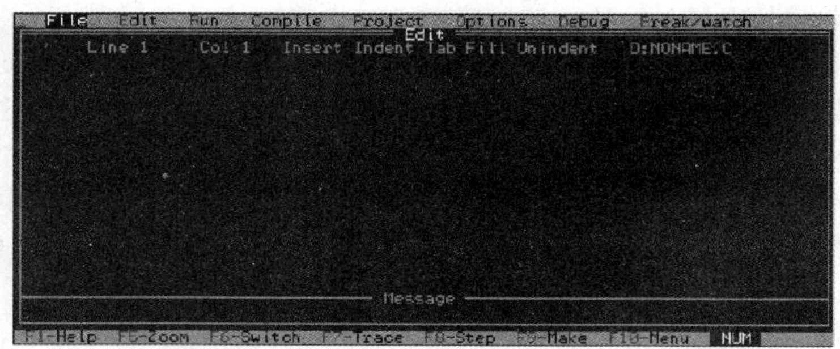

图 1.4　Turbo C 2.0 主窗口

先使用功能键 F10(窗口底部有提示)激活主菜单,此时“File”菜单项“反相”显示。此时用键盘上的“←”和“→”键可以选择主菜单条中所需要的任一菜单项,被选中的菜单项以“反相”形式显示(例如主菜单中的各项原来以白底黑字显示,被选中时改为以黑底白字显示)。此时若按 Enter 键,就会出现一个下拉菜单。例如在选中“File”菜单并按 Enter 键后,屏幕上的“File”菜单项下面出现一个下拉菜单,如图 1.5 所示。该子菜单提供了多个菜单项,可用“↑”和“↓”键选择所需要的子菜单项。

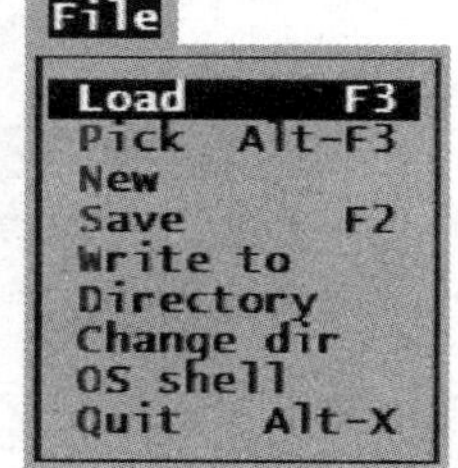

图 1.5　File 的下拉菜单

2. 用 Turbo C 2.0 开发 C 程序

(1) 编辑。在主菜单下将光标移到 File/Load(即先选择“File”菜单并在其下拉菜单中选择“Load”)处,按 Enter 键,表示要调入一个已有的源文件,此时屏幕上出现一个包含 *.c 的对话框,要求输入要编辑的文件名。例如,用户在对话框中输入文件名“example1.c”,如果磁盘上已存在此文件,则将该文件调入内存并显示在屏幕上,系统自动转入编辑(Edit)状态。当编辑完成后,可用 File/Save 或 F2 键按该文件名存盘。

若在主菜单下将光标移到 File/New 处,按 Enter 键,则系统直接进入编辑状态,用户即可输入源程序,当源程序编辑完成后,用户将光标移到 File/Write to 处,按 Enter 键,表示要将该文件存盘。此时屏幕上出现一个包含 *.c 的对话框,要求输入一个文件名,当输入一个扩展名为“.c”的文件名并按 Enter 键后,源程序就按该文件名存盘。

(2) 编译和连接。在主菜单下将光标移到 Compile/Compile to OBJ 处,按 Enter 键,则进行编译,得到一个扩展名为“.obj”的目标程序。然后再选择 Compile/Link EXE File 进行连接操作,可得到一个扩展名为“.exe”的可执行文件。

同样也可按 F9 键(即 Compile/Make EXE File)一次完成编译和连接。在编译过程中由信息窗口显示诊断信息。若有错误,按任意键即可返回编辑窗口,光标停在出错处,修改后再按 F9 键重新编译、连接,直至程序正确无误即可生成可执行文件。

(3) 执行。按 F10 键激活主菜单,将光标移到 Run/Run 处,按 Enter 键,或直接按 Ctrl+F9 组合键,即可运行刚编译、连接好的可执行程序。

程序运行后,立刻回到 Turbo C 2.0 主窗口,但运行结果显示在用户屏上。这时若想查看运行结果,可在主菜单下将光标移到 Run/User Screen 处按 Enter 键,或直接按 Alt+F5 组合键转到用户屏，即可看到运行结果，看完后按任意键又回到 Turbo C 2.0 主窗口。

(4) 退出 Turbo C 2.0。按 Alt+X 组合键或将光标移到 File/Quit 处并按 Enter 键，则退出 Turbo C 2.0 集成开发环境。由于经过编译、连接后生成了可执行文件(如为 example1.exe)，所以还可在 DOS 系统下执行该文件，如果输入：

C:\TC>example1

即可得到运行结果。

为了方便操作，Turbo C 2.0 提供了快捷键 Ctrl+F9 用于一次完成编译、连接、执行全过程。可用 Alt+F5 组合键查看程序结果。

本章习题

1. C 语言的主要特点是什么？

2. C 语言程序的基本结构如何？

3. C 语言的基本语法单位包括哪些元素？为什么有一类标识符叫关键字，关键字能作函数名和变量名吗？为什么建议不要将预定义标识符再定义为用户定义标识符？

4. 用户定义标识符的构成规则是什么？请判断下列标识符哪些是合法的用户定义标识符。

(1) signed　(2) max　(3) xy_1　(4) student_number　(5) 4th
(6) #xyz　(7) score.1　(8) _xyz　(9) J15#_2　(10) x12
(11) a$　(12) A$　(13) student no

5. ANSI C 标准中定义了哪些关键字？

6. C 语言程序的书写格式是什么？

7. C 语言是一种函数式语言，每个 C 语言程序必须有一个主函数吗？一个 C 程序中所包含的主函数和其他函数之间的关系是什么？

8. 在 Turbo C 中，如何对 C 语言源程序进行编辑、编译、连接及运行？

9. 为什么要在 C 语言程序中加注释，注释在函数中的位置如何？

10. 模仿本章例题，编写一个 C 程序，输出以下信息。

```
****************************************
*     WELCOME     TO     CHINA     *
****************************************
```

11. 指出下列程序中的错误，并上机调试运行。

```
/* 求 1+2+3+…+10 的和 */
#include <stdio.h>
main()
{
  int s,n;
  sum=0;n=1;
  while (n<10)
    {sum=sum+n;
```

```
        n=n+1
     };
   printf("sum=%d\n",sum)
   }
```

第二章
基本数据类型、运算符和表达式

本章介绍 C 语言的基础知识，包括基本数据类型、常量和变量、运算符、表达式以及数据类型转换等内容。

2.1 C 语言的数据类型

2.1.1 概述

程序设计主要解决两个问题：一个是动作，即怎样做的问题，这由语句来实现；另一个是动作的对象，即数据的存放问题，这由数据类型来决定。C 语言除提供丰富的基本数据类型之外，还提供了构造数据类型，人们可以利用这些数据类型组成一些更复杂的数据结构。世界著名计算机科学家尼克劳斯 · 沃斯（Nicklaus Wirth）提出这样一个公式：

程序 = 数据结构 + 算法

由此可知，数据是程序设计的一个重要内容，数据的一个非常重要的特征就是它的类型。在 C 语言中，每一个数据都属于一个确定的数据类型，不存在不属于某种数据类型的数据。为什么要规定数据类型呢？原因如下：

（1）不同数据类型的数据在计算机内存中占据不同长度的存储区，而且在计算机内的表示方法和在书写中的表示形式也不同。例如，一个基本整型数据在计算机内占用两个字节，一个字符型数据在计算机内占用一个字节。长度为 n 的字符串在计算机内占用连续的 $n+1$ 个字节，且以'\0'字符结束。在书写中，字符数据用单引号括起来，而且只能是单个字符。字符串数据用双引号括起来。又如，数值型数据中的整数和浮点数不但在计算机内的表示形式不同，而且书写形式也不同。

（2）一种数据类型对应着一个值的范围。例如，有符号整型数据，其数的范围是 -32768~+32767；字符类型数据的取值范围是某一字符集中的所有字符。

（3）一种数据类型对应着一个运算集。数据类型不同，所允许进行的运算也不同。例如，对数值型数据可施加算术运算；对字符型数据可施加关系运算，也可施加算术运算；对字符串型数据可施加连接、复制、比较、求子串等运算；对于指针型数据允许进行加、减、比较运算，而不允许进行乘、除运算。

2.1.2 数据类型

C 语言的数据有常量和变量之分,它们都必须属于某种确定的数据类型。在 C 语言程序中,一个变量只能属于一种数据类型,不能先后被定义为不同的数据类型。

C 语言提供如图 2.1 所示的数据类型。

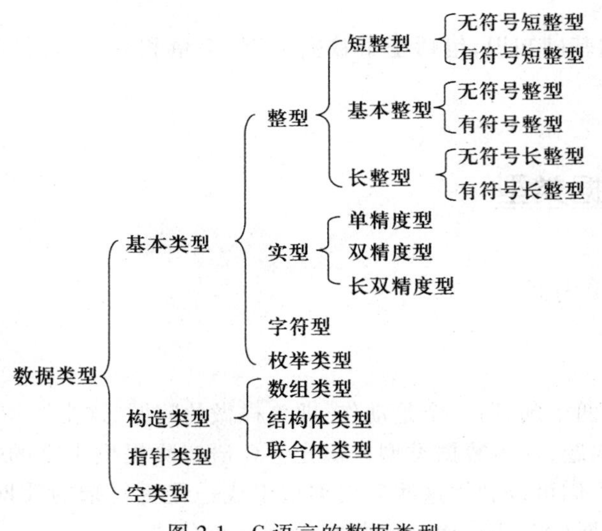

图 2.1 C 语言的数据类型

2.2 常量

常量是指程序运行时其值不发生变化的量。C 语言中的常量有 3 类:数、字符和字符串。在 C 程序中,常量不需经过任何类型说明就可直接使用。除此之外,C 语言中还经常使用两种表现形式不同的常量:转义字符和符号常量。

2.2.1 数

C 语言中的数有整数和实数两种。

1. 整数

C 语言中不仅允许使用十进制整数,还允许使用八进制整数和十六进制整数。

(1) 十进制整数。十进制整数是由数字 0~9 组成的数字串,多位数时左边第一个数字不能为 0,十进制整数可以是正数或负数,分别在数的前面加正号“+”或负号“-”表示,正数的“+”号一般省略不写,例如:

213 -29 0 +56 是合法的整数。

(2) 八进制整数。八进制整数是由数字 0~7 组成的数字串,第一个数字必须为 0,前导 0 为八进制数的标志。八进制整数可以是正数或负数,分别在数的前导 0 的前面加正号“+”或负号“-”表示,正数的“+”号一般省略不写。八进制一般用于表示无符号整数。例如:

0213　-030　+056　-0123 是合法的八进制整数,而 0128 为非法表示。

八进制与十进制数之间的转换可按下述方法进行。

将一个八进制数转换为十进制数用乘法,只要把它的最后一位乘以 8^0,倒数第二位乘以 8^1,依此类推,最后将各项相加即可。例如,将 0213 转换成十进制数:

$$
\begin{aligned}
0213 &= 2\times8^2+1\times8^1+3\times8^0\\
&= 139
\end{aligned}
$$

则八进制数 0213 等于十进制数 139。

反之,将一个十进制数转换为八进制数用除法,只需将它不断除以 8,得到的余数由下向上排列就是以八进制表示的数,例如,将 139 转换成八进制数:

```
8 | 139
 8 | 17      余 3   ↑
  8 | 2      余 1   |
     0       余 2   |
```

则十进制数 139 等于八进制数 0213。

(3) 十六进制整数。十六进制整数是由数字 0~9 和字母 a~f(或 A~F)组成的字符串,字符串必须以 0x 或 0X 开头,0x 为十六进制整数的前缀。十六进制数也可以是正数或负数,分别在前缀 0x 前面加正号“+”或负号“-”表示,正数的“+”号一般省略不写。十六进制一般用于表示无符号整数,例如:

0x213, -0X30, +0xC56, -0x12A 是合法的十六进制整数。

021d, x21f, 21d 为非法的十六进制整数。

在十六进制整数的表示中,字母 a~f 与 A~F 具有相同的意义,字母 a、b、c、d、e 和 f 分别代表十进制整数 10、11、12、13、14 和 15。例如:

0x21d, 0X21d, 0X21D, 0x21D 是同一个十六进制整数。

十六进制数和十进制数之间的转换可按下述方法进行。

将一个十六进制数转换为十进制数用乘法,只要把它最后一位乘以 16^0,倒数第二位乘以 16^1,依此类推,最后将各项相加即可。例如:

$$
\begin{aligned}
0xc56 &= 12\times16^2+5\times16^1+6\times16^0\\
&= 3158
\end{aligned}
$$

则十六进制数 0xc56 等于十进制数 3158。

反之,将一个十进制数转换为十六进制数用除法,只需将它不断除以 16,得到的余数由下向上顺序排列就是以十六进制表示的数。例如:

```
16 | 3158
 16 | 197     余 6          ↑
  16 | 12     余 5          |
       0      余 12(写成 C) |
```

十进制数 3158 等于十六进制数 0xc56。

十六进制数和八进制数之间的转换是借用二进制数进行的。十六进制数和八进制数之间的转换可按下述方法进行：

先将十六进制数的每一位(从左到右)数字分别改写成一个等值的 4 位二进制数，然后按从右至左的顺序将相邻的三个二进制位写成一个等值的八进制数字，如果最后余下的二进制位不足三位则用 0 将其补足三位，例如，将 0x1A3 表示成八进制数：

```
          1        A        3
0x1A3 = 0 0 0 1  1 0 1 0  0 0 1 1 = 0643
          0      6      4      3
```

转换结果为 0643。

如果转换结果开头一位不是 0，则必须加上一个前置 0。例如，将 0xC56 表示成八进制数：

```
          C        5        6
0xC56 = 1 1 0 0  0 1 0 1  0 1 1 0 = 06126
          6      1      2      6
```

转换结果为 06126。

将八进制数转换成十六进制数的过程是：先将八进制数的每一位(从左到右)数字分别改写成一个等值的三位二进制数，然后按从右至左的顺序，将相邻的 4 个二进制位改写成一个等值的十六进制数字，如果最后余下的二进制位不足 4 位则用 0 补足 4 位，结果需加上十六进制数的前缀 0x 或 0X。例如，将 0334 转换成十六进制数：

```
                 3      3      4
0334 = 0 0 0 0  1 1 0  1 1  1 1 0 0 = 0x0DC = 0xDC
          0        D        C
```

转换结果为 0xDC。

在 C 语言中，整数有短整型数、基本整型数和长整型数。整数取值范围一般由 CPU 所处理的机器字的位数所决定。目前，对多数计算机系统而言，短整型数一般占用两个字节，基本整型数也占用两个字节(即 16 位二进制数)。

有符号整型数的取值范围是：-32768～+32767。

无符号整型数的取值范围是：0～65535。

对于超过这个范围的数，C 语言提供一种长整数的表示方法来扩大整数的取值范围，长整型数占用 4 个字节。

有符号长整型数的取值范围是：-2147483648～+2147483647。

无符号长整型数的取值范围是：0～4294967295。

长整型数的表示方法是在任意进制的整型数的末尾加一个字母 l 或 L，例如：

213L　　0647l　　0x7dfL

无符号整型数的表示方法是在任意进制的整型数后面加 u 或 U，例如：

213u　　0647U　　0x7dfu

无符号长整型数的表示方法是在任意进制的整型数后面加 ul 或 UL，例如：

213UL　　0647ul　　0x7dful

后缀字母大小写任意，由于 l 与字母 I 和数字 1 容易混淆，所以常用大写 L。

当整数的值超出所能表示的范围时称为溢出，整数溢出会导致不正确的结果。为避免溢出，应根据具体情况将整数相应地表示为长整数、无符号整数或无符号长整数。

十进制、八进制、十六进制整常数可用于不同的场合，通常设计应用软件时大多采用十进制数，当设计系统软件时，有时采用八进制和十六进制数。

2. 实数

实数又称浮点数。在 C 语言中，实数只使用十进制形式表示，不能用八进制或十六进制表示。实数有两种表示方法，即十进制小数形式和指数形式。

（1）十进制数形式的实数由整数部分、小数点、小数部分组成。十进制形式表示的实数可以无整数部分或无小数部分，但不能两者均无。例如：

2.718　0.123　.123　123.0　123.　0.0 均为合法的实数。

（2）指数形式的实数一般形式为：

[±][整数部分][.][小数部分]<e>[±]<n>

其中，e 前面的部分称为尾数，e 后面的部分称为阶码。[ ]表示可选；e±n 称为指数部分，1e±n表示 $10^{\pm n}$，e 可以写成大写 E；n 为 1~3 位十进制无符号整常数（可以有前置 0，如 002）。

整数部分前面的“+”和 n 前面的“+”可以省略。例如，下面的各种写法表示同一实数：

-3.14e+5　　-3.14E5　　-3.14e+05　　-3.14e5 它们均代表值-314000.0。

在有小数点的情况下，可以无整数部分或小数部分，但不能两者均无；在无小数点的情况下，要同时省略小数部分，但不能无整数部分，即必须有尾数。例如：

-23.45e-5　　23.e-5　　.45e-5　　-.45e5　　23e+5 均为合法的实数。如果将2.718E+3 写成 2718，将 0.写成 0，或将 100.0 写成 100，则它们不是实数而是整数。

下面是一些非法表示：

-.E+4、.e4、e4	这三个数均无尾数
0.25e4.5	阶码不是整数
0.25e+N	阶码不是常量（N 定义为符号常量也是错误的）

实数取其值的绝对值范围。当实数超出它的类型所能表示的范围时产生溢出。如果实数的绝对值小于所能表示的最小值则产生下溢，例如实数 1.7e-309 和-1.7e-309 均产生下溢，因为 |±1.7e-309| < |1.7e-308|。下溢时绝对值太小以致机器不能表示而产生零值，称之为“机器零”，下溢时程序可能无法正常运行。当实数的绝对值大于所能表示的最大值时产生上溢，例如实数 1.7e+309 和-1.7e+309 均产生上溢，因为 |±1.7e+309| > |1.7e+308|。上溢时将产生错误的结果。

实数又分为单精度（Float）、双精度（Double）和长双精度（Long Double）3 类。实数的默认类型为双精度数（Double 型）；在实数后面加后缀字母 f 或 F 表示单精度数（Float 型），例如 3.14159F；在实数后面加后缀字母 l 或 L 表示长双精度数（Long Double 型），例如 1.7e+309L。

单精度实数具有 6~7 位十进制有效数字，双精度实数具有 15~16 位十进制有效数字，长双精度数具有 18~19 位十进制有效数字。

2.2.2 字符常量

字符常量是用一对单引号括起来的单一字符,例如:

'a','A','?','#','+'等都是字符常量。

字符常量中的单引号只是作为定界符使用,当输出一个字符常量时不输出此引号。单引号中的字符不能是单引号或反斜杠,如'''或'\'都是非法的字符常量,单引号字符和反斜杠字符必须用转义字符表示。

在C语言中,一个字符常量在计算机内存中占据一个字节,字符常量实际上是一个字节的整数,字符常量的值就是该字符在其所属字符集(如ASCII)中的编码,附录A中可打印字符的编码为32~126。例如:

' '是空格符　　字符编码为32

'!'是字符!　　字符编码为33

'A'是字符A　　字符编码为65

'~'是字符~　　字符编码为126

注意:'a'和a表示两个完全不同的概念,'a'是一个常数,a是由单个字母构成的标识符。由于字符常量在计算机内是以编码形式存放的,因此,它可以像整数一样,在程序中参与各种运算。例如:

```
x='~';
y='a'+x+10;
z='2'+'A';
```

它们分别相当于下列运算:

```
x=126;
y=97+126+10;
z=50+65;
```

在C语言中,字符常量通常用于字符之间的比较。

2.2.3 转义字符

转义字符是C语言中使用字符的一种特殊表现形式。一般的字母和数字等字符常量都可直接写出,如'a'、'9'等,而像ASCII字符集中的NULL字符、回车、换行、退格字符和其他一些控制字符如何表示呢?为此,C语言提供了一类转义字符用于表示这些无法表示的字符。这样,单引号"'"、双引号"""、反斜杠"\"和一些控制字符等都可以用转义字符表示。

转义字符有两种表示形式:一种是反斜杠"\"后面跟一个字符,用于表示一些常用的控制字符(ASCII码为0~31的字符),如'\n'表示一个换行符,其ASCII码为十进制数10;另一种是反斜杠"\"后面跟一个字符码,字符码必须用三位八进制或二位十六进制数表示,表现形式为'\ddd'(ddd为三位八进制数)和'\xhh'(hh为二位十六进制数),这种形式可以表示字符集中的任一字符(ASCII码为0~255的所有字符)。常用的控制字符的转义字符如表2.1所示。

表 2.1 转义字符

字符形式	含　　义	ASCII 代码
\0	空字符	0
\a	响铃字符	7
\b	退格字符,将当前位置移到前一列	8
\f	换页字符,将当前位置移到下页开头	12
\n	换行字符,将当前位置移到下一行开头	10
\r	回车字符,将当前位置移到本行开头	13
\t	水平制表字符(跳到下一个 Tab 位置)	9
\v	垂直制表字符	11
\\	反斜杠字符	92
\'	单引号字符	39
\"	双引号字符	34
\ddd	1 到 3 位八进制数所代表的字符	
\xhh	1 到 2 位十六进制数所代表的字符	

说明:

(1) 字符码 ddd 是表示 1~3 位八进制数字,可以不用前缀 0;hh 表示 1~2 位十六进制数字,不能省略前缀 x。'\ddd'和'\xhh'表示将其转换成以 ddd 或 xhh 为字符码的字符。例如,一个换行符可用下列任一形式表示:

'\n'　　'\012'　　'\12'　　'\x0a'　　'\xa'

字母 b 可以表示为下面任一种形式:

'b'　　'\142'　　'\x62'

(2) 单引号和反斜杠字符虽是可打印字符,但 C 编译程序规定,单引号字符常数和反斜杠字符常数必须用转义字符表示,例如:

'\''　　'\047'　　'\47'　　'\x27'均表示一个合法的单引号。

'\\'　　'\134'　　'\x5c'均表示一个合法的反斜杠字符。

(3) 双引号字符常数可以用字符常量或转义字符中的任一种表示:

'"'　　'\"'　　'\042'　　'\42'　　'\x22'

(4) 字符'\0'是 ASCII 码值为 0 的 NULL 字符,即空操作字符,不是空格字符。

由转义字符可以表示任何可输出的字母字符、专用字符、图形字符和控制字符,非常方便。如果反斜杠之后的字符不是表 2.1 所列出的字符,则反斜杠就不起作用,因而也就不进行转义。如'\w'就不是转义字符,系统把'\w'当作字符'w'看待。

2.2.4 字符串常量

C 语言没有字符串类型,但有字符串常量,字符串常量在内存中是用字符数组形式来表示的。字符串常量是用一对双引号括起来的零个或多个字符序列，字符序列中的字符个数称为字符串的长度，字符串常量简称为字符串。例如：

"This is a string\n"

是一个字符串。双引号是字符串的定界符，不是字符串的组成部分，双引号中的字符除了一般可打印字符之外，还可以是转义字符（如'\n'），但不能是双引号或反斜杠字符，例如：

"This is a "C" program", "input\output"

是两个错误的字符串。如果一个字符串中要包括双引号或反斜杠，那么双引号和反斜杠字符在字符串中的表示形式应类似于单引号和反斜杠在字符常量中的表现形式，必须以转义字符'\"'或'\\'的形式出现，而不应写成"""或"\"。上述字符串的正确表示如下：

"This is a \"C\" program", "input\\output"

字符串中的\"和\\分别表示双引号和反斜杠字符。

在C语言中，字符串常量的存储与其他语言有所不同。一个长度为 n 的字符串，在计算机内存中占用 $n+1$ 个单元。原因是字符串常量在内存中存储时，系统自动在字符串的末尾加一个NULL字符（空字符）作为"字符串结束标志"，空字符在ASCII码字符集中的编码为0，在C语言程序中用'\0'表示该字符。

例如，字符串常量"program"有7个字符，它在内存中占用8个字节，其在计算机内的表示形式如图2.2所示。

p	r	o	g	r	a	m	\0
112	114	111	103	114	97	109	0

图2.2　字符串在计算机内的表示形式

字符串常量和字符常量是两个不同的概念，例如"A"和'A'是两个不同的常量，这两个常量不仅在表示形式上有区别，而且在存储形式上也是不同的。"A"是存储长度为2的一个字符串，实际上是一个包含字符'A'和'\0'的字符数组（详见5.3节）；'A'是一个字符。

"A"→| 65 | 0 |　　'A'→| 65 |

一个字符串可以没有任何字符，表示为""，这样的字符串称为空串，其长度为0。空串在计算机内存储时，系统在其末尾添加了一个'\0'字符，以便确定字符串的实际长度，字符串的存储长度要比实际长度大1。所以空串的存储长度为1而不是0。

注意：空串""和空格串" "之间的区别。空串中没有字符，而空格串中有空格字符。

字符串可以连接，被连接的两个字符串之间可以有0个或多个空白字符，但不能有其他字符。例如：

```
printf("Hello,""how are you?");
```

等价于

```
printf("Hello,how are you?");
```

如果输出语句写成：

```
printf("Hello,
how are you?");
```

则是错误的。因为语法规定,字符串常数必须写成一行。如果一行写不下,则有两种方法可以将行扩展到下一行:一种方法是在末尾加续行符"\",例如:

```
printf("Hello,\
how are you?");
```

另一种方法是依靠字符串的连接功能,例如:

```
printf("Hello,"
"how are you?");
```

上面两种形式的输出语句执行时可输出相同格式的字符串:

Hello,how are you?

2.2.5 符号常量

在 C 程序中,允许将程序中多次出现的常量定义为一个标识符,称之为符号常量。当我们定义了一个符号常量之后,凡是在程序中需要用到该常量的地方,都可以用该符号常量代替,这样一方面可避免写错常量,另一方面便于修改程序。

习惯上,符号常量名用大写英文字母,变量用小写英文字母,以示区别。符号常量必须先定义后使用,其定义形式如下:

<#define> <符号常量> <常量表达式>

常量表达式是值为常量的表达式,一般为常量或已定义的符号常量,也可是由运算符连接常量而构成的表达式。例如:

```
#define   PRICE   35
#define   PI   3.1415926
#define   BLANK   ' '
#define   TWO_PI   2.0 * PI
```

这里的#define 是预编译命令,每一个#define 命令只能定义一个符号常量,且一个符号常量定义必须占一行,不用分号结尾。

在上述定义中,标识符 PRICE、PI、BLANK 是符号常量,它们的值分别为 35、3.1415926 和' '。因 PI 已被定义为符号常量,所以 TWO_PI 的值是一个常量表达式,即 2.0 * PI。

【例 2.1】 计算相同半径下的圆周长、圆面积和圆球体积。

程序 2.1a 用常量表示 π 值。

```
main()
{float l,s,v,r;
 printf("input r:");
 scanf("%f",&r);
 l=2 * 3.14159 * r;
 s=3.14159 * r * r;
 v=4/3 * (3.14159 * r * r * r);
 printf("l=%f,s=%f,v=%f\n",l,s,v);
```

```
}
```

第三行语句是输出一行提示信息,通知用户此时应输入圆的半径。

第四行语句是从键盘上输入一个实数赋予变量 r,%f 是单精度数的格式转换字符。

第五、六、七行语句用于计算圆周长 l、圆面积 s 和圆球体积 v。

第八行语句是输出 l,s 和 v 的值。

在这一程序中,如果要将 π 值 3.14159 改为 3.14,就需要将程序中使用到 π 值之处逐个进行修改。

程序 2.1b 用符号常量表示 π 值。

```
#define PI 3.14159
main( )
{float l,s,v,r;
 printf( " input r:" ) ;
 scanf( " %f" ,&r) ;
 l=2 * PI * r;
 s=PI * r * r;
 v=4/3 * (PI * r * r * r) ;
 printf( " l=%f,s=%f,v=%f\n" ,l,s,v) ;
}
```

该程序前面定义了符号常量 PI,它的值为 3.14159,程序 2.1a 中凡是出现 π 值 3.14159 的地方都用 PI 代替,此时若想将 π 值修改为 3.14,则只需将#define 命令行中的 3.14159 改为 3.14 即可。如:

```
#define PI 3.14
```

这样,程序中所有用 PI 表示的 π 值就会统一改为 3.14,做到"一改全改",保证了常量修改的一致性。另外,使用符号常量,含义清楚。数学符号 π 不是 ASCII 字符集中的字符,所以不能在程序中出现,使用 PI 来表示则比较直观。因为 3.14159 有可能不是圆周率,而是代表一个别的什么数值,所以符号常量大大增加了程序的可读性。

关于#define 的具体用法详见第八章。

2.3 变量及其数据类型

C 语言程序中的数据对象是常量、变量和函数。前面我们讨论了常量,函数将在第七章讨论,本节专门讨论变量。C 语言中的变量具有三要素:变量名、数据类型和变量的值。

2.3.1 变量和变量的地址

在程序执行期间其值可以改变的量称为变量。变量是用标识符来命名的。每个变量只能属于一种确定的数据类型,这样就规定了该变量的取值范围及它所能执行的运算。

一个变量应该有一个名字,这个名字称为变量名。变量名由用户根据其表示的内容任意命名,变量名的长度没有限制,但各个 C 编译系统对变量名的有效长度都有自己的规定。一般的 C 编译系统仅把变量名的前 8 个字符作为有效字符处理,后面的字符不被识别。例如,teacher_name 和 teacher_age 这两个变量,由于二者的前 8 个字符相同,系统则认为是同一个变量。为了使二者有别,可以将它们改为 teac_name 和 teac_age。Turbo C 编译系统规定变量名有效长度为前 32 个字符。因此,在写程序时应首先了解所用系统对标识符长度的规定,以免出现上面的混淆。但为了程序的可移植性,建议命名变量名时其长度不要超过 8 个字符。

变量名必须以英文字母或下划线开头,且变量名字符序列中只能出现字母、数字和下划线。习惯上,变量名使用小写英文字母,例如:

arge scale con_1 file_name _size x12 均为合法的变量名。

但应注意,在 C 语言中,大写英文字母和小写英文字母被认为是两个不同的字符。因此,count 和 COUNT 是两个不同的变量名。

在选择变量名时应注意做到"见名知意",而且变量名不能和 C 语言本身使用的关键字重名。例如:

if switch int char static 均是错误的变量名。

在程序运行时,变量的值存储在一定的存储单元中,为此,须弄清楚变量名和变量值这两个不同的概念,如图 2.3 所示。存储某变量值的存储单元的首地址称为变量的地址。如图 2.4 所示的单精度实型变量 average,是具有 4 个字节的存储单元,它们分别是单元 4000~4003,而 4000 就称为变量 average 的首地址。在 C 语言中,变量的地址用变量名前加 & 符号表示,即 &average,或者说 &average 的值就是 4000。

图 2.3 变量名、变量值和存储单元的关系　　图 2.4 变量地址与存储单元的关系

2.3.2 基本数据类型变量

1. 整型变量

整型变量分为 3 类:基本整型、短整型和长整型,这三种类型是根据取值范围加以区分的。其类型标识符如下。

(1) 基本整型:以 int 表示。

(2) 短整型:以 short int 表示,或以 short 表示。

(3) 长整型:以 long int 表示,或以 long 表示。

标准 C 没有具体规定以上各类数据所占内存字节数,只是规定 long 型数据长度不短于 int 型,short 型数据长度不长于 int 型。具体实现取决于计算机系统本身。在计算机上(如 Turbo C、MS C 编译系统),一个 int 型和 short 型变量在内存中占 2 个字节,long 型变量在内存中占 4 个字节。所以 int 型和 short 型变量的取值范围为-32768～32767。long 型变量的取值范围为-2147483648～2147483647。在实际应用中,有些变量的值常常都是正的(如编号、学号、年龄、成绩、库存量等),为了充分利用这三类变量的表示数的范围,可以将数的最高位也当作数来使用。要做到这一点,只需将变量定义为"无符号数"类型。上述三类整数,都可以在其类型标识符前面加上 unsigned 修饰符,以指定是"无符号数"类型。如果是"有符号数",可以加上修饰符 signed,因为整型定义(int、short、long)本身规定就是有符号数,所以整数类型标识符前面的 signed 可以省略。归纳起来,C 语言有以下 6 种整型变量:

有符号基本整型	[signed] int
无符号基本整型	unsigned [int]
有符号短整型	[signed] short [int]
无符号短整型	unsigned short [int]
有符号长整型	[signed] long [int]
无符号长整型	unsigned long [int]

在以上类型中,如果不指定 unsigned 或指定 signed,表示是有符号型变量,该变量所占存储单元的最高位代表符号(0 为正,1 为负)。如果指定 unsigned,表示是无符号型变量,该变量所占存储单元全部二进制位(包括最高位)都用来存放数值,且只能存放正整数,如 625,1234 等,而不能存放负整数,如-5,-127 等。一个无符号整型变量中可以存放的正数的范围比有符号整型变量中正数的范围扩大 1 倍。例如,有如下两个变量定义:

```
int a;
unsigned int b;
```

a 为整型变量,b 为无符号整型变量,这两种类型的变量所占的存储单元都为两个字节(16 位),所以有符号整型变量 a 的数值范围为-32768～32767,而无符号整型变量 b 的数值范围为 0～65535。数据在内存中是以二进制形式存放的,则有符号整型变量 a 的最大值 32767 的存储形式如图 2.5(a)所示,a 的值-1 的存储形式如图 2.5(b)所示,无符号整型变量 b 的最大值 65535 的存储形式如图 2.5(c)所示。

图 2.5　有符号数、无符号数的存储

在计算机中,数和数的符号都是用二进制表示的。把一个数连其符号在机器内的表示加以数值化,这样的数称为机器数。一般用最高有效位来表示数的符号,正数用 0 表示,负数用 1 表示。机器数可以用不同的码制来表示,常用的有原码、反码和补码表示法。实际上,在计算机中数值是以补码表示的。

在补码表示法中，一个正数的补码和其原码的形式相同，即数的最高有效位为 0 表示符号为正，数的其余部分则表示数的绝对值。例如：

int m;

m = 13;

整型变量 m 的数值 13（13 的二进制形式为 1101）在计算机内存中的存放形式如图 2.6 所示。

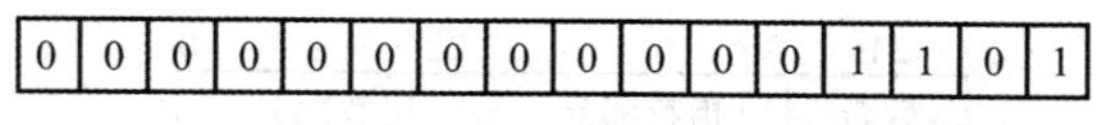

图 2.6 有符号整数 13 的存储

当用补码表示法来表示负数时则要麻烦一些。负数 X 用 $2^n-|X|$ 来表示，其中 n 为机器的字长。我们也可以用一种比较简单的办法来写出一个负数的补码表示：

（1）先写出与该负数相对应的正数的补码表示。

（2）将其按位取反（即 0 变为 1，1 变为 0）。

（3）最后在最低位加 1，即可得到该负数的补码表示。例如：

int n;

n = -13;

整型变量 n 的值-13 在计算机内存中的存放形式如图 2.7（c）所示。由此可知，在有符号整数的 16 位中，负数的最高位为 1。

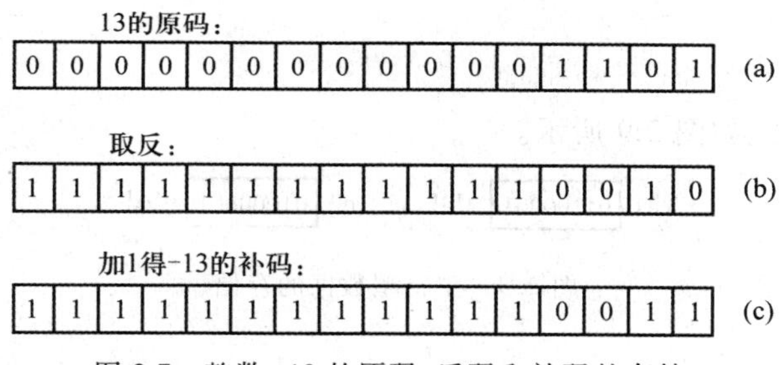

图 2.7 整数-13 的原码、反码和补码的存储

2. 实型变量

在 C 语言中，实型变量分为 3 类：单精度型、双精度型和长双精度型。其类型标识符如下。

（1）单精度型：以 float 表示。

（2）双精度型：以 double 表示。

（3）长双精度型：以 long double 表示。

计算机上常用的一些 C 编译系统（如 Turbo C，MS C）规定：单精度型（float 型）变量的值在内存中占 4 个字节，有 6~7 位有效数字，数值的范围约为|3.4e-38|~|3.4e+38|；双精度型（double 型）变量的值在内存中占 8 个字节，有 15~16 位有效数字，数值的范围约为|1.7e-308|~|1.7e+308|；长双精度型（long double 型）变量的值在内存中占的字节数≥8，它取决于具体的计算机系统（如 Turbo C 中的长双精度型变量的值在内存中占 10 个字节）。长双精度型使用较少，因此这里不作详细介绍。例如，变量 a、b、c 分别属于单精度型、双精度型和长双精度型，则类型

定义如下：

float a;　　　　（指定 a 为单精度实型）

double b;　　　　（指定 b 为双精度实型）

long double c;　（指定 c 为长双精度实型）

一个单精度实型在计算机内存中占 4 个字节，并按指数形式存储，而所占内存的 32 位其存储格式如图 2.8 所示。在该存储格式中，符号占 1 位，指数部分占 8 位，尾数部分占 23 位。

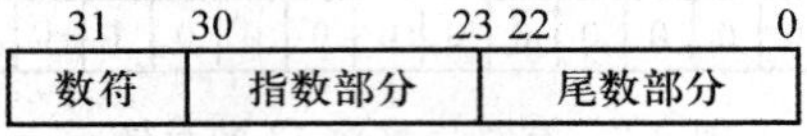

31	30　　　23	22　　　0
数符	指数部分	尾数部分

图 2.8　单精度实型数的存储格式

在单精度实数所占的 4 个字节（32 位）中，标准 C 没有具体规定指数部分和尾数部分各占多少位，这由 C 语言编译系统自定。尾数部分占的位（bit）数愈多，数的有效数字愈多。指数部分占的位数愈多，则数的表示范围就愈大。

3. 字符变量

字符变量用于存放字符常量，即单个字符。字符类型标识符为 char。例如，变量 ch1、ch2 属于字符类型，则类型定义如下：

char ch1,ch2;

它表示 ch1 和 ch2 为字符型变量，字符型变量在计算机内存中占 1 个字节。如赋值语句：

ch1 ='a';

ch2 ='A';

在内存中的存储形式如图 2.9 所示。

ch1 [01100001] ='a'　　ch2 [01000001] ='A'

图 2.9　字符型数据的存储

从图 2.9 可知，将一个字符常量放到一个字符变量中，则是把该字符相应的 ASCII 码值放到存储单元中。

在字符类型标识符 char 前面加上修饰符 unsigned 或 signed 可得到另外两种字符类型，即无符号字符类型（unsigned char 型）和有符号字符类型（signed char 型）。

归纳起来，基本数据类型如表 2.2 所示。

表 2.2　C 语言的基本数据类型

类型名	名字	长度（字节）	值的范围
char	字符型	1	ASCII 字符代码
signed char	有符号字符型	1	-128~127
unsigned char	无符号字符型	1	0~255
int	整型	2	-32768~32767
[signed] int	有符号整型	2	同 int

续表

类型名	名字	长度(字节)	值的范围
unsigned[int]	无符号整型	2	0~65535
short [int]	短整型	2	同 int
[signed] short [int]	有符号短整型	2	同 short [int]
unsigned short [int]	无符号短整型	2	同 unsigned [int]
long [int]	长整型	4	-2147483648~2147483647
[signed] long [int]	有符号长整型	4	-2147483648~2147483647
unsigned long [int]	无符号长整型	4	0~4294967295
float	单精度型	4	约|3.4e-38|~|3.4e+38|
double	双精度型	8	约|1.7e-308|~|1.7e+308|
long double	长双精度型	≥8	取决于具体的计算机系统

2.3.3 变量说明

常量的类型是由常量自身隐含说明的,不必进行说明。C 程序中所使用的每一个变量都必须进行说明,而且要遵循"先说明,后使用"的原则。变量说明就是按照特定的方式为程序中使用的变量指定名字、类型等。说明的目的是为编译程序提供所需要的信息,以保证完成如下工作:

(1) 在编译时便于发现未经定义的变量名,避免变量名使用时出错。

(2) 根据类型信息来检查对变量施加的运算是否合理。例如,对两个整型变量可以进行"求余运算",而对于两个实型变量则不允许进行"求余运算"。

(3) 编译时根据类型为变量分配固定长度的存储单元,并确定数据在内存中的表示方法。

变量说明的一般形式为:

[存储类型标识符] <数据类型标识符> <变量名表>;

变量的存储类型标识符和外部变量说明将在第七章介绍,本节只介绍位于函数内部且省略了存储类型标识符(称为自动变量 auto)的说明形式。

变量说明形式中的"数据类型标识符"用于指明"变量名表"中所列变量的数据类型。变量名表由一个或多个变量名组成,各变量名之间以逗号分隔,一个变量说明必须以分号结束。下面是一些变量说明的例子:

```
int number,score;
char c1,c2;
float eps,salary;
double a,b;
unsigned long distance;
long u,v;
```

上述说明规定了 number、score 是整型变量；c1、c2 是字符型变量；eps、salary 是单精度型变量；a、b 是双精度型变量；distance 是无符号长整型变量；u、v 是长整型变量。

具有同类型的变量也可以分开说明，例如，上面说明中的第一行可用下面两个说明语句代替：

```
int number;    /* 学生的学号 */
int score;     /* 学生的成绩 */
```

这种说明形式不紧凑，但便于为每个变量加注释。

下面列举一些程序实例，以便进一步了解变量的说明与使用。

【例 2.2】　不同整型变量的混合运算。

程序如下：

```
main()
{int a,b,c,d,x,y;
 unsigned int e;
 a=20; b=-15;
 c=50; d=-10;
 e=25;
 x=a+b+e; y=c+d+e;
 printf("\na+b+e=%d,c+d+e=%d\n",x,y);
}
```

运行结果为：

```
a+b+e=30,c+d+e=65
```

从上面程序中可以看出不同类型的数据可以进行算术运算。在赋值语句“x=a+b+e;”中，x、a、b 均为 int 类型，而 e 为 unsigned int 类型，赋值号(=)右边表达式 a+b+e 的运算结果并没有超出 x 所能表示数的范围；其余赋值语句中表达式的运算结果也没有超出赋值号左边变量所能表示数的范围，因而该程序的运行结果是正确的。

但应注意赋值语句中表达式的运算结果超出变量所能表示数范围的问题，对这类问题，C 语言并不给出“出错信息”，需要靠程序员来保证运行结果的正确。例 2.3 即说明了整型数据的溢出问题。

【例 2.3】　整型数据的溢出问题。

程序如下：

```
main()
{int a,x;
 unsigned int b,y;
 a=3;b=65532;
 x=a+b;y=a+b;
 printf("x=%d,y=%u\n",x,y);
}
```

运行结果为：

x = -1, y = 65535

在赋值语句“x = a+b;”和“y = a+b;”中,a+b 运算如下:

```
          0000000000000011       3      ← a
   (+)    1111111111111100   65532      ← b
   -------------------------
          1111111111111111
```

运算结果为 16 位全 1。当执行“x = a+b”赋值运算时,x 的值所占内存的 16 位(2 个字节)为全 1。由于 x 为 int 型变量,最高位为 1 表示该数是负数,它是-1 的补码表示,所以输出变量 x 的值为-1。当执行“y = a+b”赋值运算时,y 的值所占内存的 16 位(2 个字节)也为全 1。由于 y 是无符号整型(unsigned int)变量,最高位不表示符号,而代表数值,所以输出变量 y 的值为 65535。请注意:int 型变量的取值范围为-32768~32767,无法表示大于 32767 的数。遇此情况称为溢出。但这种溢出在程序运行时并不报错,而需由程序设计者去保证结果的正确。这是 C 语言比较灵活的一点,初学者要引起足够的重视。

【例 2.4】 字符型数据和整型数的混合运算。

程序如下:

```
main()
{char c1,c2,c3;
 c1='A'+3;
 c2=65;
 c3='A';
 printf("%c,%c,%c\n",c1,c2,c3);
 printf("%d,%d,%d\n",c1,c2,c3);
}
```

因为字符'A'的 ASCII 码值为 65,程序的第 3 行把'A'+3 的结果 68 存入变量 c1 所占的存储单元中,程序的第 4 行把整数 65 存入变量 c2 的存储单元中,程序的第 5 行则先把字符'A'转为 ASCII 码 65,然后存入变量 c3 的存储单元中,这样第 4、5 行的结果是相同的。程序运行结果如下:

```
D,A,A
68,65,65
```

从运行结果可知,字符型数据和整型数据可以混合运算。字符型数据也可用整型格式(%d)输出。程序中的%c 为字符型格式输出符。

2.3.4 变量的初始化

变量说明只是指定了变量的名字和数据类型,并没有给它们赋初值。但程序中有些变量在使用前必须赋初值。例如,作为计数器(n = n+1)使用的整型变量 n 通常要置初值 0。在 C 语言程序中,没有赋初值的变量并不意味着该变量中就没有数值,因为该变量所标识的存储单元中还保留着以前使用该单元时留下的内容,只是尚未对该变量定义特定值。于是,直接引用该变量就会产生错误的结果。

由于上述原因,所以必须对程序中的一些变量设置初始值。给变量赋初值有两种方式:一种是通过赋值语句置初值;另一种是在变量说明时给出初值,称为变量的初始化。

变量初始化的一般形式为:

<数据类型标识符> <变量名> = <表达式>,…;

这里"<变量名> = <表达式>"是一个说明符,表达式的值就是赋值号(=)左边变量的初值。例如:

```
int n=0,s=1;              /* 定义变量 n、s 为整型,初始值分别为 0 和 1 */
double price=35.5;        /* 定义变量 price 为双精度型,初始值为 35.5 */
float eps=1e-5;           /* 定义 eps 为单精度型,初始值为 0.00001 */
```

在变量说明时,也可以只给一部分变量赋初值。例如:

```
int x,y,z=10;
```

表示指定 x、y、z 为整型变量,只对变量 z 赋初值 10。

变量的赋初值并不是在编译阶段完成的,只有静态变量和外部变量(第七章介绍)是在编译时完成的,而在函数内部定义的变量(自动变量)则是在程序执行时完成的,即每次执行它所在的函数时,都执行其初始化工作。实际上,变量初始化只是赋值语句的另一种写法。例如:

```
#define N 50
main()
{int a=0;
 int b=N-1;
    …
}
```

等价于

```
#define N 50
main()
{int a,b;
 a=0;
 b=N-1;
 …
}
```

2.4　运算符和表达式

2.4.1　概述

C 语言的运算符十分丰富,因此,它的运算非常灵活。由运算符构成的表达式形式多样,一个表达式常常包含一个或多个操作,操作的对象称为操作数,而操作本身是通过运算符实现的。

运算符有单目(一元)运算符、双目(二元)运算符和三目(三元)运算符。所谓目是对参加运算的操作数而言,同一个运算符有几个操作数就称为几目运算。概括起来,C 语言具有如下几类运算符:

算术运算符 (+ - * / % ++ --)
关系运算符 (> >= < <= == !=)
逻辑运算符 (! && ||)
赋值运算符 (= 及其扩展的赋值运算符)
条件运算符 (? :)
逗号运算符 (,)
位运算符 (<< >> ~ & | ^)
指针运算符 (* &)
求字节运算符 (sizeof)
强制类型转换运算符 ((类型))
成员运算符 (. ->)
下标运算符 ([ ])
其他运算符 (如函数调用运算符)

表达式是由运算符和操作数组成的符合 C 语言的算式,例如:

(a+b) * sin(x)+2

是一个表达式。一个表达式完成一个或多个操作,最终得到一个运算结果,而这个运算结果称为表达式的值,其数据类型由参加运算的操作数的数据类型决定。

最简单的表达式只含一个常量或变量。对于包含多个运算符的表达式,其操作的执行顺序是由运算符的优先级决定的,优先级高的运算符先执行运算。处于同一优先级的运算符的执行顺序称为运算符的结合性。运算符的结合性有从左至右和从右至左两种顺序,分别称为左结合性和右结合性。例如:

42.5 (单个常量的表达式)
sum (单个变量的表达式)
"He is a student" (字符串常量表达式)
4/3 * (PI * r * r) (有多个运算符的表达式)

均为合法的表达式。

C 语言主要有以下几类表达式:

算术表达式 关系表达式 逻辑表达式
赋值表达式 条件表达式 逗号表达式

2.4.2 算术运算符和算术表达式

算术运算符有单目运算符和双目运算符。算术运算符及其运算功能如表 2.3 所示。

1. 基本算术运算符

基本算术运算符包括+、-、* 、/、%,对这些运算符需作如下说明。

(1) / 运算符可用于整数除和实数除。当两个操作数都是整数,则执行整数除,运算结果取其商的整数部分,小数部分被截去,结果为整数;否则,执行实数除,运算结果为实数。例如:

3/5　　　结果为整数 0

-10/3　　结果为整数-3

10/-3　　结果为整数-3

3.0/5.0、3.0/5、3/5.0 结果相同,均为双精度实数 0.6。

表 2.3　算术运算符

运算符	名称	操作数个数	结合性	举例
++	自增	1	R	i++, ++i
--	自减	1	R	i--, --i
-	取负数	1	R	-expr
*	乘	2	L	expr1 * expr2
/	除	2	L	expr1/expr2
%	取余数	2	L	expr1%expr2
+	加	2	L	expr1+expr2
-	减	2	L	expr1-expr2

其中 expr 表示表达式,i 表示整型变量,L 表示从左至右结合,R 表示从右至左结合。

(2) %运算符用于计算两数相除后得到的余数,对于求余运算符%,规定两操作数必须都是整数,运算结果为整数。例如:

8%40　　　　　　结果为整数 8

40%8　　　　　　结果为整数 0

53%7　53%-7　　　结果均为整数 4

-53%7　-53%-7　　结果均为整数-4

均为合法的求余运算。又例如:

6.0%2　6%2.0　6.0%2.0

均为不合法的求余运算。

在 C 语言中,整型、实型、字符型数据间还可以进行混合运算。例如:

'a'+2.718 * 'b'+10-5%2 * (a+b)　　(其中 a、b 为实型变量)

是一个合法的表达式。

2. 自增和自减运算符

给某一个变量加上 1 或减去 1,是程序中经常要用到的两种运算。为此,C 语言设置了自增运算符和自减运算符,使用起来十分方便。

自增运算符是"++",功能是将变量的值加 1;自减运算符是"--",功能是将变量的值减 1,结果类型与操作数类型相同。

"++"和"--"都是右结合性的单目算术运算符,它们是对一个变量进行算术运算,运算的结果仍赋给该变量。这些变量包括值为基本数据类型的变量名、数组元素、指针的对象、结构体成员和指针类型变量。

运算符“++”或“--”既可以作为一个变量名的前缀，也可以作为一个变量名的后缀。例如：

```
i++或 ++i      (相当于 i=i+1)
i--或 --i      (相当于 i=i-1)
```

其中 i 是一个整型变量。对一个变量施加前缀或后缀运算其结果是相同的，即都使该变量的值增 1 或减 1。但是，当施加前缀或后缀运算的变量作为表达式中其他运算的一个操作数时，则参与运算的值是不同的。前缀运算是先将该变量的值增 1 或减 1，然后再用该变量的值参与表达式中的其他运算；而后缀运算是先使用该变量的值参与表达式中的其他运算，然后再将该变量的值增 1 或减 1。例如：

```
int x,a=5;
++a;
x=a;
```

与

```
int x,a=5;
a++;
x=a;
```

两段程序执行后，a 的值都为 6，x 的值也都为 6。但是把它们作为表达式中的操作数时就有区别了。例如：

```
int x,a=5;
x=++a;      /* 等价于 a=a+1;x=a;两条赋值语句 */
```

执行结果为：a 的值为 6，x 的值也为 6。即先把变量 a 的值加 1，然后再把加 1 后的值赋给 x。又例如：

```
int x,a=5;
x=a++;      /* 等价于 x=a;a=a+1;两条赋值语句 */
```

执行结果为：a 的值为 6，x 的值为 5。即先把变量 a 的值赋给 x，然后再把变量 a 的值加 1。

“--”运算符作为变量的前缀或后缀，其运算过程与“++”运算符类似。例如语句：

```
x=--a;
```

等价于下面两条赋值语句

```
a=a-1; x=a;
```

又例如语句：

```
x=a--;
```

等价于下面两条赋值语句

```
x=a; a=a-1;
```

使用自增和自减运算符时，应注意以下几点。

(1) 自增运算符“++”和自减运算符“--”的操作数只能是变量，而不能是常量或表达式，例如：

```
i++        /* 是合法的 */
25++       /* 是不合法的 */
```

(i+j)++ /＊是不合法的,因为自增或自减运算具有赋值操作,赋值只能对变量进行,而表达式则无法接受一个值。＊/

(2) 运算符“++”和“--”与单目运算符“-”具有同一优先级,而结合方向又都是从右至左结合的。因此,对-i++应理解为-(i++),而不能理解为(-i)++。因为(-i)是一个表达式,所以(-i)++是不合法的。如果i的值为4,则执行语句:

```
printf("%d",-i++);
```

输出结果为-4。即-i++的操作是将i的值4取出并求负数后输出,然后再将i的值4加1变为5。

自增、自减运算符常用于改变数组的下标;也用于改变指针变量的值,使指针指向下一个地址;还可用于循环语句中,使循环控制变量自动加1。这些内容将在以后各章中介绍。

在书写表达式和计算表达式时应注意以下几点。

(1) 表达式的计算顺序是按照操作符的优先次序进行的。算术运算符的优先次序为:

高 (++、--、-) → (＊、/、%) → (+、-) 低

括号内的运算符优先级相同。

(2) 要注意运算符的结合性。其中单目运算符++、--和-是从右至左结合的,而+、-、＊、/和%是从左至右结合的。

(3) 在写表达式时,应尽量采用大家都能理解的写法。例如i+++j。因为C编译系统在处理时从左至右尽可能多地将若干个字符组成一个运算符,所以i+++j将被认为是(i++)+j,而不是i+(++j)。遇到这种情况,建议写成(i++)+j形式,不要写成i+++j形式。

(4) 书写表达式时,应尽量提高程序的可移植性。例如:

```
int y,x=0;
y=(x++)+(x++);
```

对于表达式(x++)+(x++)来说,有的编译系统按照从左到右的顺序求解括号内的运算,求完第1个括号再求第2个括号,结果y的值为0+1,即1;x的值自加2次,结果为2。而另一些编译系统(如Turbo C、MS C)则把x的原值0作为表达式中所有x的值,结果y的值为0+0,即0;然后x再实现自加2次,x的值变为2。

为了提高程序的可移植性,书写表达式时应尽量避免这种二义性,如果程序设计者真想使y的值为1,可以写成下列语句:

```
int y,x=0;
y=x++;
y=y+x++;
```

2.4.3 赋值运算符和赋值表达式

“赋值”就是把值存入变量所对应的存储单元。赋值运算符(=)可以和双目算术运算符(+、-、＊、/、%)组合成一个算术复合赋值运算符,也可以和双目位运算符(&、|、^、<<、>>)组合成一个位复合赋值运算符。

赋值运算符及其功能如表2.4所示。

1. 简单赋值运算符

赋值运算符“=”是将其右边表达式的值赋给左边的变量,赋值号左边一定是变量,右边是表达式。当赋值运算符两边的数据类型不同时,由系统自动进行类型转换,其原则是赋值运算符右边的数据类型转换成左边的类型。

由赋值运算符将一个变量和一个表达式连接起来的式子称为赋值表达式。它的一般形式是:

<变量名><赋值运算符><表达式>

表 2.4 赋值运算符

赋值运算符	名称	结合性	例子	等价于
=	赋值	R	y=x	
+=	加赋值	R	y+=x	y=y+x
-=	减赋值	R	y-=x	y=y-x
*=	乘赋值	R	y*=x	y=y*x
/=	除赋值	R	y/=x	y=y/x
%=	取余赋值	R	y%=x	y=y%x
&=	位与赋值	R	y&=x	y=y&x
|=	位或赋值	R	y|=x	y=y|x
^=	位异或赋值	R	y^=x	y=y^x
<<=	左移赋值	R	y<<=x	y=y<<x
>>=	右移赋值	R	y>>=x	y=y>>x

其中 R 表示从右至左结合。

赋值表达式的值和类型与左边变量的值和类型相同。例如:

x=10+5

是一个赋值表达式(其中 x 为 int 型)。它的处理过程是:先计算赋值号右边表达式的值,结果为 15,再将 15 赋给 x,于是整个表达式“x=10+5”的值为 15,类型为整型,x 的值也为 15。又如:

```
int i,j;
double d;
char c1,c2;
j=c1;        /* c1 由 char 向 int 型转换,转换后的结果赋给 j */
c2='\102';   /* 赋值号左右类型相同,无类型转换 */
i=d+3;       /* 先将整数 3 转换为 double 型(3.0),再执行 d+3.0,结果为 double 型,最后把
                double 型的结果转换为 int 型赋给 i */
```

当赋值号右边的表达式又是一个赋值表达式时,形成多重赋值表达式。例如:

x=y=5

是一个合法的赋值表达式。按照赋值运算符从右向左结合的规则,表达式“x=y=5”等价于“x=(y=5)”。该表达式的处理过程是:首先处理表达式“y=5”,该表达式的值是 5,y 的值也是 5;最

后再将表达式“(y=5)”的值赋给 x,于是整个表达式“x=y=5”的值是 5,x 的值也为 5。

2. 算术复合赋值运算符

一个复合赋值运算符是由两个分离的运算符构成的,如果在“=”前面加上一个“*”运算符就构成了复合赋值运算符“*=”。在此只介绍算术复合赋值运算符,有关位复合赋值运算符留在下一节再介绍。例如:

x+=5　　　　等价于 x=x+5

x*=y+6　　等价于 x=x*(y+6)

x%=5　　　等价于 x=x%5

如果复合赋值运算符右边是一个表达式,则相当于它有一个括号,例如:

a*=b/c+d　　等价于 a=a*(b/c+d)

在有些情况下,复合赋值运算符与它的展开形式不一定等价。例如:

s[i++]+=1　不完全等价于 s[i++]=s[i++]+1

前者执行结果使 i 增加 1,后者使 i 增加 2。

赋值运算符和复合赋值运算符的优先级相同,但对于一个复杂的赋值表达式求值时,读者还要注意它的结合规则,例如:

a=5+(c=7)　　　　　　(表达式的值为 12,a 的值为 12,c 的值为 7)

x=12*(y=5)　　　　　(表达式的值为 60,x 的值为 60,y 的值为 5)

x=(y=80)/(z=20)　　(表达式的值为 4,x 的值为 4,y 的值为 80,z 的值为 20)

赋值表达式中也可包含复合赋值运算符。例如表达式

a+=b+=c*c

等价于

a=a+(b=b+c*c)

设 a、b 和 c 的初值分别为 10、20、15,则表达式(b=b+c*c)的值为 245,b 的值为 245,于是整个表达式的值为 255,a 的值为 255。

C 语言把由赋值运算符构成的式子作为表达式来处理,这不仅使赋值操作可以出现在赋值语句中,它还可以出现在循环语句以及其他一些语句中。赋值表达式简洁,使用灵活,是 C 语言的一大特色。

在第四章介绍了“语句”之后,就可以了解到赋值表达式和赋值语句之间的联系和区别了。

2.4.4 关系运算符和关系表达式

“关系运算”实际上是对两个操作数进行比较的运算,通过比较来判定两个操作数之间是否存在某种特定的关系,这种关系叫作条件。例如,x>5 是一个关系表达式,大于号(>)是一个关系运算符,如果 x 的值为 6,则满足给定的“x>5”条件;如果 x 的值为 4,则不满足给定的“x>5”条件。在很多情况下,要根据条件是否满足来选定下一步要进行哪项处理工作。

1. 关系运算符

C 语言提供了 6 种关系运算符,如表 2.5 所示。

表 2.5 关系运算符

关系运算符	名称	操作数个数	结合性	举例
<	小于	2	L	expr1<expr2
>	大于	2	L	expr1>expr2
<=	小于或等于	2	L	expr1<=expr2
>=	大于或等于	2	L	expr1>=expr2
==	等于	2	L	expr1==expr2
!=	不等于	2	L	expr1!=expr2

其中 L 表示从左至右结合，expr 为表达式。

例如，下面是一些合法的关系表达式：

a>b+c　a>b　'a'>'b'　(a=50)>(b=70)　a+b>c+d　a>b>c　(a>b)>(b<c)

在表 2.5 中，前 4 种关系运算符(<、>、<=、>=)的优先级相同，后两种关系运算符(==、!=)的优先级也相同，但前 4 种的优先级高于后两种；所有关系运算符的优先级都低于算术运算符且高于赋值运算符。例如：

a>x+y*z　　等效于 a>(x+(y*z))

x>y!=z　　等效于 (x>y)!=z

a=x>y>z　　等效于 a=((x>y)>z)

x==y>=z　　等效于 x==(y>=z)

2. 关系表达式

用关系运算符将两个操作对象连接起来的式子称为关系表达式。被操作的对象可以是算术表达式、字符表达式、关系表达式、逻辑表达式和赋值表达式。

关系表达式的值是一个逻辑值，即“真”或“假”。关系表达式所表示的条件若成立，结果为“真”；若不成立，结果为“假”。因为 C 语言没有逻辑类型的数据，所以通常以整数 1 代表“真”，以整数 0 代表“假”。例如：

int x=2,y=3;

则关系表达式

y>(x<3)

结果为 1，由于“x<3”的值为 1，再执行关系运算“y>1”，所以该关系表达式的值为 1(即为“真”)。又如表达式：

z=3-1!=x+1<=y+2

在这个表达式中包含算术、关系和赋值 3 种运算。其中算术运算优先级最高，其次是关系运算，赋值运算优先级最低。所以先进行算术运算之后得：

z=2!=3<=5

然后进行关系运算，关系运算符“<=”的优先级高于“!=”，先执行“3<=5”得值 1，再执行“2!=1”得值 1，最后执行赋值运算：

z=1

故 z 的值为 1,所以该表达式的值为 1。

字符数据是按 ASCII 码存储的,所以字符数据可作为整数参加关系运算。例如:

'a'-40>50　　关系成立,结果为整数值 1。

'a'>100　　关系不成立,结果为整数值 0。

2.4.5 逻辑运算符和逻辑表达式

1. 逻辑运算符

程序设计中经常要使用一些条件,逻辑运算是描述复杂条件的重要手段。C 语言提供 3 种逻辑运算,如表 2.6 所示。

表 2.6 逻辑运算符

逻辑运算符	名称	操作数个数	结合性	举例
!	逻辑非	1	R	!expr
&&	逻辑与	2	L	expr1&&expr2
‖	逻辑或	2	L	expr1‖expr2

其中 L 表示从左至右结合,R 表示从右至左结合,expr 为表达式。

逻辑运算符"&&"和"‖"是双目运算符,"!"是单目运算符。它们的操作对象是逻辑量或表达式(可以是赋值表达式、算术表达式、关系表达式或逻辑表达式等),逻辑运算的结果仍是逻辑量。逻辑运算符的运算规则如下。

逻辑非(!x):如果操作数 x 的值为"真",则!x 的结果为"假",否则!x 的结果为"真"。

逻辑与(x&&y):如果两个操作数 x、y 的值均为"真",则 x&&y 的结果为"真",否则 x&&y 的结果为"假"。如果第一个操作数 x 的值为"假",则表达式 x&&y 的值已确定为"假",不再计算第二个操作数 y 的值。

逻辑或(x‖y):如果两个操作数 x、y 的值均为"假",则 x‖y 的结果为"假",否则 x‖y 的结果为"真"。如果第一个操作数 x 的值为"真",则表达式 x‖y 的值已确定为"真",不再计算第二个操作数 y 的值。

综上所述,逻辑运算的"真值表"如表 2.7 所示。

表 2.7 逻辑运算的"真值表"

expr1	expr2	!expr1	expr1&&expr2	expr1‖expr2
假	假	真	假	假
假	真	真	假	真
真	假	假	假	真
真	真	假	真	真

2. 逻辑表达式

用逻辑运算符将关系表达式或逻辑量连接起来的式子称为逻辑表达式。逻辑表达式的运算结果为"真"或"假"。这样,在一个逻辑表达式中就可以包含逻辑运算符、关系运算符和算术运算符等。为此,在处理逻辑表达式时应注意它们的结合性和优先次序。

(1) 三种逻辑运算符中,优先级最高的是“!”,其次是“&&”,最低的是“‖”。

(2) “&&”和“‖”的优先级低于算术运算符和关系运算符,且高于赋值运算符,而“!”高于基本算术运算符。

(3) “!”是从右至左结合,而“&&”和“‖”是从左至右结合。

例如:

x>y&&a<=b-c　　　　等价于(x>y)&&(a<=b-c)

x!=y‖a>c-5　　　　等价于(x!=y)‖(a>c-5)

!x&&a-b==c　　　　等价于(!x)&&(a-b==c)

c<='z'&&c>='a'　　　　等价于(c<='z')&&(c>='a')

d<'0'‖d>'9'　　　　等价于(d<'0')‖(d>'9')

逻辑表达式 c<='z'&&c>='a'用于判别 c 的值是否为小写字母。若 c 的值是小写字母,则表达式的运算结果为 1(即“真”),否则运算结果为 0(即“假”)。只有在 c<='z'的结果为 1 时才去计算 c>'a'的值。

逻辑表达式 d<'0'‖d>'9'用于判别 d 是否为非数字字符。若 d 为非数字字符,则表达式的运算结果为 1(即“真”),否则运算结果为 0(即“假”)。只有在 d<'0'的结果为 0 时才去计算 d>'9'的值。

在 C 语言中,逻辑表达式或关系表达式的运算结果为“真”和“假”,“真”用 1 表示,“假”用 0 表示。但在处理逻辑表达式时,判断一个运算量是否为“真”时,要看它是否为非 0,以非 0 代表“真”,以 0 代表“假”。举例如下。

(1) 如果 x=10、y=5、z='a',则!x 的值为 0,y&&z 的值为 1。因为 x、y、z 的值均为非 0,则都被认为是“真”,所以对 x 进行非运算,结果为“假”,即为 0;对 y、z 进行与运算,结果为“真”,即为 1。

(2) 如果 x=5,则!x‖0 的值为 0。因为 x 的值为非 0,被认为是“真”,!x 的结果为“假”,即为 0,0‖0(即!x‖0)的值为“假”,即为 0。

(3) 10&&0‖3 的值为 1。

(4) 逻辑表达式!x 等价于关系表达式 x==0。因为对同一个 x 值,!x 和 x==0 的结果相等。原因如下。

如果 x 的值为 0,则!x 的值为 1,x==0 的值也为 1。

如果 x 的值为非 0,则!x 的值为 0,x==0 的值也为 0。

在程序设计中使用!x 要比使用 x==0 好,因为!x 的效率更高。

由此可见,由系统给出的逻辑运算结果不是 0 就是 1,不可能是其他数值。但在逻辑表达式中作为逻辑运算的操作对象则可以是 0(代表“假”)和任何非 0 数值(代表“真”)。所以应注意区分在一个逻辑表达式中不同位置出现的数值的含义,哪些是作为算术运算或关系运算的操作对象,哪些是作为逻辑运算的操作对象。例如:

!(3+4)+5‖4&&2/5

首先处理“(3+4)”,结果为 7;然后处理!7,这里 7 被作为逻辑运算对象,作“真”处理,因此结果为 0;接着处理“0+5”,结果为 5;再往下是“5‖4&&2/5”的运算,根据优先次序,先进行

“2/5”运算，结果为 0；这时，要运算的表达式就变成了“5‖4&&0”，因为“&&”运算的优先级高于“‖”运算，先处理“4&&0”，结果为 0；再处理“5‖0”，结果为 1。故整个表达式的值为 1。

2.4.6 条件运算符

条件运算符是 C 语言中唯一的三目运算符。用条件运算符构成的表达式叫条件表达式，条件表达式的一般形式为：

<表达式 1>？ <表达式 2>：<表达式 3>

条件运算符的执行顺序是：先计算表达式 1 的值，若表达式 1 的值为非 0（真），则表达式 2 被求值，并且表达式 2 的值就作为整个表达式的值；否则，表达式 3 被求值，并且表达式 3 的值就作为整个表达式的值。例如：

x>y？ x+3：y+3

先求解关系表达式 x>y 的值，若该值为“真”，则计算 x+3，这时 x+3 的值就为条件表达式的值；若该值为“假”，则计算 y+3，这时 y+3 的值就为条件表达式的值。

下面举例说明条件运算符的使用：

（1）设 xabs、x 为 int 型，则条件表达式

（x<0）?-x：x

结果为取 x 的绝对值，类型为 int 型。如果 x<0，则结果为-x；如果 x≥0，则结果为 x。因为关系运算符“<”的优先级高于条件运算符“？：”，所以可以不加括号，可写成

x<0?-x：x

若要把该条件表达式的值赋给 xabs，可写成

xabs=x<0?-x：x

由于条件运算符的优先级高于赋值运算符，所以上面的赋值表达式是先计算赋值号右边条件表达式的值，然后再将它的值赋给 xabs。

（2）在条件表达式中，表达式 2、表达式 3 可以是算术表达式，也可以是条件表达式等。例如：

x>0?1：x<0?-1：0

结果为 1、-1 和 0，类型为 int 型。如果 x>0，则条件表达式的结果为 1；如果 x<0，则条件表达式的结果为-1；如果 x=0（x 等于 0），则条件表达式结果为 0。这是一个嵌套的条件表达式，即外层条件表达式的表达式 3 又是一个条件表达式。因为条件运算符具有右结合性，所以上式可写成

x>0?1：（x<0?-1：0）

或

（x>0）?1：（（x<0）?-1：0）

（3）设变量 ch 为 char 型，则条件表达式

（ch>='a'&&ch<='z'）?（ch-'a'+'A'）：ch

结果是将 ch 中的小写字母转化为大写字母。

（4）条件表达式结果的类型取决于表达式 2 和表达式 3 的类型。如果表达式 2 和表达式 3

具有不同的基本数据类型,则要进行算术转换,结果为转换后的类型。例如:

y<3?-1.5:2

的值为实型。当 y<3 时,条件表达式的值为-1.5;当 y≥3 时,条件表达式的值为 2.0。

2.4.7 其他运算符

1. 逗号运算符和逗号表达式

C 语言中的逗号是一种顺序求值的运算符,用逗号运算符将两个表达式连接而成的式子称为逗号表达式。逗号表达式的一般形式为:

<表达式 1>,<表达式 2>

逗号表达式的运算次序是从左到右逐个进行运算,最后一个表达式的值和类型就是逗号表达式的值和类型。例如:

x=5*6,x+10　　　(x 为 int 类型)

由于逗号运算符的优先级低于赋值运算符,并且在所有的运算符中,逗号运算符的优先级最低,所以先计算赋值表达式 x=5*6 的值,结果为 30,x 的值也为 30,然后计算 x+10 的值,结果为整型值 40,所以整个逗号表达式为整型(int)值 40。

逗号表达式中的表达式又可以是另一个逗号表达式,例如:

(a=1,b=2),c=3.5　　　(c 为 float 类型)

可看成是一个嵌套的逗号表达式,按逗号表达式的求值顺序,上面的逗号表达式等同于

a=1,b=2,c=3.5

这两个逗号表达式的值和类型都为实型(float)值 3.5。因而,逗号表达式的一般形式可以扩展为:

<表达式 1>,<表达式 2>,<表达式 3>,…,<表达式 n>

该逗号表达式的值和类型为表达式 n 的值和类型,例如:

x=1.25,x*4,3*6

结果为整型值 18。

可用逗号表达式来给一个变量赋值,例如:

z=(x=6,y=x*2,y+x+10)　　　(x、y、z 均为 int 类型)

结果 z 为整型(int)值 28。

设有如下语句:

```
int x=5;
printf("%d",(x++,x%2));
```

printf 语句中的输出项是一个逗号表达式。在这个逗号表达式中,先计算表达式 x++的值,x 的值为 6,然后计算表达式 x%2 的值,结果为 0,即整个逗号表达式的值为 0,类型为 int 型。所以 printf 语句输出整型值 0。

逗号表达式特别适用于在只允许出现一个表达式的地方计算多个表达式的值。它主要用于循环语句的控制部分(将于第四章介绍)。

逗号除作为逗号运算符之外,还可用作分隔符。这可根据逗号出现的位置来加以区分。

例如：

max((a,b),c,d)

是一个函数调用表达式。这个函数调用表达式用到了 3 个实参(a,b)、c、d,这 3 个实参之间的逗号为分隔符,第一个实参(a,b)是一个逗号表达式,所以 a、b 之间的逗号为逗号运算符。

2. 求字节运算符

sizeof 是单目运算符,功能是求得表达式的结果所占字节数或某种数据类型标识符所占的字节数。所以其操作对象可为数据类型标识符,也可为表达式。sizeof 的一般形式为：

sizeof(数据类型标识符)　sizeof(表达式)

例如：

sizeof(float)的值为 4,表明单精度实型占 4 个字节。

sizeof(2 * 3)的值为 2,表明整型占 2 个字节。

2.5　位运算

在第一章曾介绍过,C 语言是介于高级语言和汇编语言之间的一种语言。它既具有高级语言的特点,又具有低级语言的功能,适合于开发系统软件。因为在开发系统软件的过程中,常要处理二进制位的问题,所以 C 语言提供了位运算功能。

任何数据在计算机内部都是以二进制形式存储的。例如,一个 unsigned char 类型的字符'a'的存储形式如下：

0	1	1	0	0	0	0	1

整个 8 位二进制位为 01100001,即十进制的 97。位运算符的操作对象是一个二进制位的集合,如两个字节。C 语言提供的位运算符如表 2.8 所示。

表 2.8　位 运 算 符

位运算符	名称	操作数个数	结合性	举例
~	按位取反	1	R	~expr
<<	左移位	2	L	expr1<<expr2
>>	右移位	2	L	expr1>>expr2
&	按位与	2	L	expr1&expr2
^	按位异或	2	L	expr1^expr2
|	按位或	2	L	expr1|expr2

除“~”是单目运算符外,其余均为双目运算符,所有位运算的操作数必须为整数或字符型的数据。位运算的优先次序为：

(高)　~ →(<<、>>)→ & → ^ →|　(低)

下面分别介绍各个位运算符。

2.5.1 按位取反运算符

按位取反运算符“~”就是将一个操作数的每一个二进制位取成相反值,即 0 变成 1,1 变成 0。例如:x 的值为 0x5566(十六进制的 5566),对 x 进行~x 运算。

```
     x      0101010101100110
   ─────────────────────────
    ~x      1010101010011001
```

~x 的结果为十六进制 0xaa99,即~0x5566 的值为 0xaa99。又如:

```
unsigned x=0xd4f5,y=0,x1,y1;
int z=0,z1;
x1=~x;
y1=~y;
z1=~z;
```

将 x 的值表示成二进制码:x=1101010011110101。

执行赋值语句 x1=~x,先计算~x,得~x=0010101100001010,然后将~x 的值赋给 x1,则 x1 的值为十六进制数 0x2b0a。

将 y 的值表示成二进制码:y=0000000000000000。

执行赋值语句 y1=~y,先计算~y,得~y=1111111111111111,然后将~y 的值赋给 y1,因为 y1 是无符号整型变量,而 16 位全 1 则表示最大的无符号整数,所以 y1 的值为 65535。

将 z 的值表示成二进制码:z=0000000000000000。

执行赋值语句 z1=~z,先计算~z,得~z=1111111111111111,然后将~z 的值赋给 z1。因为 z1 是整型变量,而这里的 16 位全 1 是-1 的补码表示。所以 z1 的值为-1。

2.5.2 按位与运算符

两个操作数进行“按位与”运算,若两个操作数的相应二进制位都为 1,则该位的结果为 1,否则为 0。即:

0&0=0,0&1=0,1&0=0,1&1=1

例如,两个操作数 x 和 y,且 x=0x5566,y=0xff,进行 z=x&y 运算。

```
        x   0101010101100110
    (&) y   0000000011111111
   ─────────────────────────
        z   0000000001100110
```

结果 z 的值为十六进制数 0x66。其中 0xff 通过“按位与”运算保留了整数 0x5566 的低 8 位而使高 8 位变为 0,这里的 0xff 常称为屏蔽码。通过设计适当的屏蔽码可保留一个整数的任意位(要保留哪几位,就使屏蔽码的对应位为 1)。

2.5.3　按位或运算符

两个操作数进行“按位或”运算，若两个操作数的相应二进制位只要有一个为 1，则该位的结果为 1，否则为 0。即：

0|0=0，0|1=1，1|0=1，1|1=1

例如，上例的两个操作数 x 和 y 进行 z=x|y 运算。

```
          x   0101010101100110
   (|)    y   0000000011111111
-------------------------------
          z   0101010111111111
```

结果 z 的值为十六进制数 0x55ff。其中 0xff 通过“按位或”运算使 0x5566 的低 8 位都变为 1，而高 8 位保持不变。因此，要想把一个数的某些二进制位置为 1，常用“按位或”运算。

2.5.4　按位异或运算符

两个操作数进行“按位异或”运算，若两个操作数的相应二进制位相异，则该位的结果为 1，否则为 0。即

0^0=0，0^1=1，1^0=1，1^1=0

例如，上例的两个操作数 x 和 y 进行 z=x^y 运算。

```
          x   0101010101100110
   (^)    y   0000000011111111
-------------------------------
          z   0101010110011001
```

结果 z 的值为十六进制数 0x5599，其中 0xff 通过“按位异或”运算使 0x5566 低 8 位被取反，高 8 位不变。因此，要使一个数的哪几位取反，就将与其进行“按位异或”运算的操作数的该几位置为 1；要保留一个数的哪几位就将与其进行“按位异或”运算的操作数的该几位置为 0。

2.5.5　左移运算符

左移运算符“<<”的运算功能是将左操作数中的各个位全部左移由右操作数指定的位数，左移时高位被移出（舍弃），右边空出的低位补 0。两操作数都必须是整数且右操作数为正值。例如，x 是无符号整型数 70，则表达式

x=x<<3

的结果就是将 x 左移 3 位。x=70，即二进制数为 0000000001000110，左移 3 位后的二进制数为 0000001000110000，即十进制数 560。

由此可见，当一个数左移时，如果没有舍弃有效位，则每左移 1 位相当于乘以 2，左移 n 位相当于乘以 2^n。在对一个整数乘以 2^n 后不溢出的情况下，则可选择左移来实现该运算，因为左移比乘法运算快得多。

2.5.6 右移运算符

右移运算符“>>”的运算功能是将左操作数中的各个位全部右移由右操作数指定的位数,右移时左边空出的高位其填充方式取决于左操作数的类型,如果左操作数是无符号类型则补 0。否则用其符号位填充(即有符号数的符号位原来为 1,则左边空出的高位补 1,若符号位原来为 0,则左边空出的高位补 0)。无论左操作数是有符号类型还是无符号类型,右移时低位均被移出(舍弃)。例如,x 是无符号整数 60,则表达式

x=x>>3

的结果就是将 x 右移 3 位。x=60,即二进制数为 0000000000111100,右移 3 位后的二进制数为 0000000000000111,即十进制数 7。例如,x 是整数-16,则表达式

x=x>>2

的结果就是将 x 右移 2 位。x=-16,即二进制数 1111111111110000(-16 的补码),右移 2 位后的二进制数为 1111111111111100,即十进制数-4。

由此可见,一个数右移时,如果在不舍弃有效位的情况下,则每右移 1 位相当于除以 2,右移 n 位相当于除以 2^n。

2.5.7 位复合赋值运算符

位运算符和赋值运算符可组成位复合赋值运算符。这些位复合赋值运算符有:

&=,|=,^=,<<=,>>=

例如:

x&=y 等价于 x=x&y

x>>=y 等价于 x=x>>y

位复合赋值运算符的运算过程是先对其左、右操作数进行相应的位运算,然后进行赋值运算。

2.6 运算符的优先级和结合性

C 语言的运算符十分丰富,由运算符构成的表达式多种多样。因此,当多种不同的运算符组成一个运算表达式时,运算的优先顺序和结合性就显得十分重要。

表 2.9 列出了 C 语言中各种运算符的优先级和结合性。

表 2.9 运算符的优先级和结合性

优先级	运算符	含义	操作数的个数	结合性
1	( ) [ ] - > .	圆括号 下标运算符 指向运算符 成员运算符		L
2	! ~ ++ -- - (类型) * & sizeof	逻辑非运算符 按位取反运算符 自增运算符 自减运算符 负号运算符 类型转换运算符 目标运算符 地址运算符 求占用字节数运算符	1	R
3	* / %	乘法运算符 除法运算符 求余数运算符	2	L
4	+ -	加法运算符 减法运算符	2	L
5	<< >>	左移运算符 右移运算符	2	L
6	< <= > >=	关系运算符	2	L
7	== !=	等于运算符 不等于运算符	2	L
8	&	按位与运算符	2	L
9	^	按位异或运算符	2	L
10	|	按位或运算符	2	L
11	&&	逻辑与运算符	2	L
12	||	逻辑或运算符	2	L
13	? :	条件运算符	3	R
14	= += -= *= /= %= >>= <<= &= |= ^=	赋值运算符	2	R
15	,	逗号运算符		L

表 2.9 中从上到下运算符的优先级由高到低。同一行中的运算符具有相同的优先级，并按指定的结合性决定运算次序。例如，运算符 *、/和%具有相同的优先级，其结合方向是从左至右，因此表达式

a * b/c%d

的运算次序是先乘后除，最后求余。所以，该表达式等价于

((a * b)/c)%d

下面再分析几个例子。

(1) x&~y

不同的运算符要求的操作数个数不同。该表达式中的按位取反运算符“~”只要求在右侧有一个操作数，而按位与运算符“&”则要求在两侧各有一个运算符。因为运算符“~”的优先级高于运算符“&”，所以它等价于

x&(~y)

(2) x=-y<<2

该表达式中的运算符“-”是负号运算符，它的优先级高于左移运算符“<<”，而赋值运算符“=”优先级最低。所以，它的运算顺序是，把 y 的值取负后左移 2 位再赋给 x。即等价于：

x=((-y)<<2)

(3) x%=y+2

该表达式中的运算符“+”的优先级高于运算符“%=”。因此，它等价于：

x%=(y+2)或 x=(x%(y+2))

(4) x=a>b?y:y+1

该表达式中的运算符“+”的优先级高于关系运算符“>”，关系运算符“>”的优先级高于条件运算符“?:”，而赋值运算符“=”的优先级最低。因此，它等价于

x=((a>b)?y:(y+1))

我们若能熟练掌握表 2.9，在程序设计中书写复杂的表达式时，就可以避免使用不必要的圆括号，提高程序的简洁性。

2.7 数据类型转换

在 C 语言的表达式中，允许不同类型的数值型数据间进行各种运算。当不同类型的数据进行运算时，C 语言编译系统自动将其转换成相同的数据类型，然后进行运算。有两种转换方式，即隐式类型转换和强制类型转换。

2.7.1 隐式类型转换

隐式类型转换是由编译系统按照一定的规则自动进行的。在表达式中如果有不同类型的数据进行某一运算，编译系统在编译时自动将其转换为相同的数据类型。于是，在表达式求值时，就是对同一类型的数据进行运算。

C 语言规定的转换规则是由“较低”的类型转换为“较高”的类型，使二者类型统一，然后进行运算，结果为“较高”的类型。而类型的高低由其属性（取值范围、精度等）决定，即由数据占用存储单元的多少来决定。占用存储单元少（如 char），其类型“低”，占用存储单元多（如 double），其类型“高”。更确切地说，对于每一个算术运算符，应遵循如下转换规则：

(1) 所有的 char 和 short 型都被转换为 int 型，所有的 float 型都被转换为 double 型。

(2) 对于所有的操作数对，如果其中一个操作数为 long double 型，则另一个也被转换为 long double 型。

否则，如果一个操作数是 double 型，则另一个也被转换为 double 型。

否则，如果一个操作数是 unsigned long 型，则另一个也被转换为 unsigned long 型。

否则，如果一个操作数是 long 型，则另一个也被转换为 long 型。

否则，如果一个操作数是 unsigned 型，则另一个也被转换为 unsigned 型。

也可将这一转换规则用图 2.10 表示。

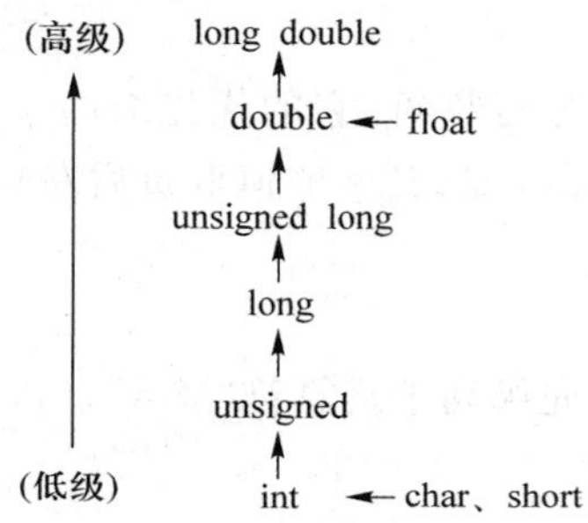

图 2.10 数据类型转换规则

图中向左的箭头表示必定的转换，如 char 和 short 型在运算时一律都转换为 int 型，float 型转换为 double 型，以提高运算精度。向上的箭头只表示一个数据类型的级别。如 int 型与 long 型数据运算时，先将 int 型数据直接转换为 long 型（不需理解为把 int 型先转换为 unsigned，再转换为 long 型），然后两个 long 型数据间进行运算，结果为 long 型。

在赋值表达式中，如果赋值号两边的数据类型不同，则将赋值号右边的值转换为赋值号左边的类型。赋值转换是由系统自动进行的，它不受图 2.10 数据类型转换规则的约束，转换的结果类型完全由赋值运算符左边变量的类型决定。

下面举例说明类型转换的规则。例如表达式

x='a'/10+3.14*u+f*'b'-s*2.7182818

其中 u 为 unsigned 型，f 和 x 为 float 型，s 为 short 型。

上面表达式的处理步骤如下：

(1) 将表达式中的'a'、'b'和 s 都转为 int 型，将 f 转换为 double 型。

(2) 计算'a'/10，因为'a'已转换为 int 型，其值为 97，所以两整型数的运算结果为整数 9。

(3) 计算 3.14*u，因为 3.14 的缺省类型为 double 型，u 是 unsigned 型，所以首先把 u 转换为 double 型，然后进行运算，结果为 double 型。

(4) 计算 9+3.14*u，先将 9 转换为 double 型，运算结果为 double 型。

(5) 计算 f * 'b',f 已转换为 double 型,'b'已转换为 int 型。于是先将'b'转换为 double 型,运算结果为 double 型。

(6) 计算(9+3.14 * u)+f * 'b',因为"+"运算左右操作数的类型均为 double 型,所以运算结果为 double 型。

(7) 计算 s * 2.7182818,因为 s 已转换为 int 型,2.7182818 的缺省类型为 double 型,所以先将 s 由 int 型转换为 double 型,然后进行计算,结果为 double 型。

(8) 计算(9+3.14 * u+f * 'b')-s * 2.7182818,因为"-"运算左右操作数的类型均为 double 型,所以运算结果为 double 型。

(9) 最后将上面表达式的计算结果转换为 float 型并赋值给 x。

将一个 double 型数据赋值给 float 型变量 x 时,截取其前面的 7 位有效数字,存放到 float 型变量 x 的存储单元中。但应注意所赋值的大小不能超出 float 型变量 x 的表示范围,否则就出现溢出错误。

2.7.2 强制类型转换

强制类型转换也称为显式类型转换,其表示形式为:

(类型标识符)表达式

其中"(类型标识符)"是强制类型运算符,功能是将表达式的值强制地转换为由"类型标识符"指定的数据类型。

强制类型转换在效果上和赋值转换完全相同,它常用于任何与隐式类型转换(除赋值转换外)方向不同的类型转换。

例如,x 为 int 型,y 为 float 型,则表达式

x+y

的结果为 double 型。原因是 y 首先转换为 double 型,x 再转换为 double 型,所以 x+y 的结果为 double 型。而表达式

x+(int)y

的结果为 int 型。原因是 y 被强制转换为 int 型,两个 int 型的数据进行运算,所以 x+(int)y 的结果为 int 型。

例如,某一库函数 f(x)要求一个双精度参数,若想以一个整数 i 作为参数调用该函数,则可将整数 i 强制转换为 double 型,函数调用如下:

f((double)i)

例如,x 为 int 型,y 为 char 型,则表达式

(char)(x+y) 不同于 (char)x+y

前者的结果为 char 型。原因是 y 首先被转换为 int 型,所以 x+y 的结果为 int 型,最后又被强制转换为 char 型。后者的结果为 int 型。原因是 x 首先被强制转换为 char 型,y 也为 char 型,char 型数据必定要转换为 int 型,所以两个 int 型数据的运算结果为 int 型。

2.7.3 类型转换的方法

1. 整数之间的转换

将有符号整数转换成较短的整数(有符号或无符号)时,保留低字节或低字;转换成长度相同的无符号整数时,保留原来的位串,最高位失去符号功能而作为正数二进制表示的最高位;转换为较长的整数(有符号或无符号)时,若被转换的数为正(符号位为 0),则扩展的高位补 0,若被转换的数为负(符号位为 1),则扩展的高位补 1。这称为"符号扩展"。

将无符号整数转换成较短的整数(有符号或无符号)时,保留低字节或低字;转换成长度相同的有符号整数时,保留原来的位串,最高位变成符号位;转换成较长的整数(有符号或无符号)时,则扩展的高位补 0。

2. 实数之间的转换

将一个较高精度的实数转换成较低精度的实数时,可能要损失精度。当被转换的值超出较低精度的实数的表示范围时,出现溢出错误。

将较低精度的实数转换为较高精度的实数时,数值不变,仅改变了内部表示方式。

3. 整数和实数之间的转换

将实数(单、双精度数)转换成整数(有符号或无符号)时,截去实数的小数部分,如果整数部分超出了整数的表示范围,则转换结果不正确。

将整数转换成实数(单、双精度数)时,数值不变,但以浮点数形式进行存储。

本章习题

1. 什么叫常量? C 语言中的常量分为哪几类? 各种类型的常量如何表示?

2. C 语言提供哪些数据类型? 各种基本数据类型的名字如何表示?

3. 什么叫变量? 变量的三要素是什么?

4. C 语言中的变量为什么必须"先说明,后使用"? 这样做有什么好处?

5. 字符常量和字符串常量有什么不同? 试比较'a'和"a"有什么不同?

6. C 语言中的逻辑"真"值和逻辑"假"值如何表示?

7. 请指出下列表示中哪些是正确的常量? 哪些是不正确的常量? 对于正确的常量请指出其数据类型,对于不正确的常量请说明错误原因。

(1) 123.456	(2) 0.0	(3) 0	(4) 0.	(5) 25e-12
(6) 25	(7) 046	(8) e5	(9) 123L	(10) 256UL
(11) 'x'	(12) '\102'	(13) '102'	(14) 8.5e2.5	(15) .432e-2
(16) 0x23f	(17) 0x6ah	(18) 0377	(19) +15.25	(20) "sum\n"

8. C 语言中引入了哪些转义字符? 各转义字符的含义是什么?

9. 将表 2.10 中的三个整数分别赋值给不同类型的变量,请写出赋值后数据在内存中的存储形式。

表 2.10　赋值后数据存储形式

变量的类型	26	-4	32767
signed char 型(8 位)			
unsigned char 型			
int 型(16 位)			
unsigned int 型			
long 型(32 位)			
unsigned long 型			

10. 将下列各数用八进制、十六进制数表示。

(1) 25　　(2) 77　　(3) 618　　(4) 2048　　(5) 14096

11. 下面的变量说明正确吗？为什么？

(1) char c1,c2,c3='\n';

(2) float a1=5; a2=6;

(3) int x1=x2=x3=0;

(4) double d1=2e-10,d2=4.6;

12. C 语言有哪些运算符？运算符的优先级和结合性是如何规定的？

13. 下列哪些是正确的表达式？哪些是错误的表达式？若表达式有错，原因是什么？(设 i、j、k 为 int 型变量，x、y、z 为 float 型变量)

(1) 'a'&23　　(2) x<y<z　　(3) 25/7.0%3

(4) (i+2)++　　(5) i*j&&k　　(6) k='a'>'b'

(7) float(i+j)　　(8) i==j<k　　(9) (k=i>j)? i:j

(10) i^x^2　　(11) (i=20)&&(j=15)　　(12) i%=(i%=4)-2

14. 计算下列各表达式的值。

(1) 5/8*2+25*2%6

(2) 20.5*(3*2%6)

(3) 21~3

(4) 23.0+6%4

(5) 2^3&~2

15. 设 x 的初始值为 12，执行下列各表达式之后，x 的值为多少？

(1) x*=x+2/3

(2) x*=y=z=4

(3) x=x++-1

(4) x=--x%3+5

(5) x+=x-=x*=x/=x

16. 变量说明及赋初值如下：

int a=0, b=1, c=2, d=3, e=-1;

double y=0.0;

请给出下列各表达式的值。

(1) a+b>=y　　(2) (c<d)&&a

(3) !d+d<3　　(4) !(d+d)<3

(5) !(!(!e))　　(6) d%c<=(d||c)

17. 取一个整数 a 从右端开始的第 4~7 位(最低位为第 0 位),写出该运算的表达式。

18. 设 x=2.2, y=5.5, a=4, b=7, 求下列各表达式的类型和值。

(1) b * 2%3 * (int)(x+y)/4-x

(2) (float)(a+b)/2+(int)y%b

(3) (b-2) * (b<<2)

(4) (int)(x+y)+(a+2,b+1,y+=5)

(5) x/(y * a)+(++b)%a--

19. 设 x、y 为 int 型变量,当 0<x<n,0<y<n 时,下列表达式的值是什么？结果是否相同？

(1) (x>0)&&(x<n)&&(y>0)&&(y<n)

(2) x&&(x<n)&&y&&(y<n)

(3) (x>0)&&(y>0)&&(x<n)&&(y<n)

(4) !(x<=0)&&!(y<=0)&&!(x>=n)&&!(y>=n)

20. 写一表达式,将整数 a 的高字节作为结果的低字节,b 的高字节作为结果的高字节,拼成一个新的整数。

21. 写一表达式,判断字符变量 ch 中的值是否为字母。

22. 写出程序的运行结果。

```
main()
{int k,m,n;
 k=2;
 n=++k;
 m=k*=2;
 k=--n*2;
 n+=n+++n;
 printf("k=%d,m=%d,n=%d",k,m,n);
}
```

第三章 数据的输入/输出

一个完整的程序,通常应包括输入部分、处理部分和输出部分,其中输入和输出部分实现了人机的交互。C 语言不同于其他高级语言,它没有输入/输出语句,输入/输出操作是通过调用输入/输出函数实现的。这些输入/输出函数以库的形式存放在系统中,称为系统的标准库函数,而这些函数的原型以及与库有关的变量定义和宏定义都存放在 stdio.h 文件中。

由于函数必须先说明原型,然后才能调用,因此在使用标准输入/输出库函数时,要用预编译命令#include 将 stdio.h 文件包含到当前所在的源文件中,即:

#include <stdio.h> (或者#include "stdio.h")

本章将介绍常用的输入/输出函数,它们是字符输入函数 getchar 和字符输出函数 putchar,以及数据的格式化输入函数 scanf 和数据的格式化输出函数 printf。

3.1 字符的输入/输出

ANSI C 提供了单个字符的输入函数 getchar 和单个字符的输出函数 putchar,下面分别介绍。

3.1.1 字符输出函数 putchar

putchar 函数的原型为:

int putchar(int c)

该函数的作用是将参数 c 对应的字符输出到标准输出设备(默认为屏幕)。putchar 函数调用成功后的返回值为输出字符的 ASCII 码值,调用失败后函数返回值为 EOF(stdio.h 文件中定义符号常量 EOF 的值为-1)。参数 c 可以是字符型或整型的常量、变量或表达式。

【例 3.1】 putchar 函数的应用。

程序如下:

```
#include <stdio.h>      /* 程序中使用了 putchar 函数,故应加这条预编译命令 */
main()
{ char ch;
  ch='x';
  putchar(ch);          /* 输出字符变量 ch 中存放的字符 x */
}
```

运行结果如下:

x

putchar(ch)输出字符变量 ch 的值,即输出字符 x。

函数原型中的参数 c 也可以是整型、转义字符或字符型表达式,例如:

```
#include <stdio.h>
main( )
{ putchar(97);        /* 输出字符 a */
  putchar('\n');      /* 输出换行 */
  putchar('a'-32);    /* 输出字符 A */
}
```

运行结果如下:

a

A

putchar(97)输出 ASCII 码值为 97 的对应字符'a'。观察附录 A 中常用 ASCII 码字符集,可以发现小写英文字母的 ASCII 码值比对应的大写英文字母的 ASCII 码值大 32,即'a'比'A'、'b'比'B'的 ASCII 码值均大 32,以此类推。应用这一规律,可以轻松实现大小写英文字母的转换。如 putchar('a'-32)就会输出小写英文字母'a'对应的大写英文字母'A'。

3.1.2　字符输入函数 getchar

getchar 函数的原型为:

int getchar( )

该函数的作用是从标准输入设备(默认为键盘)读入一个字符。getchar 函数没有参数,函数的返回值就是从键盘读入字符的 ASCII 码值。函数的返回值通常赋给一个字符型变量或整型变量,也可以作为表达式的一部分。

【例 3.2】　从键盘输入一个字符,再将其输出到屏幕。

程序如下:

```
#include <stdio.h>
main( )
{ char ch;
  ch=getchar( );
  putchar(ch);
}
```

运行结果如下:

a↵

a

注意:

(1) getchar 函数只有输入回车键后,才开始读入字符,并且调用一次 getchar 函数只能读入一个字符。

（2）getchar 函数将空格、逗号和回车符等特殊字符也作为字符读入，因此在连续输入字符时要注意这些字符的输入。

【例 3.3】 输入和输出多个字符。

程序如下：

```
#include <stdio.h>
main( )
{ char ch1,ch2,ch3;
  ch1 = getchar( );
  ch2 = getchar( );
  ch3 = getchar( );
  putchar( ch1);
  putchar( ch2);
  putchar( ch3);
}
```

运行结果如下：

```
a□bc↵
a□b
```

程序运行后，从键盘共输入 5 个字符，分别是'a'、'□'（空格字符）、'b'、'c'和回车字符，由于 getchar 函数将空格字符也作为输入字符，因此变量 ch1 的值就是字符'a'，变量 ch2 的值就是空格字符'□'，变量 ch3 的值就是字符'b'。

3.2 格式化输出函数 printf

putchar 函数只能实现字符的输出，却不能输出其他类型的数据，如需输出实型、字符串等类型的数据，并且想按照所需格式输出数据，就可以使用前面章节例题中多次使用到的格式化输出函数 printf 来实现。

printf 函数的原型为：

```
int printf( const char * format[ ,arg1,arg2, …] )
```

printf 函数的作用是将参数 arg1,arg2,…按照格式字符串 format 指定的格式输出到标准输出设备（默认为屏幕）。该函数的第一个参数 format 表示格式控制字符串，也称为格式字符串，格式控制字符串以""作为定界符。参数 arg1,arg2,…表示输出数据项列表，每个输出数据项可以是常量、变量或表达式。[,arg1,arg2, …]表示输出数据项可以有 0 个、1 个或者多个。格式控制字符串和输出数据项、输出数据项和输出数据项之间用逗号分隔。例如：

```
printf( "apple\tbanana\n" );          /* 没有输出数据项 */
printf( "%d,%d\n",123,456);           /* 有两个输出数据项 */
```

屏幕上输出：

```
apple    banana
```

123,456

第一行 printf 函数只有格式字符串,没有输出数据项,其结果是原样输出字符串。其中"\t"是水平制表符,作用相当于从键盘上按下 Tab 键(每 8 列为一个水平制表位)。

printf 函数的返回值为整数,如果函数调用成功,则返回值是输出字符的个数,如果函数调用失败,则返回值为负值。

【例 3.4】　输出 printf 函数的返回值。

程序如下:

```
#include <stdio.h>
main( )
{ int x;
   x=printf( "Hello World! \n" );
   printf( "The return value of the function is %d.\n" ,x);
}
```

运行结果如下:

```
Hello World!
The return value of the function is 13.
```

注意,输出字符包括空格、标点符号和转义字符等特殊字符。

3.2.1　格式控制字符串

格式控制字符串 format 包含两种类型的对象:

(1) 普通字符,即被原样输出的字符。

(2) 格式说明符,由"%"开始,以类型转换符结束,用来指定参数 arg1,arg2,…的输出格式。例如:

```
printf( "data is: %d" ,123);
```

双引号括起来的字符串"data is: %d"就是格式控制字符串,其中"%d"是格式说明符,它指定输出数据项的输出格式。双引号中除"%d"外还有普通字符,它们将按原样输出。因此屏幕上输出为:

```
data is:123
```

3.2.2　格式说明符

格式说明符的一般形式如下:

% [flag] [m] [.n] [h|l|L] type_char

其中"%"和类型转换符 type_char 是必选项,而方括号中的项是任选项。格式说明符中各部分功能如表 3.1 所示。

表 3.1 printf 函数格式说明符各部分功能

说明符	功能
%	一个格式说明符以%开始
flag 控制标记： 空格 0 - + #	 在正整数前输出空格； 数据不足最小宽度时，数据前用 0 补足； 数据不足最小宽度时，数据靠左输出，空格补右边（若未指定该标记，数据靠右输出，空格补左边）； 数值型数据输出其正负号（若未指定该标记，正数不输出正号）； 放置在类型转换符 o、x 或 X 前时，分别输出八进制标志 0、十六进制标志 0x 或 0X
m	为正整数，指定输出的最小宽度（以字符为单位），如果输出数据项的实际宽度大于 m，则按实际宽度输出
n	为正整数，指定精度
h l L	用于短整型，可修饰类型转换符 d、u、o、x、X； 用于长整型，可修饰类型转换符 d、u、o、x、X； 用于长双精度型，可修饰类型转换符 f、e、E、g、G
type_char	类型转换符

类型转换符是格式说明符的必选项，指定了对应输出数据项的输出格式，类型转换符及其说明如表 3.2 所示。

表 3.2 printf 函数类型转换符及其说明

类型转换符	说明
c	输出一个字符
s	输出字符串，遇到空字符'\0'停止
d u o x X	输出十进制整数； 输出无符号十进制整数； 输出无符号八进制整数； 输出无符号十六进制整数，数值中的字母用小写； 输出无符号十六进制整数，数值中的字母用大写
f e E g G	输出实数（包括单精度型和双精度型），以小数形式输出（但当数以指数形式表示，其指数大于 39 时，采用指数形式输出）； 输出实数（包括单精度型和双精度型），以指数形式输出，指数用 e 表示； 输出实数（包括单精度型和双精度型），以指数形式输出，指数用 E 表示； 输出一个实数，根据具体的数值来选取用小数形式或指数形式中宽度较小的一种来输出，且不输出小数部分末尾的 0； 功能同 g，不同点在于用指数形式输出时，指数用大写字母 E 来表示

不同类型数据要用不同的类型转换符,下面分别说明。

1. 类型转换符 c

类型转换符 c 用于输出一个字符。

【例 3.5】　演示类型转换符 c 的用法 1。

程序如下:

```
#include <stdio.h>
main()
{
  printf("%c\n",'A');
}
```

运行结果如下:

A

一个取值在 0~255 范围的整数,也可以用字符形式输出,输出的是该整数对应的 ASCII 码字符。

【例 3.6】　演示类型转换符 c 的用法 2。

程序如下:

```
#include <stdio.h>
main()
{
  printf("%c\n",65);
}
```

运行结果如下:

A

2. 类型转换符 s

类型转换符 s 用于输出一个字符串,常见有以下几种用法。

(1) %s,输出字符串中的所有字符,直至遇到空字符('\0')为止(空字符本身并不输出)。

【例 3.7】　演示类型转换符 s 的用法 1。

程序如下:

```
#include<stdio.h>
main()
{
  printf("%s\n","good");
}
```

运行结果如下:

good

(2) %ms,输出一个字符串,指定该字符串的最小宽度为 m,若串长不足 m,在其左边用空格补足;若串长大于 m,原样输出字符串,忽略 m 的限制。

【例 3.8】　演示类型转换符 s 的用法 2。

程序如下：

```
#include <stdio.h>
main( )
{ printf( "%2s\n" ,"good" ) ;
  printf( "%8s\n" ,"good" ) ;
}
```

运行结果如下：

good

□□□□good

（3）%-ms，与%ms 基本相同，区别在于若串长不足 m，将空格补在其右边。

【例 3.9】 演示类型转换符 s 的用法 3。

程序如下：

```
#include <stdio.h>
main( )
{
  printf( "%-8s\n" ,"good" ) ;
}
```

运行结果如下：

good□□□□

（4）%m.ns 和%-m.ns，二者都是用来输出一个字符串左边的前 n 个字符，且指定最小宽度为 m。区别在于当 n<m 时，没有控制标记“-”，空格补在其左边；有控制标记“-”，空格补在其右边。

【例 3.10】 演示类型转换符 s 的用法 4。

程序如下：

```
#include <stdio.h>
main( )
{ printf( "%4.2s\n" ,"good" ) ;
  printf( "%-4.2s\n" ,"good" ) ;
}
```

运行结果如下：

□□go

go□□

3. 类型转换符 d、u、o、x 和 X

类型转换符 d、u、o、x 和 X 用于输出整数，常见有以下几种用法。

（1）%d，输出十进制整数。

（2）%□d，输出十进制整数，如果该整数是正数，在数值前加一个空格。

（3）%md、%-md 和%0md，都是输出十进制整数，指定其最小宽度为 m，当该整数位数大于 m 时，原样输出整数；当该整数位数不足 m 时，三者处理方法是不相同的，%md 格式是在整数左边补空格,%-md 格式是在整数的右边补空格,而%0md 格式是在整数左边补 0。

【例 3.11】　演示类型转换符 d 的用法 1。

程序如下:

```
#include <stdio.h>
main( )
{
  printf( "%d,%□d,%□d,%4d,%-4d,%04d \n",10,10,-10,10,10,10);
}
```

运行结果如下:

```
10,□10,-10,□□10,10□□,0010
```

(4) %+d,输出十进制整数,如果该整数是正数,在数值前加其符号"+"。注意,控制标记"+"和"-"并不是一对功能相反或相关的标记。

【例 3.12】　演示类型转换符 d 的用法 2。

程序如下:

```
#include <stdio.h>
main( )
{
  printf( "%d,%d,%+d,%+d\n",3,-3,3,-3);
}
```

运行结果如下:

```
3,-3,+3,-3
```

(5) %m.nd,输出十进制整数,指定其最小宽度为 m,精度为 n。输出时,先满足精度要求,再满足宽度要求。若实际输出数据不足 n 个字符,在数据前补 0;若实际输出数据大于 n 个字符,按实际数据输出。

【例 3.13】　演示类型转换符 d 的用法 3。

程序如下:

```
#include <stdio.h>
main( )
{ printf( "%4.2d\n",12345);
  printf( "%4.7d\n",12345);
  printf( "%4.7d\n",-12345);
  printf( "%8.2d\n",12345);
  printf( "%8.7d\n",12345);
}
```

运行结果如下:

```
12345
0012345
-012345
```

□□□12345

□0012345

（6）%hd 和%ld，%hd 输出短整型整数，%ld 输出长整型整数。

【例 3.14】　演示类型转换符 d 的用法 4。

程序如下：

```
#include <stdio.h>
main( )
{ short a=123;
  long b=123456;
  printf( "%hd,%ld\n" ,a,b);
}
```

运行结果如下：

123,123456

在许多编译环境中，由于短整型和整型是同样实现的，修饰符“h”是可以省略的，但为获得较高的可移植性，最好还是不要省略。注意，对于长整型整数，修饰符“l”不可以省略，否则就会出错。输出短整型整数和长整型整数时，也可以指定最小宽度 m，m 应加在说明符“hd”、“ld”与“%”之间。例如：

```
printf( "%4hd,%8ld" ,123,123456);
```

屏幕上输出：

□123,□□123456

（7）%u，输出无符号十进制整数。

（8）%o 和%#o，输出无符号八进制整数，区别在于有控制标记“#”时，输出数值前显示八进制标志 0。

（9）%x、%X、%#x 和%#X，输出无符号十六进制整数，类型转换符 x 和 X 的区别在于如果十六进制整数中出现字母 a～f 时，%x 格式显示的是小写字母，而%X 格式显示的是大写字母。有控制标记“#”，表示输出数值前显示十六进制标志，%#x 格式显示 0x，%#X 格式显示 0X。

【例 3.15】　演示类型转换符 u、o、x 和 X 的用法。

程序如下：

```
#include <stdio.h>
main( )
{ printf( "%u,%u \n" ,15,-1);
  printf( "%o,%#o\n" ,15,15);
  printf( "%x,%X,%#x,%#X\n" ,15,15,15,15);
}
```

运行结果如下：

15,65535

17,017

f,F,0xf,0XF

在计算机中数值是以补码表示的，-1 的补码是 65535，当以“%u”格式输出时，将数值 65535 作为无符号数输出。

4. 类型转换符 f、e 和 g

类型转换符 f、e 和 g 用于输出实数，常见有以下几种用法。

（1）%f，输出一个实数（包括单精度型和双精度型）。对于单精度型，以小数形式输出。对于双精度型，当以指数形式表示、其指数大于 39 时，以指数形式输出，否则以小数形式输出。以小数形式输出时，自动保留 6 位小数，对第 7 位小数四舍五入。

【例 3.16】　演示类型转换符 f 的用法 1。

程序如下：

```
#include <stdio.h>
main( )
{
  printf( "%f\n",0.1234567);
}
```

运行结果如下：

0.123457

应当注意，对于实数，千万不要认为输出的每位数字都是精准的。

【例 3.17】　演示类型转换符 f 的用法 2。

程序如下：

```
#include <stdio.h>
main( )
{ float x=123.1;
  printf( "%f\n",x);
}
```

运行结果如下：

123.099998

输出结果与赋给变量 x 的值是不一样的，因为实数从十进制数转换为二进制数时常会出现细微差异。

（2）%m.nf 和%-m.nf，输出一个实数，指定最小宽度为 m，精度为 n，即保留 n 位小数，先满足精度要求，再满足宽度要求。若实际输出数据的小数位数不足 n 位，小数后补 0；若实际输出数据的小数位数大于 n，保留 n 位，对第 n+1 位小数四舍五入；若 n=0，则不输出小数点和小数部分。宽度“m”和控制标记“-”的作用与前面相同。

【例 3.18】　演示类型转换符 f 的用法 3。

程序如下：

```
#include <stdio.h>
main( )
{ printf( "%4.4f\n",456.789);
  printf( "%8.2f\n",456.789);
```

```
  printf("%-8.2f\n",456.789);
  printf("%8.0f\n",456.789);
}
```

运行结果如下：

```
456.7890
□□456.79
456.79□□
□□□□□457
```

注意，小数点也占用一个字符位。

（3）%Lf，输出一个长双精度型实数。

【例 3.19】 演示长双精度型实数的输出方法。

程序如下：

```
#include <stdio.h>
main()
{ long double x=456.789;
  printf("%Lf\n",x);
}
```

运行结果如下：

```
456.789000
```

注意，输出一个长双精度型实数，一定要在类型转换符 f 前加说明符“L”，否则就会出错。

（4）%e，以指数形式输出一个实数（包括单精度型和双精度型）。尾数部分按标准化指数形式输出，即小数点前只有一位非零数字（除非整个数值为零），且小数点后保留 5 位小数。

【例 3.20】 演示类型转换符 e 的用法 1。

程序如下：

```
#include <stdio.h>
main()
{ printf("%e\n",12.3456789);
  printf("%e\n",12.345);
}
```

运行结果如下：

```
1.23457e+01
1.23450e+01
```

“%e”也可以写成“%E”，这样只是将输出形式中的‘e’换成‘E’。例如：

```
printf("%E\n",12.3456789);
```

屏幕上输出：

```
1.23457E+01
```

若长双精度型实数要以指数形式输出，格式说明符应为“%Le”或“%LE”。

（5）%m.ne，以指数形式输出一个实数，指定输出最小宽度为 m，尾数部分的小数点后保留

n-1位小数。

【例 3.21】　演示类型转换符 e 的用法 2。

程序如下：

```
#include <stdio.h>
main( )
{
   printf("%10.2e\n",456.789);
}
```

运行结果如下：

□□□4.6e+02

(6) %g,输出一个实数,根据具体的数值来选取用小数形式和指数形式中宽度较小的一种来输出,且不输出小数部分末尾的0,至多保留 6 位有效数字。在指数小于-4 或者大于等于精度时用指数形式输出。

【例 3.22】　演示类型转换符 g 的用法。

程序如下：

```
#include <stdio.h>
main( )
{ printf("%f\n",456.789123);
  printf("%e\n",456.789123);
  printf("%g\n",456.789123);
  printf("%g\n",456.780);
  printf("%g\n",0.0000456789);
  printf("%g\n",0.00004567895);
}
```

运行结果如下：

```
456.789123
4.56789e+02
456.789
456.78
4.56789e-05
4.56789e-05
```

实数 456.789123 用 f 格式的小数形式输出占 10 个字符位,用 e 格式的指数形式输出占 11 个字符位,用 g 格式时,便采用宽度较小的小数形式输出,且至多保留 6 位有效数字,故输出 456.789。实数 456.780 用小数形式输出占 10 个字符位,用指数形式输出占 11 个字符位,所以用 g 格式时,便采用宽度较小的小数形式输出,且不输出小数部分末尾的 0,故输出 456.78。实数 0.0000456789用指数形式输出时指数小于-4,用 g 格式时,便采用指数形式输出,故输出 4.56789e-05。实数 0.00004567895 用指数形式输出时指数小于-4,用 g 格式时,便采用指数形式输出,且至多保留 6 位有效数字,故输出 4.56789e-05。g 格式使用较少。

使用 printf 函数时,应确保格式说明符的个数必须与输出数据项的个数相同。如果输出数据项的个数少于格式说明符的个数,就会产生不可预知的结果。如果输出数据项的个数多于格式说明符的个数,就会忽略多余的输出数据项。格式说明符的类型应该与输出数据项的类型逐一对应,否则将会出现错误。

【例 3.23】 格式说明符与输出数据项匹配示例。

程序如下:

```
#include <stdio.h>
main()
{ float x=2.5;
  int y=1;
  printf("x=%f,y=%d\n",x);          /* 输出数据项的个数少于格式说明符的个数 */
  printf("x=%f\n",x,y);             /* 输出数据项的个数多于格式说明符的个数 */
  printf("x=%d\n",x);               /* 类型不匹配 */
  printf("x=%f,y=%d\n",y,x);        /* 类型不匹配 */
}
```

运行结果如下:

```
x=2.500000,y=1062
x=2.500000
x=0
x=0.000000,y=16388
```

printf 函数的输出数据项若多于一项,以自右向左的顺序依次计算数据项的值,然后按照格式字符串以自左向右的顺序依次输出数据项的值。

【例 3.24】 演示 printf 中多个输出数据项的计算次序。

程序如下:

```
#include <stdio.h>
main()
{ int x=10;
  printf("%d,%d,%d\n",++x,++x,++x);
}
```

运行结果如下:

```
13,12,11
```

如果想输出符号“%”,应该在格式字符串中连续使用两个“%”表示。

【例 3.25】 演示输出%的示例。

程序如下:

```
#include <stdio.h>
main()
{
  printf("The probability of success is %d%%.\n",50);
```

```
}
```

运行结果如下：

The probability of success is 50%.

应当注意，不同系统的输出结果可能会存在差异，不过差别不会很大。

3.3　格式化输入函数 scanf

getchar 函数只能实现字符的输入，若想输入其他类型的数据，或者同时输入多个数据，可以用格式化输入函数 scanf。

scanf 函数的原型为：

int scanf(const char * format, arg1, arg2, …)

参数 format 表示格式字符串，与 printf 函数不同，参数 arg1, arg2, …表示地址列表。scanf 函数的作用是按照格式字符串指定的格式从标准输入设备（默认为键盘）输入的数据中读入数据，依次存入地址列表指定的内存单元中。函数的返回值是读入数据的个数。

3.3.1　地址列表

地址列表是由若干地址组成，地址可以是变量的地址、字符数组名或指针变量，地址间用逗号分隔。对于变量，用"& 变量名"表示变量的地址，对于字符数组名和指针变量，因为数组名和指针变量本身就是地址，所以不需要再加运算符"&"。关于字符数组的详细内容将在第五章中介绍，指针变量的详细内容将在第六章中介绍。例如为整型变量 x 输入数值：

scanf("%d",&x);

注意，将 &x 写为 x 是错误的，初学者容易犯这样的错误。

3.3.2　格式字符串

格式字符串包含三种类型的对象。

（1）格式说明符，与 printf 函数中的格式说明符类似，也是由"%"开始，以类型转换符结束。

（2）空白字符（包括空格、制表符和换行符），指定读到相应位置时跳过输入的所有空白字符。

【例 3.26】　输入和输出变量 x、y 的值。

程序如下：

```
#include <stdio.h>
main( )
{ char x,y;
  scanf("%c□%c",&x,&y);
  printf("x=%c,y=%c\n",x,y);
```

```
}
```

运行结果如下：

a□□□□□□□b↵

x=a,y=b

因为格式说明符“%c”与“%c”之间有一个空格，所以读到 a 之后的 7 个空格都跳了过去。

（3）普通字符，与 printf 函数中的普通字符不同，它不是原样输出，而是需要在输入时原样输入，但读到与格式字符串不相匹配字符处就不再读入数据，scanf 函数的返回值为实际读入数据的个数。

【例 3.27】 利用 scanf 函数为整型变量 x 赋值 3、y 赋值 4。

程序如下：

```
#include <stdio.h>
main( )
{ int x=10,y=20,z=30;
  z=scanf("x=%d,y=%d",&x,&y);
  printf("x=%d,y=%d\n",x,y);
  printf("z=%d\n",z);
}
```

运行结果如下：

x=3□4↵

x=3,y=20

z=1

格式字符串中的普通字符“x=”和“,y=”应原样输入，而键盘输入的信息从 x=3 之后就与格式字符串不匹配，因此只有变量 x 得到了正确的值，而变量 y 没有得到正确的值，依旧保持原来的值不变。变量 z 的值应为 scanf 函数的返回值，即实际读入数据的个数，现在正确读入 1 个数据，因此 z 的值为 1。

正确运行结果如下：

x=3,y=4↵

x=3,y=4

z=2

注意，格式字符串中的普通字符需原样输入，因此最好不要在格式字符串出现普通字符，如果希望出现提示信息，应该通过在 scanf 函数前增加 printf 函数来完成。

【例 3.28】 重新编写例 3.27 程序。

程序如下：

```
#include<stdio.h>
main( )
{ int x=10,y=20;
  printf("Please input x,y:");          /* 提示输入信息 */
```

```
  scanf("%d%d",&x,&y);
  printf("x=%d,y=%d\n",x,y);
}
```

运行结果如下：

Please input x,y:3□4↵

x=3,y=4

3.3.3 格式说明符

格式说明符的一般形式为：

% [*] [m] [h|l|L] type_char

其中“%”和类型转换符 type_char 是必选项，而方括号中的项是任选项。scanf 函数的格式说明符与 printf 函数的格式说明符有相似之处，但也有不同。下面详细介绍各部分功能。

(1) *，跳过指定的数据或指定数目的字符。

【例 3.29】　演示 * 的用法。

程序如下：

```
#include <stdio.h>
main()
{ int x,y;
  scanf("%*d%d%*2d%d",&x,&y);
  printf("x=%d,y=%d\n",x,y);
}
```

运行结果如下：

1□2□3456↵

x=2,y=56

输入的第一个数据 1 被跳过，第二个数据 2 被存放到变量 x 的存储单元，接下来输入的数据被跳过两个字符后，将 56 存放到了变量 y 的存储单元。当利用一批已有数据时，可以利用此法跳过其中那些不需要的数据。

(2) m，为一正整数，指定读入的字符数。

注意，printf 函数允许指定精度 n，但 scanf 函数不允许指定精度 n。

【例 3.30】　演示 m 的用法。

程序如下：

```
#include <stdio.h>
main()
{ int x,y;
  scanf("%2d%d",&x,&y);
```

```
  printf("x=%d,y=%d\n",x,y);
}
```

运行结果如下：

123456↵

x=12,y=3456

它允许输入的多个数据间没有空白，此法常用于读文件。

(3) h|l|L，h 用于短整型，可修饰类型转换符 d、u、o、x、X。l 用于长整型，可修饰类型转换符 d、u、o、x、X，l 也可用于双精度型实数，可修饰类型转换符 f、e、E、g、G。L 用于长双精度型实数，可修饰类型转换符 f、e、E、g、G。

【例 3.31】 演示 h|l|L 的用法。

程序如下：

```
#include <stdio.h>
main()
{ short a;
  long b;
  double c;
  long double d;
  scanf("%hd%ld%lf%Lf",&a,&b,&c,&d);
  printf("a=%hd,b=%ld,c=%f,d=%Lf\n",a,b,c,d);
}
```

运行结果如下：

1□2□3.5□4.5↵

a=1,b=2,c=3.500000,d=4.500000

在许多编译环境中，短整型和整型是同样实现的，与 printf 函数一样，说明符“h”也可以省略，但为获得较高的可移植性，最好还是不要省略。但注意，说明符“l”和“L”不可省略，否则就会出错。注意，对于双精度实型数据，在 scanf 输入函数和 printf 输出函数中对应的格式说明符是不同的。

(4) type_char，即类型转换符，指定将输入数据转换为相应的类型，scanf 函数中类型转换符及其说明如表 3.3 所示。

表 3.3 scanf 函数类型转换符及其说明

类型转换符	说明
c	输入一个字符
s	输入字符串，遇到空白字符结束
d u o x 或 X	输入十进制整数； 输入无符号十进制整数； 输入八进制整数，要求输入数据是八进制数，否则出现错误； 输入十六进制整数(二者没有区别)，要求输入数据是十六进制数，否则出现错误

续表

类型转换符	说明
f、e、E、g 或 G	输入单精度型实数,以小数形式输入或以指数形式输入

3.3.4　scanf 函数执行过程中的注意事项

(1) 在输入多个数值型数据时,若格式字符串中没有普通字符作为输入数据之间的间隔,则可用若干空格、Tab 键或回车键作为间隔。

【例 3.32】　给定如下程序,要使变量 x 和 y 的值分别为 1 和 2,应如何正确输入数据?

程序如下:

```
#include <stdio.h>
main()
{ int x,y;
  scanf("%d%d",&x,&y);
  printf("x=%d,y=%d\n",x,y);
}
```

下面输入均正确:

a. 1□2↵

b. 1(按 Tab 键)2↵

c. 1↵

2↵

输出结果均为:

x=1,y=2

(2) 在输入多个字符型数据时,若格式字符串中没有普通字符作为输入数据之间的间隔时,则认为所有输入的字符均为有效字符。

【例 3.33】　字符型数据输入示例。

程序如下:

```
#include <stdio.h>
main()
{ char c1,c2,c3;
  scanf("%c%c%c",&c1,&c2,&c3);
  printf("c1=%c,c2=%c,c3=%c\n",c1,c2,c3);
}
```

运行结果如下:

a□b□c↵

c1=a,c2=□,c3=b

由于所有输入的字符均被认为是有效字符，字符'a'赋给变量 c1，字符'□'赋给变量 c2，字符'b'赋给变量 c3。若要使变量 c1、c2 和 c3 的值分别为'a'、'b'、'c'，则正确的输入方法为：

abc↵

(3) 在输入实数时，以小数形式或指数形式输入均可，需特别说明的是，也可以输入整型数据。

【例 3.34】 实数型数据输入示例。

程序如下：

```
#include <stdio.h>
main( )
{ float x;
  scanf("%f",&x);
  printf("x=%f\n",x);
}
```

下面输入均正确：

a. 12↵

b. 12.0↵

c. 1.2e1↵

输出结果均为：

x=12.000000

(4) 在输入字符串时，遇到空白字符就会停止输入。

【例 3.35】 字符串数据输入示例。

程序如下：

```
#include <stdio.h>
main( )
{ char s[20];
  scanf("%s",s);
  printf("%s\n",s);
}
```

运行结果如下：

How□are□you?↵

How

字符串“How”后输入的是空格字符，因为输入遇到空白字符就会停止，所以有效输入只有字符串“How”。

本章习题

1. 写出下面语句段的运行结果。

(1) char ch='A';

printf("%c,%4c,%-4c,%d\n",ch,ch,ch,ch);

(2) printf("%s,%-5s,%5s\n","abc","abc","abc");

printf("%8.3s\n","hello");

(3) int x=97;

printf("%d,%u,%c\n",x,x,x);

printf("%o,%#o,%x,%#x\n",x,x,x,x);

(4) float y=125.666;

printf("%f,%8.2f,%4.2f\n",y,y,y);

2. 运行下面程序,若从键盘输入 ab↵,则输出结果是什么?

```
#include <stdio.h>
void main()
{ char ch1,ch2;
  ch1=getchar();
  ch2=getchar();
  putchar(ch1);
  putchar('\n');
  putchar(ch2-32);
}
```

3. 下面程序中注释所在行存在错误,请修改后运行。

```
#include <stdio.h>
void main()
{ int a,b;
  long s=0;
  scanf("%d%d",a,b);    /* please correct */
  s=s+a+b               /* please correct */
  printf("%d\n",s);     /* please correct */
}
```

4. 运行下面程序,从键盘输入 a=100,b=25□3.14□6.7he↵,若使变量 a、b、x、y、c1 和 c2 的值分别为 100、25、3.14、6.7、'h'和'e',则 3 条 scanf 函数中的格式字符串应该如何填写?

```
#include <stdio.h>
void main()
{ int a,b;
  float x,y;
  char c1,c2;
  scanf("________",&a,&b);
  scanf("________",&x,&y);
```

```
    scanf("________",&c1,&c2);
    printf("a=%d,b=%d\n",a,b);
    printf("x=%f,y=%f\n",x,y);
    printf("c1=%c,c2=%c\n",c1,c2);
}
```

5. 编写程序，从键盘输入 1 个小写英文字母，输出该小写英文字母对应的大写英文字母。
6. 编写程序，输入两个整数 m 和 n 的值，计算并输出 m 和 n 的平均值。

第四章 程序控制结构与结构化程序设计

第二章介绍了程序中需要的基本要素，包括数据的基本类型、常量、变量、运算符和表达式。第三章介绍了程序中实现输入/输出的基本函数。本章将介绍编写程序所必需的一些内容。

4.1 算法及其描述

4.1.1 算法

在程序设计过程中，编程者首先必须明确提出的问题，然后给出解决问题的步骤，最后根据这个步骤写出程序。算法就是对解决问题步骤的准确、完整地描述。设计算法是程序设计的核心。以蒸米饭为例，下面给出解决这个问题的算法：

(1) 开始。

(2) 淘洗大米。

(3) 将淘洗好的大米放入电饭锅中。

(4) 加入适量水。

(5) 按下电源键开始蒸米饭。

(6) 结束。

一个算法应该具有以下 5 个重要的特征：

1. 输入

一个算法有 0 个或多个输入，输入用来给出运算对象的初始值。

2. 输出

一个算法有 1 个或多个输出，它是指对数据加工后的结果。没有输出的算法是毫无意义的。

3. 确定性

算法最终要由计算机来实现，因此算法的每一步骤必须有确切的定义，不能存在歧义。

4. 有穷性

一个算法必须保证执行有限步骤后结束，而且也要保证在合理的时间内完成。如果一个程序的执行永远也不能结束，或者虽能结束却不能在有效时间内结束，那么这个程序就是毫无价值的。例如，道路导航程序，如果每次寻找一条道路需要几个小时，那这个程序就失去了使用价值。

5. 可行性

可行性是指算法中描述的操作都是可以实现的。

解决同一个问题,可以有不同的算法,而一个算法的质量优劣将影响到程序的效率。因此,为了高效地解决问题,不仅要确保算法的正确性,还应考虑算法的质量,选择优质的算法来解决问题。

4.1.2 算法描述

描述算法的方法有很多种,常用的有自然语言描述、流程图描述、N-S 流程图描述和伪代码描述。

1. 自然语言描述

自然语言描述算法是指用人们日常使用的语言和数学语言描述算法。自然语言描述无须学习,通俗易懂,但算法冗长,且由于自然语言的歧义性容易导致算法的不确定性,不易于转换成程序代码,所以一般只适用于描述简单算法。

【例 4.1】 统计全班 30 名学生 C 语言成绩超过 90 分的人数。

用自然语言描述上述问题的算法:

第 1 步:将用来统计超过 90 分人数的计数器的值初始化为 0;

第 2 步:判断是否输完 30 名学生的 C 语言成绩,如果没输完,继续第 3 步,否则,转到第 5 步;

第 3 步:输入 1 名学生的 C 语言成绩;

第 4 步:判断该学生的 C 语言成绩是否大于 90 分,如果是,计数器的值加 1,否则,计数器的值不变,然后转到第 2 步;

第 5 步:输出计数器的值。

2. 流程图描述

流程图描述是最普遍使用的算法描述方法,它是使用图形符号描述算法的有向图。美国国家标准化协会 ANSI 规定了流程图的符号,常用的流程图符号及其说明如表 4.1 所示。

表 4.1 流程图的常用符号及其说明

符号	名称	说明
(圆角矩形)	起止框	表示算法的开始和结束,通常框内写“开始”和“结束”。表示开始时,没有入口,表示结束时,没有出口
(平行四边形)	输入/输出框	表示算法中数据的输入和输出,通常框内写“输入……”或“输出……”,只有一个入口和一个出口
(矩形)	处理框	表示算法中数据的处理,通常框内写处理内容。只有一个入口和一个出口
(菱形)	判断框	表示算法中不同情况的选择,用于分支结构,通常框内写判断条件。根据判断条件是否成立有两个出口流向,即一个入口,两个出口
(圆)	连接符	用于一流程图向另一流程图的出口或入口
→	流程线	用于指示从一框到另一框的流程方向

【例 4.2】 用流程图描述例 4.1 问题的算法。

流程图如图 4.1 所示。

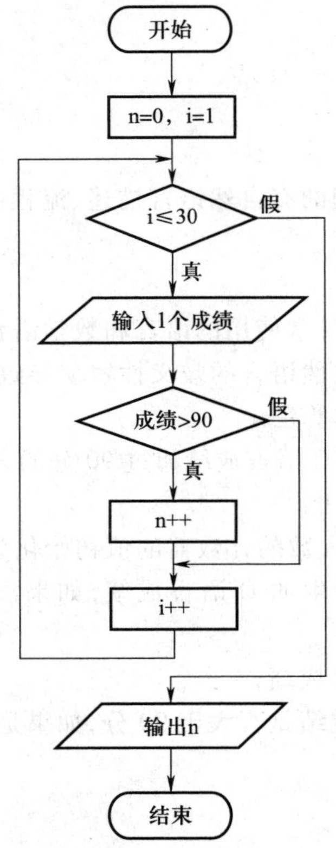

图 4.1 描述例 4.1 算法的流程图

3. N-S 流程图描述

N-S 流程图也称为盒图。1973 年，美国学者艾萨克·纳西（Isaac Nassi）和本·施奈德曼（Ben Shneiderman）提出了一种去掉流程图中的流程线，全部算法写在一个矩形框内，在框内还可以包含其他框的流程图形式。

N-S 流程图是用于取代传统流程图的一种描述方式。N-S 流程图以结构化程序设计方法为基础，含有图 4.2 的 5 种基本组件，它们分别表示结构化程序设计方法的几种标准控制结构。

图 4.2 中的 A、B、case i 代表算法的处理步骤，Y 表示条件为"真"，N 表示条件为"假"。在 N-S 流程图中，每个处理步骤用一个盒子来表示，处理步骤可以转化为程序语句或语句序列。需要时，盒子中还可以嵌套另一个盒子，嵌套深度一般没有限制，只要整张图在一页纸上能容纳得下即可，因为只能从上边进入盒子然后从下边出来，除此之外没有其他的入口和出口，所以 N-S 流程图限制了随意的控制转移，保证了程序的良好结构。

【例 4.3】 用 N-S 流程图描述例 4.1 问题的算法。

N-S 流程图如图 4.3 所示。

相比而言，流程图的随意性太强，结构化不明显；盒图层次感强、嵌套明确，支持自顶向下，逐

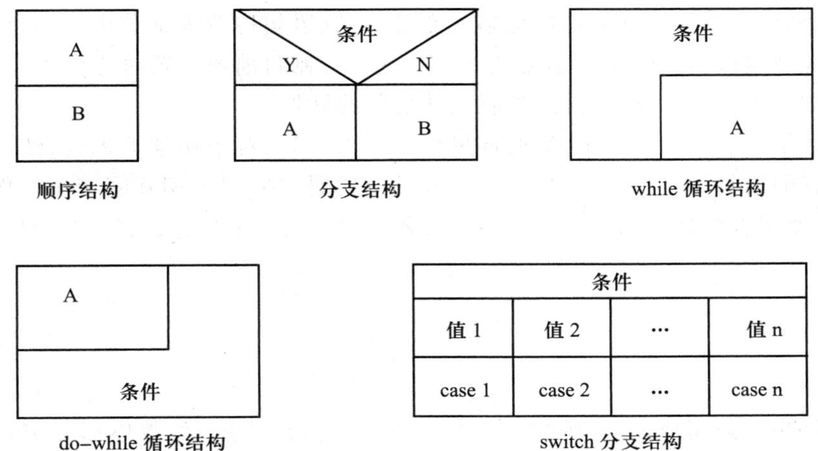

图 4.2 N-S 流程图的基本组件

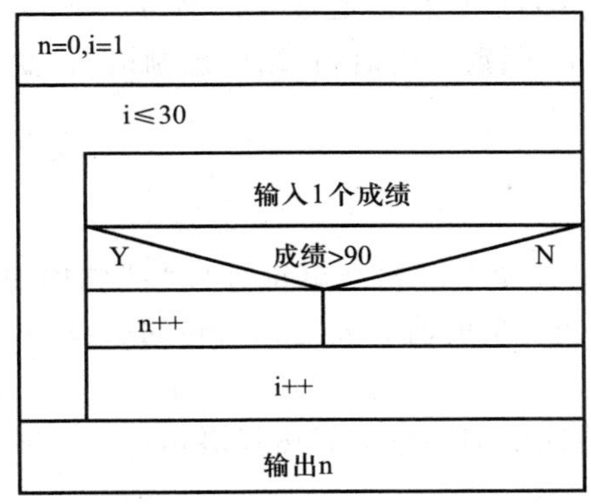

图 4.3 例 4.3 的 N-S 流程图

步求精,能强迫算法结构化。盒图的缺点是修改比较麻烦。

4. 伪代码描述

伪代码是介于自然语言和编程语言之间的一种非正式代码,它结构清晰,代码简单,可读性好,易于转换为程序代码,比较灵活。

【例 4.4】 用伪代码描述例 4.1 问题的算法。

(1) n←0,i←1

(2) 重复做 30 次(判断 i≤30)

score←输入成绩

判断 score>90,如果大于 90,那么 n←n+1

i←i+1

(3) 输出 n

在自然语言描述算法中,步骤(2)说明了重复执行,而在伪代码描述算法中的重复工作用"重复做 30 次"描述,显然伪代码描述得更精确。

引入伪代码，可使程序设计人员避免陷入变量定义、语句构造等细节中，从而可以帮助程序员设计算法。如在这段伪代码中，“重复做 30 次”这一控制目前还不知道怎样用 C 语言来描述，但伪代码描述却不影响人们理解算法，这就是伪代码的好处。

伪代码描述了算法的设计方案，它的详尽程度因人而异，对于初学者来说，使用可直接转换为程序设计语言的语句为宜，对于熟练的编程人员伪代码主要用于相互间交流。伪代码没有公认的语法规范，使用者根据自己的语言习惯结合程序设计语言来描述，大家都能理解即可。

4.2 语句

一个 C 程序由函数组成，一个函数由函数首部和函数体组成，函数体部分包括说明语句和执行语句。说明语句主要定义数据结构和设定数据初值，执行语句主要是对数据进行处理。

由第一章已知，一个 C 语句必须以分号“;”结束，分号是 C 语句的结束符。C 语言允许一行写多条语句，也允许一条语句分多行书写，但通常一行书写一条语句。

C 语句可以分为表达式语句、函数调用语句、结构控制语句、复合语句和空语句五类。

4.2.1 表达式语句

在 C 语言中，任意一个表达式加上语句结束符分号“;”就构成一条表达式语句。表达式语句的主要功能是用于计算或改变变量的值。表达式语句的一般形式为：

表达式;

最典型的是自增、自减表达式语句和赋值表达式语句。

1. 自增、自减表达式语句

自增、自减表达式语句由自增、自减表达式后加一个分号“;”组成。例如：

i++

是一个自增表达式，而

i++;

是一条自增表达式语句。可以看出在表达式后增加一个分号“;”就构成了语句，分号是语句的结束符，是语句的标志，不可省略。

2. 赋值表达式语句

赋值表达式语句是由赋值表达式后加一个分号“;”组成。例如：

r=10

是一个赋值表达式，而

r=10;

是一条赋值表达式语句。又如：

i=j=k=x+1;

是一条多重赋值语句，即在一条语句中将表达式 x+1 的值从右到左赋值给赋值号左边的变量，又如：

sum+=score;

是一条复合赋值语句,该语句完成的功能与

sum=sum+score;

完成的功能相同,即把变量 sum 的值加上变量 score 的值再赋给变量 sum。

事实上,任何一个表达式后加上分号都可以构成语句,例如:

x+3;

也是一条表达式语句,作用是完成表达式 x+3 的计算,但是该语句并没有将计算结果记录下来,也没有改变变量 x 的值,所以它并没有实际意义,通常程序中很少见。

4.2.2 函数调用语句

函数调用语句由函数名、实际参数表和分号“;”组成,其一般形式为:

函数名(实际参数表);

例如:

```
printf("%d\n",x);      /* 调用 printf 函数,作用是输出变量 x 的值 */
```

事实上,函数调用语句也是一种表达式语句,因为函数调用也属于表达式。关于函数调用语句将在第七章详细介绍。

4.2.3 结构控制语句

结构控制语句用于控制程序的流程,来实现程序的各种结构。C 语言共有九种结构控制语句,可分为以下三类。

1. 分支语句

分支语句包括 if 语句和 switch 语句两种。

2. 循环语句

循环语句包括 while 语句、do-while 语句和 for 语句三种。

3. 转向语句

转向语句包括 break 语句、continue 语句、goto 语句和 return 语句四种。

除 return 语句之外的八种结构控制语句将在本章详细介绍,而 return 语句将在第七章再详细介绍。

4.2.4 复合语句

多条语句用一对花括号“{}”括起来组成的一条语句称为复合语句,也称为语句块。复合语句的一般形式如下:

```
{
   [说明语句]
   执行语句
```

```
}
```

例如:

```
{
    int t;
    t=x;
    x=y;
    y=t;
}
```

注意,复合语句内最后一条语句后的分号不能忽略不写,初学者容易犯这样的错误。

说明:

(1) 在复合语句内部开始位置允许定义变量,这些变量只在复合语句内有效,详细内容在第七章介绍。

(2) 复合语句允许嵌套,即复合语句内的语句还可以是其他复合语句。

(3) 复合语句内各条语句后都必须加分号";"。

(4) 复合语句后,即右花括号"}"后不加分号";"。

(5) 复合语句在语法上视为单条语句,在学习结构控制语句时,可体会到复合语句的必要性。

4.2.5　空语句

只有一个分号";"而没有内容的语句称为空语句。空语句是什么操作也不执行的语句。在程序中空语句可作为空循环体,用于实现延时效果。

4.3　结构化程序设计方法和程序控制结构

20 世纪 60 年代迪克斯特拉(E.W.Dijikstra)最早提出结构化程序设计的概念,结构化程序设计是一种程序设计的原则和方法,要求设计出的程序结构清晰。

结构化程序设计方法的基本思想是:

(1) 采用自顶向下、逐步求精的程序设计方法。

自顶向下、逐步求精是指分析问题时应先考虑总体,一开始不要拘泥于细节,之后再考虑细节,逐层细化。

(2) 采用模块化设计的方法。

模块化设计实际上是一种"分而治之"的思想,将一个复杂的问题,分解为若干简单的小问题,每一个小问题就是一个模块。在问题的分解过程中要注意模块的独立性。

(3) 采用顺序、分支和循环三种基本控制结构构造程序。

(4) 尽量避免使用 goto 语句。

goto 语句也称为无条件转移语句,它可以随意改变程序流向,转去执行语句标号所标识的语句。但是,在结构化程序设计中一般不主张使用 goto 语句,以免造成程序流程的混乱,使理解和调试程序都产生困难。关于 goto 语句的详细内容在本章后续内容中介绍。

已经证明,任何程序只要采用顺序、分支和循环三种控制结构就能实现“单入口、单出口”的程序。所以,顺序结构、分支结构和循环结构称为程序的三种基本控制结构。

4.4 顺序结构

顺序结构是 C 程序中最简单、最基本的一种结构,它不需要专门的语句来控制流程。设计顺序结构的方法是按照解决问题的顺序写出相应的语句,执行顺序结构是按照语句的出现顺序自上而下依次执行,没有程序流程的跳转且每条语句必须执行一次,如图 4.4 所示。

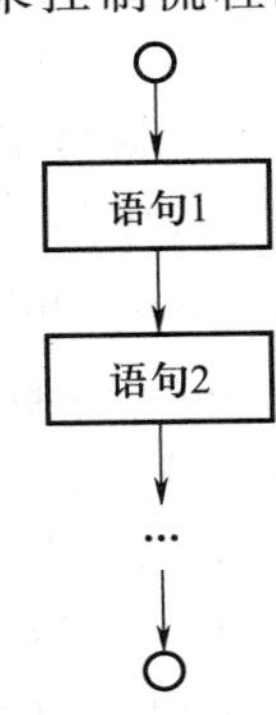

图 4.4 程序的顺序结构

【例 4.5】 输入一个三位数,求该数的倒序数,如输入的数是 123,则倒序数是 321。

分析:解决问题的关键是从输入的数中分离出百位数字、十位数字和个位数字。假设输入的数赋给变量 x,百位数字、十位数字和个位数字分别赋给变量 a、b、c。百位数字 a 可通过表达式 x/100 算出,十位数字 b 可通过表达式 x%100/10 算出,个位数字 c 可通过表达式 x%10 算出。

编写程序如下:

```
#include <stdio.h>
main()
{ int x,a,b,c,y;
  printf("Please input a three-digit number:");
  scanf("%d",&x);             /* 输入一个数 */
  a=x/100;                    /* 计算百位数 */
  b=x%100/10;                 /* 计算十位数 */
  c=x%10;                     /* 计算个位数 */
  y=c*100+b*10+a;             /* 生成倒序数 */
  printf("The result is %d\n",y);
}
```

运行结果如下:

```
Please input a three-digit number:123↵
The result is 321
```

思考:本例计算百位数字、十位数字和个位数字的其他方法。

【例 4.6】 输入三角形的三条边 a、b、c(假设 a、b、c 的值保证可以构成一个三角形),利用下面的公式计算三角形的面积 area。

$$\text{area}=\sqrt{s(s-a)(s-b)(s-c)} \qquad (\text{其中}, s=\frac{1}{2}(a+b+c))$$

分析:根据题意定义变量 a、b、c、s 和 area 为实型,然后依次计算 s 和 area 的值,计算 s 的 C 语言表达式可为:

s=1.0/2*(a+b+c)

或者

s=(a+b+c)/2

等。计算三角形面积 area 的表达式中需要计算平方根的值,C 语言的标准数学函数库中提供了丰富的数学函数,常用的数学函数见附录 B,其中 sqrt 函数为计算平方根的标准库函数。在使用数学函数时,应在源文件中使用#include <math.h>。计算 area 的 C 语言表达式应为:

area=sqrt(s*(s-a)*(s-b)*(s-c))

注意,计算 area 的 C 语言表达式写成 area=sqrt(s(s-a)(s-b)(s-c))是错误的,因为 C 语言表达式中的乘号不可省略,且必须写成星号"*"的形式。

编写程序如下:

```
#include <stdio.h>
#include <math.h>
main()
{ double a,b,c,s,area;
  printf("Please input a,b,c:");
  scanf("%lf%lf%lf",&a,&b,&c);
  s=(a+b+c)/2;
  area=sqrt(s*(s-a)*(s-b)*(s-c));
  printf("The result is %f\n",area);
}
```

运行结果如下:

```
Please input a,b,c:3 4 5↵
The result is 6.000000
```

4.5 分支结构

如果求解的问题是依次顺序执行,采用顺序结构就可以解决。但在实际应用中,往往会在问题的处理过程中出现分支,需要根据某一特定的条件选择其中的一个分支执行。例如一个人走到岔路口,需要依照一个条件来决定去往哪个方向;又如火车的售票系统,需要判断旅客买的是硬座、硬卧还是软卧票,才能给出票的价格。这些问题都需要用分支结构来实现。

在 C 语言中,实现分支结构有两种语句:if 语句和 switch 语句。其中 if 语句有三种形式,可以实现单分支、双分支和多分支结构。

4.5.1 双分支 if-else 语句

双分支 if-else 语句的一般形式为:

```
if(表达式)
    语句 1
else
    语句 2
```

其中,“表达式”为判断条件,“语句 1”和“语句 2”为 if-else 语句的内嵌语句,“语句 1”也称为 if 分支,“语句 2”也称为 else 分支。

if-else 语句的执行过程是:计算 if 后“表达式”的值,如果其值为非 0,系统则认为条件为“真”,执行语句 1;如果其值为 0,则系统认为条件为“假”,执行语句 2。执行完语句 1 或语句 2,之后继续执行 if-else 语句后面的其他语句。双分支 if-else 语句的流程图如图 4.5 所示。

【例 4.7】 输入两个整数,输出较大的数。

分析:

(1) 定义两个整型变量 x、y,用来存放输入的两个整数。

(2) 判断 x 与 y 的大小,如果 x>y,则输出 x,否则输出 y。

算法的流程图如图 4.6 所示。

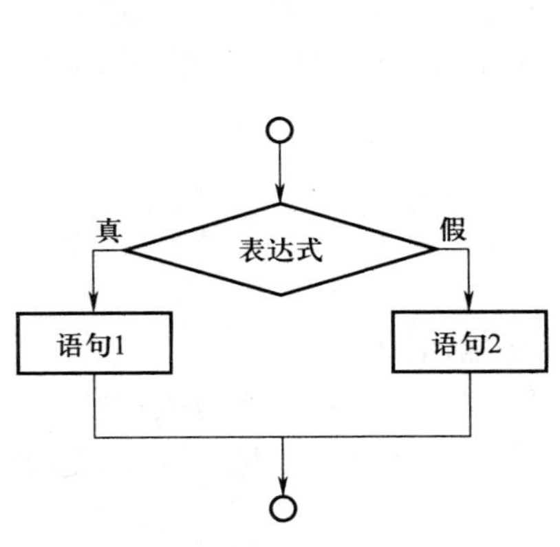

图 4.5 双分支结构的流程图

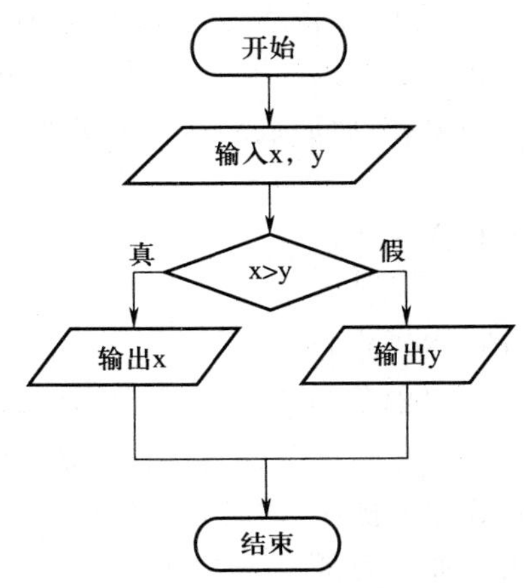

图 4.6 例 4.7 算法流程图

按照算法编写程序如下:

```
#include <stdio.h>
main()
{ int x,y;
  printf("Please input x,y:");
  scanf("%d%d",&x,&y);
  if(x>y)
    printf("%d\n",x);
```

```
    else
        printf("%d\n",y);
}
```

运行结果如下：

```
Please input x,y:12 34↵
34
```

说明：

（1）if-else 语句中的“表达式”要用圆括号“（）”括起来。要注意 if(表达式)后不可以加分号。else 后不需要加表达式，因为执行 else 分支的条件恰好与执行 if 分支的条件相反。初学者很容易犯这类错误。例如：

```
if(x>y);
    printf("%d\n",x);
else(x<=y)
    printf("%d\n",y);
```

这段语句存在两处错误，其一，if(x>y)后多了一个分号，其二，else 后增加了多余的表达式(x<=y)。

（2）“表达式”通常为关系表达式或逻辑表达式，系统对该表达式结果的值进行判断，如果值为 1，则认为判断结果为“真”；如果值为 0，则认为判断结果为“假”。但“表达式”也可以为其他任意表达式，甚至可以是一个常量或变量。C 语言规定非 0 值为“真”，0 值为“假”，因此，只需计算表达式的值，然后通过判断其值是非 0 还是 0，来判断条件的“真”与“假”。例如：

```
if(2+3)
    printf("Yes");
else
    printf("No");
```

因为表达式 2+3 的值为 5，系统认为“真”，所以运行结果输出“Yes”。

（3）语法上允许每个分支只有一条语句，而在解决实际问题时，一个分支往往需要多条语句才能完成要处理的操作，这时必须使用一对花括号“{}”将这些语句括起来，构成复合语句，复合语句在语法上被认为是一条语句。

（4）在 if-else 语句的执行过程中，两条分支只会选择其中的一条分支执行，另一条分支不会被执行。

（5）为了增强程序的可读性，内嵌语句采用缩进方式书写，即比关键字 if、else 向右缩进几个字符书写。

（6）在语法上 if-else 语句被视为一条语句。

【例 4.8】　求一元二次方程 $ax^2+bx+c=0$ 的实数根，其中系数 a、b、c 的值由键盘输入。当 $b^2-4ac\geqslant 0$ 时有两个实数根，两个实数根的计算公式如下：

$$x_1=\frac{-b+\sqrt{b^2-4ac}}{2a},x_2=\frac{-b-\sqrt{b^2-4ac}}{2a}$$

当 $b^2-4ac<0$ 时没有实数根。

分析：首先计算 b^2-4ac 的值，如果其值大于或等于 0，结果为"真"，则计算两个实数根的值，并输出结果；如果其值小于 0，结果为"假"，则输出一句话来说明没有实数根。注意，计算实数根需要多条语句，这些语句必须用一对花括号"{}"括起来，否则就出错。

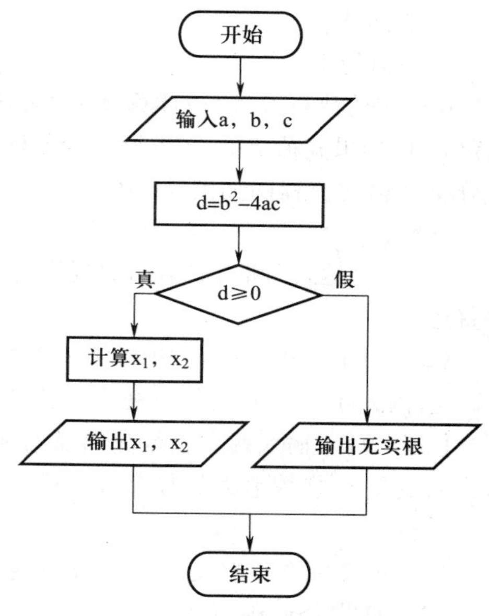

图 4.7 例 4.8 算法流程图

算法的流程图如图 4.7 所示。

按照算法编写程序如下：

```
#include <stdio.h>
#include <math.h>
main()
{ float a,b,c,d,x1,x2;
  printf("Please input a,b,c:");
  scanf("%f%f%f",&a,&b,&c);
  d=b*b-4*a*c;
  if(d>=0)
  {
     x1=(-b+sqrt(d))/(2*a);
     x2=(-b-sqrt(d))/(2*a);
     printf("x1=%f,x2=%f\n",x1,x2);
  }
  else
     printf("no real solution! \n");
}
```

第一次运行结果如下：

```
Please input a,b,c:1 -3 -10↵
x1=5.000000,x2=-2.000000
```

第二次运行结果如下：

```
Please input a,b,c:1 2 3↵
no real solution!
```

第一次运行时，因为 d≥0，所以选择执行了 if 分支的语句，else 分支的语句没有被执行。第二次运行时，因为 d<0，所以选择执行了 else 分支的语句，if 分支的语句没有被执行。这就是双分支结构的特点，在一次运行中，从两条分支中选择一条分支来执行，另一条分支不会被执行。

4.5.2 单分支 if 语句

单分支 if 语句的一般形式为：

```
if(表达式)
    语句 1
```

if 语句的执行过程是:计算 if 后“表达式”的值,如果其值为非 0,则系统认为条件为“真”,执行语句 1;如果其值为 0,则系统认为条件为“假”,跳过语句 1 继续执行 if 语句后面的其他语句。单分支 if 语句流程图如图 4.8 所示。

说明:

(1)“表达式”和内嵌语句的规则与 if-else 语句相同,这里不再赘述。

(2)双分支 if-else 语句中 else 分支如为空语句,就是单分支 if 语句,因此单分支 if 语句可视为是特殊的双分支 if-else 语句。

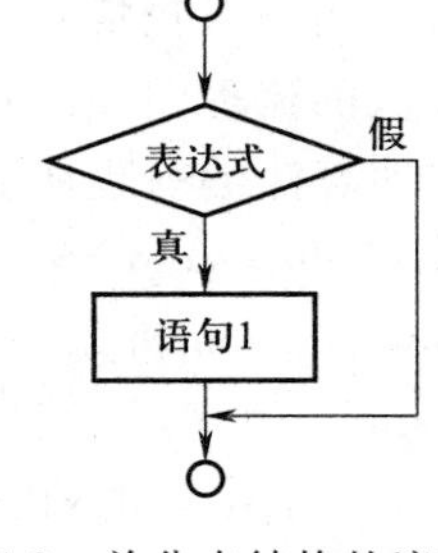

图 4.8　单分支结构的流程图

【例 4.9】　输入两个整数分别赋给变量 x,y,然后将数值小的数存入变量 x,将数值大的数存入变量 y,最后输出两个变量的值。

分析:

(1)定义两个整型变量 x、y,存放输入的两个整数。

(2)如果 x>y,则将两个变量的值交换,否则,什么也不做。交换两个变量的值,最常用的方法是借助第三个变量,该变量称为中间变量。具体过程是先将第一个变量的值赋给中间变量,然后将第二个变量的值赋给第一个变量,最后再将中间变量的值赋给第二个变量。

(3)输出两个变量 x、y。

算法的流程图如图 4.9 所示。

按照算法编写程序如下:

```
#include <stdio.h>
main( )
{ int x,y,t;
  printf("Please input x,y:");
  scanf("%d%d",&x,&y);
  if(x>y)
  {
     t=x;
     x=y;
     y=t;
  }
  printf("x=%d,y=%d\n",x,y);
}
```

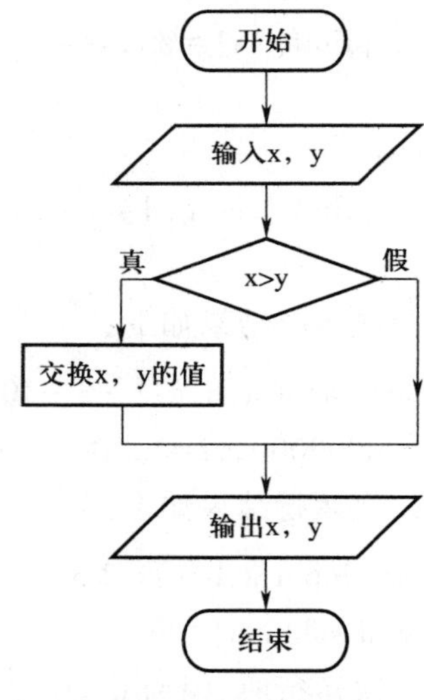

图 4.9　例 4.9 算法流程图

运行结果如下:

```
Please input x,y:20 10↵
x=10,y=20
```

4.5.3 多分支 if/else if 语句

多分支 if/else if 语句的一般形式为：

if(表达式 1)
    语句 1
else if(表达式 2)
    语句 2
…
[else
    语句 n]

if/else if 语句的执行过程是：先计算“表达式 1”的值，如果表达式 1 的值为非 0，则执行语句 1；否则计算“表达式 2”的值，如果表达式 2 的值为非 0，则执行语句 2；以此类推，如果所有表达式的值都为 0，则执行语句 n。执行完语句 1～语句 n 中的某一条语句后，继续执行多分支 if/else if 语句后面的语句。由于

[else
    语句 n]

是可选项，如果这部分省略，当所有表达式的值都为 0 时，则什么也不做，继续执行多分支 if/else if 语句后的其他语句。多分支 if/else if 语句的流程图如图 4.10 所示。

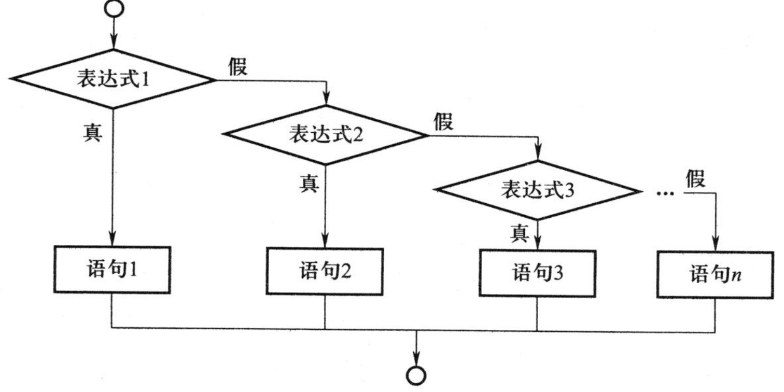

图 4.10　多分支结构的流程图

【例 4.10】 设有分段函数：

$$y=\begin{cases}-x & (x\leqslant 0)\\ x+10 & (0<x\leqslant 1)\\ e^{x} & (1<x\leqslant 2)\\ x/2 & (x>2)\end{cases}$$

编写一个程序，输入 x 的值，计算并输出 y 的值。

分析：这是一个四分支问题，可以利用多分支 if/else if 语句实现。数学条件表达式 0<x≤1

不能直接写成表达式 0<x<=1,正确的表示方法为:0<x && x<=1。计算 e^x要用到标准数学库函数 exp,因此,应在源文件中使用#include <math.h>将数学函数头文件包含在源文件中。算法的流程图如图 4.11 所示。

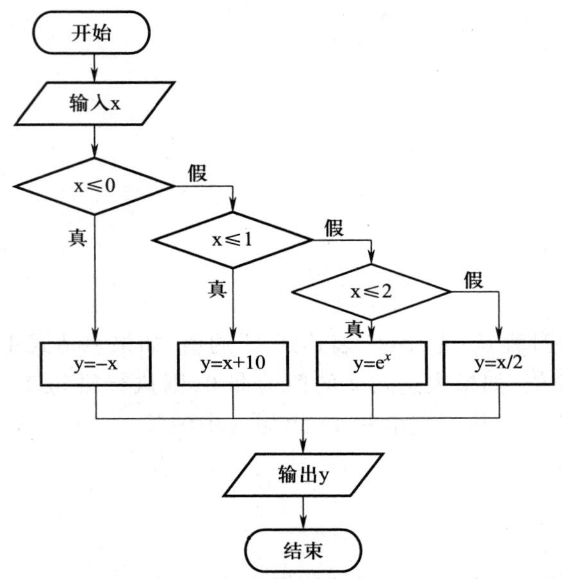

图 4.11　例 4.10 算法流程图

按照算法编写程序如下:

```
#include <stdio.h>
#include <math.h>
main( )
{ float x,y;
  printf("Please input x:");
  scanf("%f",&x);
  if(x<=0)
      y=-x;
  else if(x<=1)
      y=x+10;
  else if(x<=2)
      y=exp(x);
  else
      y=x/2;
  printf("y=%f\n",y);
}
```

运行结果如下:

Please input x:1↵

y = 11.000000

注意,关键字 else 与 if 间必须要有空格。在实际应用中,多分支 if/else if 语句是处理多分支结构最常用的方法。

4.5.4 if 语句的嵌套

在 if 语句中,如果内嵌语句又是一个 if 语句则称为分支语句的嵌套。

分支嵌套的一般形式为:

```
if(表达式 1)
    if(表达式 2)  ┐
        语句 1    │
    else          ├ 内嵌 if 语句
        语句 2    ┘
else
    if(表达式 3)  ┐
        语句 3    │
    else          ├ 内嵌 if 语句
        语句 4    ┘
```

该分支嵌套语句先计算"表达式 1"的值,如果表达式 1 的值为非 0,则计算"表达式 2"的值,如果表达式 2 的值为非 0,则执行"语句 1",否则执行"语句 2";如果"表达式 1"的值为 0,则计算"表达式 3"的值,如果表达式 3 的值为非 0,则执行"语句 3",否则执行"语句 4",执行过程如图 4.12 所示。

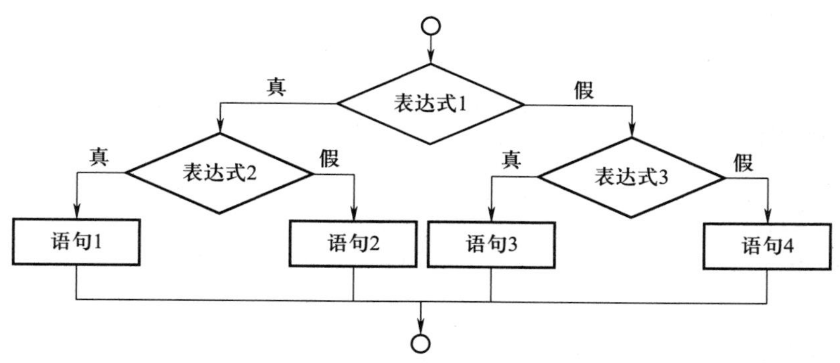

图 4.12 分支嵌套的流程图

【例 4.11】 用分支嵌套的方法编写例 4.10 的程序。

算法的流程图如图 4.13 所示。

按照算法编写程序如下:

```
#include <stdio.h>
```

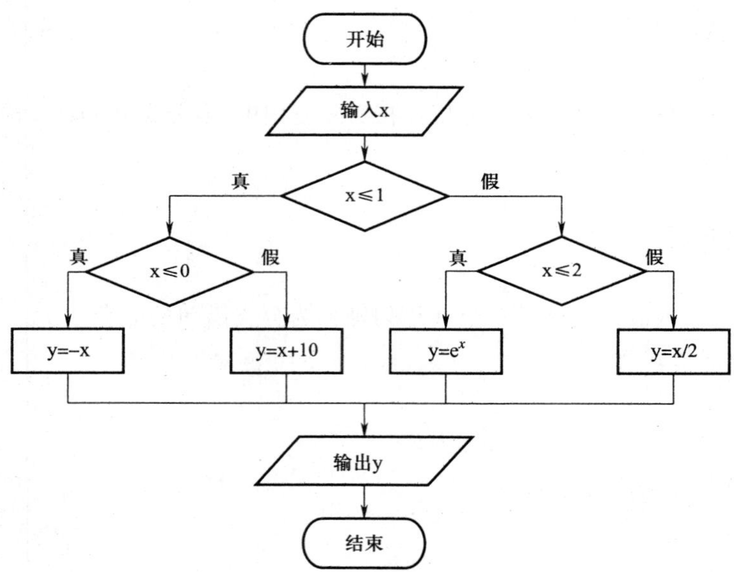

图 4.13　例 4.11 算法流程图

```
#include <math.h>
main( )
{ float x,y;
  printf("Please input x:");
  scanf("%f",&x);
  if(x<=1)
     if(x<=0)
        y=-x;
     else
        y=x+10;
  else
     if(x<=2)
        y=exp(x);
     else
        y=x/2;
  printf("y=%f\n",y);
}
```

运行结果如下：

```
Please input x:1↵
y=11.000000
```

说明：

(1) 内嵌的 if 语句既可以在 if 分支和 else 分支同时出现,也可以在 if 分支或 else 分支中单独出现。

(2) 内嵌的 if 语句既可以是双分支的 if-else 语句,也可以是单分支的 if 语句。例如:

```
if (x%2==0)
if (x%5==0)
  printf("aaa");
else
  printf("ccc");
```

在程序段中有两个 if 和一个 else,else 与哪个 if 匹配可有如下两种解释:

① else 与第一个 if 配对,外层是双分支语句,外层的 if 分支内嵌一个单分支语句。

② else 与第二个 if 配对,外层为单分支语句,外层的 if 分支内嵌一个双分支语句。

为避免二义性,C 语言有以下规定:else 总是与前面最近并未与其他 else 匹配的 if 配对。这样,这段程序就只有一种解释,else 是与第二个 if 配对的,为使程序层次清晰,程序段采用缩进法书写如下:

```
if (x%2==0)
  if (x%5==0)
    printf("aaa");
  else
    printf("ccc");
```

若要改变程序默认的配对关系,可用一对大括号将内嵌语句括起来。例如:

```
if (x%2==0)
{
  if (x%5==0)
    printf("aaa");
}
else
  printf("ccc");
```

这样,else 就与第一个 if 配对了。

分支结构的设计关键在于构造合适的分支条件和分析程序流程,根据不同的程序流程选择适当的分支语句。

4.5.5　switch 语句

switch 语句是多分支语句,也称为开关语句。它适用于将某个表达式的值与多个常量表达式的值进行比较,然后再依据匹配的结果选择程序段继续执行的语句。switch 语句的一般形式为:

```
switch(表达式)
{
```

```
    case 常量表达式 1:语句段 1
    case 常量表达式 2:语句段 2
    …
    case 常量表达式 n:语句段 n
    default:语句段 n+1
}
```

switch 语句的执行过程是:先计算“表达式”的值,然后从第一个 case 分支开始与 case 后的常量表达式的值逐一比较,当表达式的值与某一常量表达式的值相等时,则执行该 case 值后面的语句段,直至遇到 break 语句或者遇到 switch 语句的右大括号,结束 switch 语句。当表达式的值与所有 case 后的常量表达式的值均不相同时,则执行 default 后的语句段。switch 语句的流程图如图 4.14 所示。

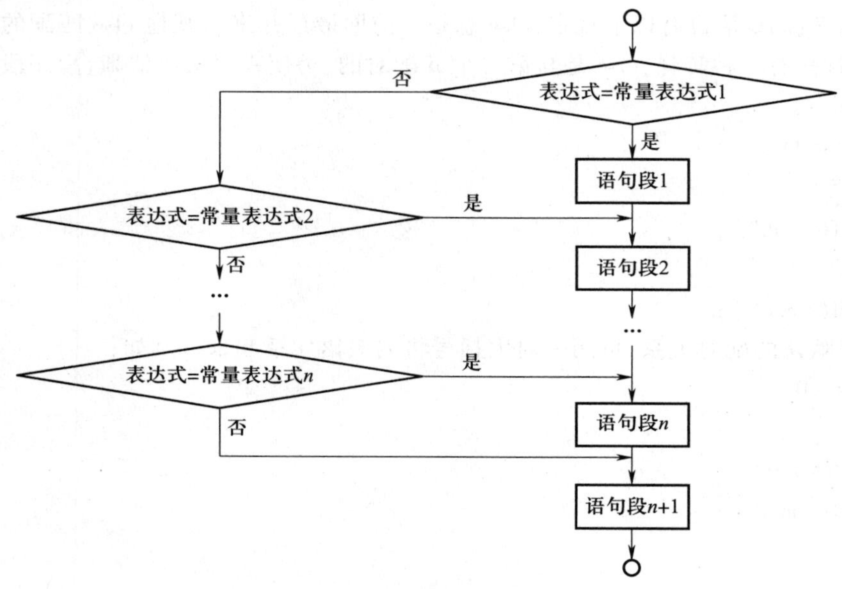

图 4.14 switch 语句的流程图

【例 4.12】 输入一个包含两个数和一个运算符(包括加、减、乘、除)的表达式,输出运算结果。

分析:

(1) 需要定义两个实型变量 x、y 存放输入的两个数,定义一个字符型变量 ch 存放运算符。

(2) 判断变量 ch 的值是四个运算符中的哪一个,然后做相应的计算。

(3) 当计算两数相除时,除数不能为 0,应做合法性判断。

编写程序如下:

```
#include <stdio.h>
main()
{ float x,y;
```

```
    char ch;
    printf("Please input x,ch,y:\n");
    scanf("%f%c%f",&x,&ch,&y);
    switch(ch)
    {
        case '+': printf(" =%f\n",x+y);
        case '-': printf(" =%f\n",x-y);
        case '*': printf(" =%f\n",x*y);
        case '/': if(y==0) printf("The divisor is 0! \n");else printf(" =%f\n",x/y);
        default: printf("Input error!");
    }
}
```

运行结果如下:

```
Please input x,ch,y:
9*3↵
=27.000000
=3.000000
Input error!
```

在执行 switch 语句时,变量 ch 的值与 case 后的常量表达式的值进行比较,由于变量 ch 的值为字符'*',找到相匹配的常量表达式'*',就从此常量表达式后的语句开始执行下去,直到 switch 语句结束,因此就输出了上面的结果。

为了实现在执行一个 case 分支后,就结束 switch 语句,可以在每个 case 分支语句段后使用一个 break 语句来达到此目的。例如上例的 switch 语句可改写如下:

```
switch(ch)
{
    case '+': printf(" =%f\n",x+y);break;
    case '-': printf(" =%f\n",x-y);break;
    case '*': printf(" =%f\n",x*y);break;
    case '/': if(y==0) printf("The divisor is 0! \n");else printf(" =%f\n",x/y);break;
    default: printf("Input error!");
}
```

最后一个分支后可以不加 break 语句,因为在执行完最后一个分支后,就自动结束 switch 语句了。此时,如果再次运行程序,运行结果为:

```
Please input x,ch,y:
9*3↵
=27.000000
```

说明:

（1）“表达式”可以是整型、字符型或枚举类型（枚举类型详见第九章）。原标准不允许“表达式”是实数类型，而新标准允许“表达式”是实数类型，如果是实数类型，系统会自动取实数类型数据的整数部分。

（2）case 与之后的常量表达式之间要有空格间隔，初学者容易忽略这个问题。

（3）“常量表达式 1”，“常量表达式 2”…，只能是整型、字符型或枚举类型。各个常量表达式的值必须互不相同，否则执行时将出现矛盾，即同一个常量值，对应着多个语句段。

（4）“语句段 1”，“语句段 2”…可以是一条语句，也可以是多条语句，多条语句的外面不用加花括号。

（5）多个 case 分支，可以共用相同的语句段，例如：

```
switch(x)
{
   case 1:
   case 2:
   case 3: printf("1,2 or 3\n");break;
   default: printf("others\n");
}
```

当 x 的值为 1、2 或 3 时，三个 case 分支共用了“printf("1,2 or 3\n");break;”语句段，结果都输出：

```
1,2 or 3
```

（6）default 也可放在所有 case 之前或两个 case 之间，但作为一种好的编程风格，最好将 default 放在所有 case 的后面。

（7）default 项可以省略。在没有 default 项的情况下，如果“表达式”的值与所有 case 后的常量表达式的值均不相同，则什么也不做，直接结束 switch 语句，继续执行 switch 语句后的语句。

（8）switch 语句允许嵌套。

switch 语句与 if 语句的区别在于，if 语句只能从各个分支中选择其中的一条来执行，而 switch 语句的语句段中如果没有 break 语句，会从相匹配的 case 分支开始执行，直到 switch 语句结束为止。另外，if 语句可以对任意类型的数据进行判断，而 switch 语句只能对整型、字符型或枚举类型数据进行判断，所以，在实际应用中，构造 switch 语句的“表达式”就成为了使用 switch 语句的关键，有时，甚至不得不舍弃 switch 语句而采用多分支的 if/else if 语句来实现。

【例 4.13】　输入一个百分制的成绩（整数），将百分制转换为等级制并输出。转换规则为：90~100为 A 等，80~89 为 B 等，70~79 为 C 等，60~69 为 D 等，0~59 为 E 等。

分析：

（1）定义整型变量 score，存放百分制成绩。

（2）该问题共有 5 种情况，可以用 switch 语句实现。用 switch 语句实现的关键是设计出一个恰当的表达式。直接选变量 score 作为表达式，至少需要 42 个分支，显然是不可取的。为了减少分支数，表达式可以设计为：score/10。

编写程序如下：

```
#include <stdio.h>
```

```
main( )
{
    int score;
    printf("Please input score of student:");
    scanf("%d",&score);
    switch(score/10)
    {
      case 10:
      case 9: printf("A\n");break;
      case 8: printf("B\n ");break;
      case 7: printf("C\n ");break;
      case 6: printf("D\n ");break;
      default: printf("E\n ");
    }
}
```

运行结果如下:

```
Please input score of student:87↵
B
```

表达式 score/10 执行的是整数除,其结果为整数。由于 score 为 100 与 score 为 90~99 的等级都是 A,故前两个 case 分支共用输出语句“printf("A\n");”。

4.6 循环结构

前面已经介绍了顺序结构和分支结构,但在实际应用中往往还会遇到要处理重复操作的情况,例如,计算 1+2+…+100;计算某单位某月发放工资总数及每人平均工资;打印九九乘法表;迭代计算等。为了解决这类问题就要用循环结构。使用循环结构可以避免程序重复书写,这种结构是程序设计中最能发挥计算机特长的结构。

循环结构通常有以下两种类型。

1. 当型循环

当型循环是指先判断“条件”是否为真,如果为“真”,重复执行“语句”,直到“条件”为“假”,循环结束。其中,“条件”称为循环控制条件,“语句”称为循环体。流程图如图 4.15 所示。

当型循环的“条件”是在“语句”执行前进行判断的,因此当型循环也称为“前测型”循环。

2. 直到型循环

直到型循环是指先执行“语句”,然后判断“条件”是否为真,如果为“真”,重复执行“语句”,直到条件为“假”,循环结束。流程图如图 4.16 所示。

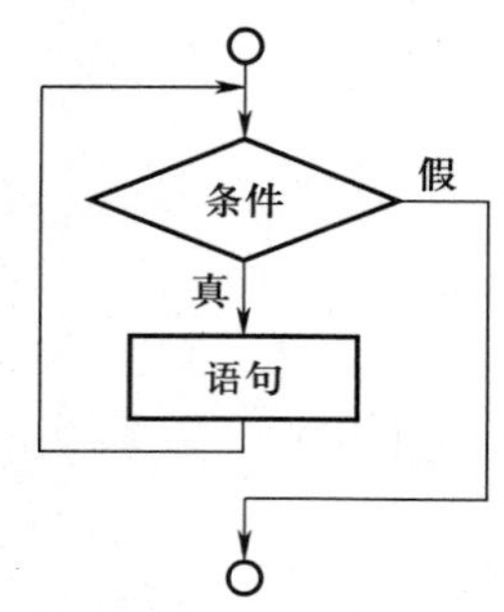

图 4.15　当型循环的流程图

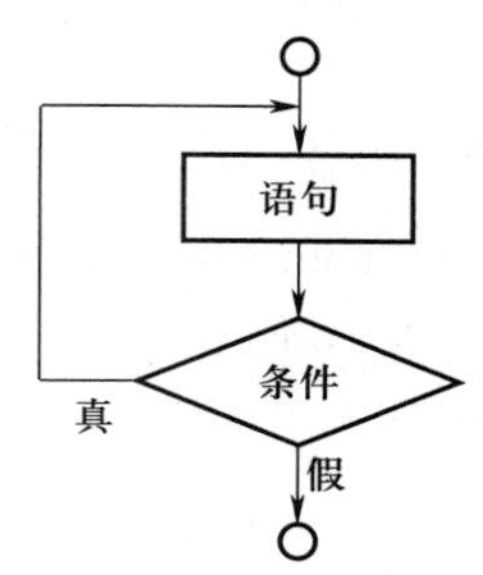

图 4.16　直到型循环的流程图

直到型循环的“条件”是在“语句”执行后进行判断的，因此直到型循环也叫“后测型”循环。

循环结构的要素为循环体（即语句）和循环控制条件（即条件）。循环体是循环结构的主体部分，会被重复执行，由单条或一组语句组成，循环控制条件用于控制循环体是否允许执行。

C 语言提供了 while 语句、do-while 语句和 for 语句三种循环语句（不考虑由 if 语句和 goto 语句构成的循环）。

4.6.1　while 语句

while 语句的一般形式为：

```
while(表达式)
    语句
```

其中，“表达式”是循环控制条件，“语句”是循环体，该语句是 while 语句的内嵌语句。

while 语句的执行过程是：先计算“表达式”的值，如果值为非 0，表示条件为“真”，执行“语句”，之后再次计算“表达式”的值，如此反复，直到“表达式”的值为 0，表示条件为“假”，退出循环，继续执行 while 语句之后的其他语句。流程图如图 4.17 所示。

【例 4.14】 计算 1+2+…+20 的值。

分析：

使用变量 sum 存储数据累加和，计算累加和 sum 的过程是：

初始：sum=0；

加 1：sum=sum+1；

加 2：sum=sum+2；

…

加 20：sum=sum+20；

其中，每次计算累加和 sum 的语句中相同的部分是“sum=sum+”，不同的是所加的数是变化的值，因此使用变量 i 代替每个要加的数，它的初始值是 1，为使下次加的数比上次增 1，需在下次计算累加和 sum 之前，使变量 i 的值增 1，变量 i 称为循环变量。变量 sum 通常称为累加器，它的初始值为 0。循环体为“sum=sum+i；i=i+1；”，循环控制条件为“1≤i≤20”。

算法的流程图如图 4.18 所示。

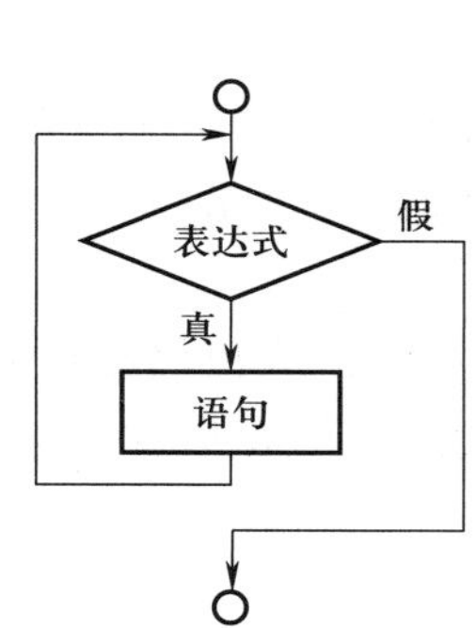

图 4.17　while 语句的流程图

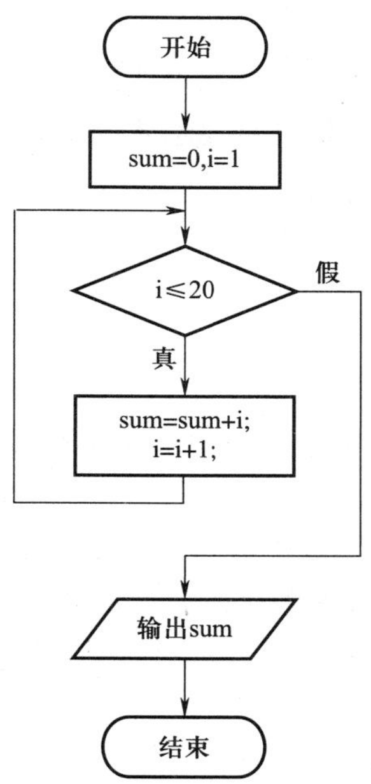

图 4.18　例 4.14 算法流程图

按照算法编写程序如下：

```
#include <stdio.h>
main( )
{ int sum,i;
  sum=0;
  i=1;
  while(i<=20)
  {
     sum=sum+i;
     i++;
  }
  printf("1+2+...+20=%d\n",sum);
}
```

运行结果如下：

1+2+…+20=210

当 i 的值为 20 时，条件为“真”，继续执行循环体，将 i 的值累加，并将 i 的值增 1 变为 21，这时条件为“假”，循环结束，故循环结束时，变量 i 的值为 21。

注意，在说明语句“int sum,i;”执行后，变量 sum 和 i 的值是个随机值，因此必须在变量使用之前为其赋初值。

说明：

(1) “表达式”要用圆括号“( )”括起来。注意，while(表达式)后不可以加分号。

（2）“表达式”通常是关系表达式或逻辑表达式，系统根据表达式的值判断条件是否为真。“表达式”也可以为其他任意表达式，甚至可以是一个常量或变量。C 语言规定非 0 值为“真”，0 值为“假”，因此，只需计算表达式的值，然后通过判断其值为非 0 还是 0，即可判断条件的“真”与“假”。例如：

```
while(1)
{
    ……
}
```

“表达式”为常量 1，条件永远为真，如果循环体内没有跳转语句（跳转语句详见 4.7 节），就会形成“死循环”，所谓死循环，是指一个无法通过自身控制而终止的循环。在程序运行时，如进入死循环可以通过使用 Ctrl+C 组合键来强制中断运行。

（3）语法上要求循环体是单条语句，当循环体为多条语句时，应使用花括号“{}”将其括起来，构成复合语句。为了增加可读性，即使是单条语句，也建议加上花括号。空语句也可以作为循环体。例如：

```
while((ch=getchar())!='0')
    ;
```

（4）通常循环体中要有使循环结束的语句，避免死循环。例如，例 4.14 循环体中的自增语句“i++;”就是使循环结束的语句。

（5）while 语句是先判断条件，后执行语句，所以 while 循环属于当型循环。如果第一次计算“表达式”，其值为 0，直接退出循环，循环体一次也不执行。

（6）为了增强程序的可读性，内嵌语句采用缩进方式书写。

（7）while 语句被视为一条语句。

【例 4.15】　计算 1×3×5×…×19 的值。

分析：

使用变量 product 存储数据乘积，使用变量 i 存储每次相乘的值，表达式的计算过程是：

初始：product=1;i=1;

乘 1：product=product * i;i=i+2;

乘 3：product=product * i;i=i+2;

…

乘 19：product=product * i;i=i+2;

其中，使用变量 i 作为循环变量，它的初始值是 1，变量 product 通常称为累乘器，它的初始值为 1。循环体为“product=product * i;i=i+2;”，循环控制条件为“1≤i≤19”。

编写程序如下：

```
#include <stdio.h>
main()
{ long product,i;
  product=1;
  i=1;
```

```
    while(i<=19)
    {
        product=product * i;
        i=i+2;
    }
    printf("1 * 3 * 5 * ... * 19=%ld\n",product);
}
```

运行结果如下：

1 * 3 * 5 * ... * 19=654729075

当 i 的值为 19 时，条件为“真”，继续执行循环体，将 i 的值累乘，并将 i 的值增 2 变为 21，这时条件为“假”，循环结束，故循环结束时，变量 i 的值为 21。

注意，变量 product 用于存储计算结果，由于最终计算结果的值超出了 int 类型所能表示数的范围，所以需将 product 定义为 long 类型，并且格式说明符为“%ld”。

通过以上两个例题，可以看到：

(1) 遇到多个数据求和、求积这类问题，首先考虑是否可以使用循环结构解决。

(2) 注意循环变量、累加器和累乘器初始值的设置。通常累加器的初始值为 0，累乘器的初始值为 1。

【例 4.16】 输入若干字符，统计输入数字字符的个数，当输入回车字符时，程序结束。

分析：

(1) 字符变量 ch 用于存储从键盘输入的字符，整型变量 count 作为计数器。

(2) 循环结束的条件是输入回车字符，因此循环控制条件是“(ch=getchar())!='\n'”。

(3) 在循环体中完成对数字字符个数的统计，如果一个字符是数字字符，变量 count 的值增 1，判断一个字符是数字字符的条件是“ch>='0'&&ch<='9'”。

编写程序如下：

```
#include <stdio.h>
main()
{
    int count=0;
    char ch;
    printf("Please input: ");
    while((ch=getchar())!='\n')
    {
        if(ch>='0'&&ch<='9')
            count++;
    }
    printf("count=%d\n",count);
}
```

运行结果如下：

```
Please input：123abc456↵
count=6
```

4.6.2　do-while 语句

do-while 语句的一般形式为：

```
do
    语句
while(表达式)；
```

其中，“语句”是循环体，属于 do-while 语句的内嵌语句，“表达式”是循环控制条件。

do-while 语句的执行过程是：先执行“语句”，然后计算“表达式”的值，如果“表达式”的值为非 0，表示条件为“真”，再次执行循环体，如此反复，直到“表达式”的值为 0，表示条件为“假”，退出循环。流程图如图 4.19 所示。

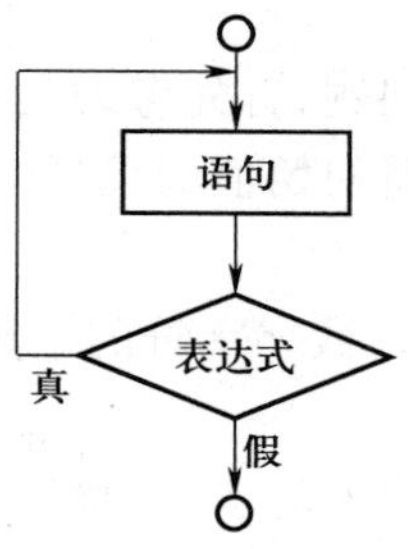

图 4.19　do-while 语句的流程图

说明：

(1) 语法上要求循环体是单条语句，当循环体为多条语句时，应使用花括号“{}”将多条语句括起来，构成复合语句。

(2)“语句”与“表达式”的规则与 while 语句的一样，这里不再赘述。

(3) 初学者应注意 do 后不加分号，而 while(表达式)后必须加分号。

(4) do-while 语句是先执行语句，后判断条件，属于直到型循环。作为循环体的“语句”至少会被执行一次，这与 while 语句不同。

(5) do-while 语句被视为一条语句。

【例 4.17】　计算 1+2+…+20 的值(用 do-while 语句实现)。

程序如下：

```
#include <stdio.h>
main()
{ int sum,i;
  sum=0;
  i=1;
  do
```

```
    {
        sum=sum+i;
        i++;
    }while(i<=20);
    printf("1+2+...+20=%d\n",sum);
}
```

运行结果如下：

```
1+2+...+20=210
```

由此可见，同一问题往往既可以用 while 语句实现，也可以用 do-while 语句实现。由于 while 语句是当型循环，即先判断条件后执行循环体，循环体执行的最少次数为 0，而 do-while 语句属于直到型循环，即先执行循环体后判断条件，循环体执行的最少次数为 1，因此，如果循环体完全相同，当 while 后的“表达式”第一次计算的值为“假”（为 0）时，两种循环的结果就会不同。

【例 4.18】 输入若干整型数据，求所输入数据的和，当输入负数时，程序结束。使用 while 语句和 do-while 语句编写程序并进行比较。

用 while 语句编写程序如下：

```
#include <stdio.h>
main()
{
    int sum=0,x;
    scanf("%d",&x);
    while(x>=0)
    {
        sum=sum+x;
        scanf("%d",&x);
    }
    printf("sum=%d",sum);
}
```

第一次运行结果如下：

```
10 20 50 -1↵
sum=80
```

第二次运行结果如下：

```
-1 -2↵
sum=0
```

用 do-while 语句编写程序如下：

```
#include <stdio.h>
main()
{
```

```
    int sum=0,x;
    scanf("%d",&x);
    do
    {
        sum=sum+x;
        scanf("%d",&x);
    }while(x>=0);
    printf("sum=%d",sum);
}
```

第一次运行结果如下：

10 20 50 -1↵

sum=80

第二次运行结果如下：

-1 -2↵

sum=-1

比较两个程序可以得出结论：在处理同一个问题时，如果循环体语句一样，当 while 后的"表达式"第一次计算的值为"真"（为非 0 值）时，两种循环的结果是相同的，否则，二者结果不同。因此，在实际应用中，要注意处理这样的问题。

思考：对于这个题目，要用 do-while 语句正确实现，应该如何编写程序？

【例 4.19】　利用下列公式计算自然对数的底 e 的近似值。

$$e=1+\frac{1}{1!}+\frac{1}{2!}+\frac{1}{3!}+\cdots$$

直到最后一项的值小于等于 10^{-5} 为止。

分析：本题是一个求累加和的问题。使用变量 e 存储数据累加和，计算累加和 e 的过程是：

加第 0 项：e=e+1；

加第 1 项：e=e+1/1!；

加第 2 项：e=e+1/2!；

…

加最后一项：e=e+1/i!；

在计算累加和 e 的过程中，由于第一步与其余各步的方法不同，因此设定累加和 e 的初始值为 1，使计算累加和 e 的过程直接从第二步开始，则循环体为"e=e+第 i 项;"，第 i 项用表达式 1/fact表示，fact=i!。变量 fact 和循环变量 i 的初始值均是 1。循环控制条件为 $1/fact>10^{-5}$。算法的流程图如图 4.20 所示。

按照算法编写程序如下：

```
#include <stdio.h>
void main()
{
    long i=1;
```

```
    double fact=1,e=1;
    fact=fact * i;
    do
    {
      e=e+1/fact;
      i++;
      fact=fact * i;
    }while(1/fact>1e-5);
    printf("e=%f\n",e);
}
```

运行结果如下：

e=2.718279

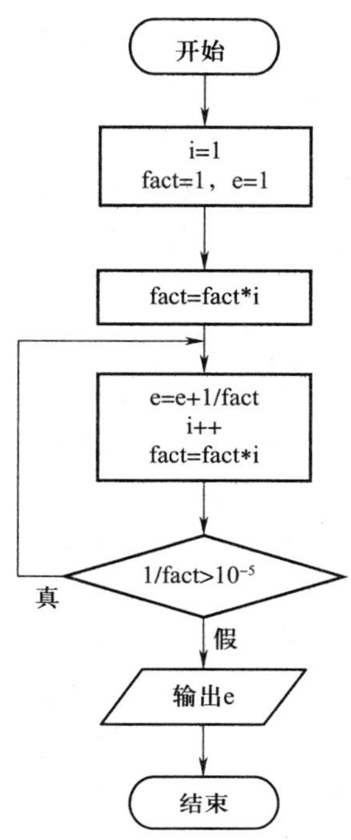

图 4.20 例 4.19 算法流程图

4.6.3 for 语句

for 语句是 C 语言中最有特色、功能最强、使用最灵活的一种循环语句，它的一般形式为：

```
for(表达式 1;表达式 2;表达式 3)
  语句
```

for 语句的执行过程是：

(1) 计算“表达式 1”。

(2) 计算“表达式 2”，如果其值为非 0，表示条件为“真”，执行第(3)步，否则其值为 0，表示条件为“假”，则结束循环，转到第(4)步。

(3) 执行“语句”，计算“表达式 3”，然后返回第(2)步。

(4) 继续执行 for 语句之后的语句。

for 语句的流程图如图 4.21 所示。

for 语句的经典形式为：

```
for(循环变量=初始值;循环变量 关系运算符 终止值; 循环变量=循环变量+步长)
  语句
```

【例 4.20】 计算 1+2+…+20 的值(用 for 语句实现)。

分析：本题是一个求累加和的问题，循环体为“sum=sum+i;”，循环变量 i 的初始值为 1，循环控制条件为“1≤i≤20”，循环每执行一次循环变量 i 加 1。

编写程序如下：

```
#include <stdio.h>
main()
{
    int sum=0,i;
    for(i=1;i<=20;i++)
```

```
    sum=sum+i;
  printf("1+2+...+20=%d\n",sum);
}
```

运行结果如下：

1+2+...+20=210

说明：

（1）“表达式 1”只执行一次。

（2）“表达式 1”和“表达式 3”可以是任意表达式，但通常“表达式 1”是为循环变量赋初始值的表达式，而“表达式 3”是改变循环变量值的表达式。“表达式 1”和“表达式 3”可以是一个简单的表达式，也可以是逗号表达式。如例 4.20 中的循环语句也可写为：

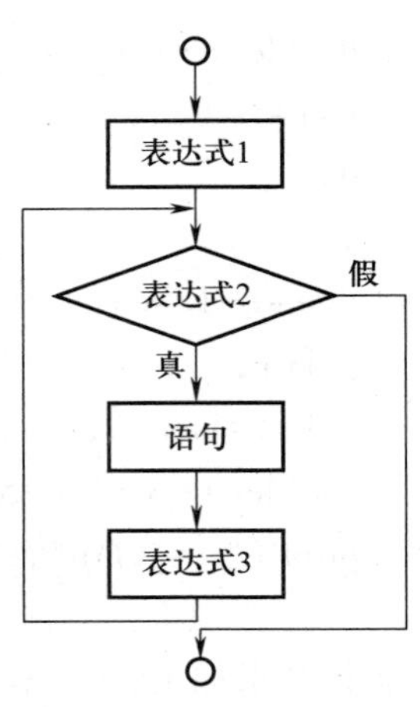

图 4.21　for 语句的流程图

```
for(i=1,j=20;i<=j;i++,j--)
  sum=sum+i+j;
```

（3）“表达式 2”通常为关系表达式或逻辑表达式，也可以是其他任意表达式，“表达式 2”为循环控制条件。如果“表达式 2”的值为 0 则认为是“假”，如果为非 0 则认为是“真”。

（4）“表达式 1”、“表达式 2”和“表达式 3”之间必须用分号“;”分隔。三个表达式都可以省略，但分号必须保留。

① 若“表达式 1”被省略，应在 for 语句之前先给循环变量赋初始值。例如：

```
i=1;
for(;i<=20;i++)
  sum=sum+i;
```

② 若“表达式 2”被省略，即相当于无条件重复执行，会形成死循环。例如：

```
for(i=1;;i++)
  sum=sum+i;
```

为避免死循环，应在循环体中增加判断和跳转语句（跳转语句的详细内容见 4.7 节）。例如：

```
for(i=1;;i++)
{
  if(i>20) break;
  sum=sum+i;
}
```

③ 若“表达式 3”被省略，应将改变循环变量的语句放在循环体中。例如：

```
for(i=1;i<=20;)
{
  sum=sum+i;
  i++;
}
```

④ 若“表达式 1”和“表达式 3”同时被省略，只有循环控制条件，这种形式相当于 while 语

句。例如：

```
i=1;                          i=1;
for( ;i<=20;)                 while(i<=20)
{                             {
  sum=sum+i;                    sum=sum+i;
  i++;                          i++;
}                             }
```

可见,for 语句完全可以代替 while 语句,也说明 for 语句使用非常灵活,但建议不要过多使用这一特点,这样会降低程序的可读性。

（5）构成循环体的语句如果是多条语句,要使用花括号“{}”将多条语句括起来,构成复合语句。

（6）for 语句是先判断条件后执行循环体,等同于当型循环。

（7）for 语句语法上被视为一条语句。

【例 4.21】 计算整数 m~n(m≤n)中的奇数和及偶数和,m、n 的值由键盘输入。

分析:本题是求累加和的问题,使用变量 sum_o 和 sum_e 分别存储奇数和及偶数和。判断整数 i 是奇数的条件为“i%2!=0”。

编写程序如下：

```
#include <stdio.h>
main()
{
  int i,m,n;
  long sum_o=0,sum_e=0;
  printf("Please input m,n:\n");
  scanf("%d%d",&m,&n);
  for(i=m;i<=n;i++)
    if(i%2!=0)
      sum_o+=i;
    else
      sum_e+=i;
  printf("sum_o=%d\n",sum_o);
  printf("sum_e=%d\n",sum_e);
}
```

运行结果如下：

```
Please input m,n:
10 50↵
sum_o=600
sum_e=630
```

思考:判断整数 i 是奇数的条件可以写为“i%2==1”吗？为什么？

4.6.4 循环嵌套

循环嵌套是指在一条循环体语句中又包含另一条循环语句，其中，外面的循环称为外层循环，被包含在内的循环称为内层循环。内层循环的循环体语句可以再包含其他循环语句，这就是多重循环。

while 语句、do-while 语句和 for 语句可以相互嵌套，以下几种嵌套形式都是合法的（e 表示外层循环的表达式，ee 表示内层循环的表达式）。

（1）while 语句中嵌套 while 语句。

```
while(e)
{ …
   while(ee)
   {    …    }
   …
}
```

（2）while 语句中嵌套 do-while 语句。

```
while(e)
{ …
   do
   {
      …
   }while(ee);
   …
}
```

（3）while 语句中嵌套 for 语句。

```
while(e)
{ …
   for(ee1;ee2;ee3)
   {       …    }
   …
}
```

（4）for 语句中嵌套 for 语句。

```
for(e1;e2;e3)
{ …
   for(ee1;ee2;ee3)
   {       …    }
   …
}
```

(5) for 语句中嵌套 while 语句。

```
for(e1;e2;e3)
{ …
  while(ee)
  {     …    }
  …
}
```

(6) do-while 语句中嵌套 for 语句。

```
do
{ …
  for(ee1;ee2;ee3)
  {     …    }
  …
}while(e);
```

注意,循环绝不可以交叉。例如下面这种形式的循环嵌套是错误的:

```
for(e1;e2;e3)
{ …
  do
  {     …
}
  …
  }while(ee);
```

实际上,只要确保外层循环的循环体内包含一条完整的循环语句,就不会出现交叉的现象。

【例 4.22】 双重循环示例。

程序如下:

```
#include <stdio.h>
main()
{
   int i,j;
   for(i=1;i<=3;i++)
   {
      printf("i=%d:",i);
      for(j=1;j<=4;j++)
         printf("j=%-2d ",j);
      printf("\n");
   }
}
```

运行结果如下:

```
i=1:j=1 j=2 j=3 j=4
i=2:j=1 j=2 j=3 j=4
i=3:j=1 j=2 j=3 j=4
```

从上面的运行结果可以看出,双重循环的执行过程是:外层循环变量 i 的值变化一次,内层循环变量 j 的值变化一圈。因此可以得出以下两个结论:

(1) 外层循环变量变化的速度慢,内层循环变量变化的速度快。

(2) 对于一个双重循环,内层循环的循环体语句执行的总次数等于外层循环执行次数和内层循环执行次数的乘积。例如上例中的"printf("j=%-2d ",j);"语句共执行 12 次。

【例 4.23】 打印九九乘法口诀表。

分析:九九乘法口诀表共有 9 行,每行又由若干数学式组成。用变量 i 和 j 分别表示行和列,第 i 行 j 列的表达式是:j*i=j 乘以 i 的值。

编写程序如下:

```
#include <stdio.h>
main()
{
    int i,j;
    for(i=1;i<=9;i++)
    {
        for(j=1;j<=i;j++)
            printf("%d*%d=%d\t",j,i, j*i);
        printf("\n");
    }
}
```

运行结果如下:

```
1*1=1
1*2=2 2*2=4
1*3=3 2*3=6  3*3=9
1*4=4 2*4=8  3*4=12 4*4=16
1*5=5 2*5=10 3*5=15 4*5=20 5*5=25
1*6=6 2*6=12 3*6=18 4*6=24 5*6=30 6*6=36
1*7=7 2*7=14 3*7=21 4*7=28 5*7=35 6*7=42 7*7=49
1*8=8 2*8=16 3*8=24 4*8=32 5*8=40 6*8=48 7*8=56 8*8=64
1*9=9 2*9=18 3*9=27 4*9=36 5*9=45 6*9=54 7*9=63 8*9=72 9*9=81
```

4.7 跳转语句

C 语言提供了四种跳转语句:goto 语句、break 语句、continue 语句和 return 语句。其中,控制从函数返回值的 return 语句将在第七章介绍。

4.7.1 goto 语句

goto 语句也称为无条件转向语句，它既可以使程序的执行向前转移，也可以使程序的执行向后转移。它的一般形式为：

goto 语句标号；

语句标号的命名规则与标识符的命名规则相同，它可以出现在任意语句前，作为 goto 语句的转向目标。标号语句的一般形式为：

语句标号：语句；

goto 语句的作用是使程序无条件转向语句标号所指定位置执行。在实际应用中，goto 语句通常有以下两种用途：

（1）goto 语句与 if 语句联合使用形成循环结构。

【例 4.24】 输入多个整数求和，直到输入 0 结束。

程序如下：

```
#include <stdio.h>
main( )
{
   int sum=0,x;
   start:scanf("%d",&x);
   if(x==0)
      goto end;
   else
   {
      sum=sum+x;
      goto start;
   }
   end:printf("%d\n",sum);
}
```

运行结果如下：

```
1 6 12 -1 0 -2↵
18
```

（2）goto 语句与 if 语句联合使用从循环体中跳出，一次可以跳出多层循环。

【例 4.25】 使用 goto 语句跳出循环的方法，重编例 4.24 程序。

程序如下：

```
#include <stdio.h>
main( )
{
```

```
    int x,sum=0;
    while(1)
    {
      scanf("%d",&x);
      if(x==0)
        goto end;
      sum=sum+x;
    }
    end:printf("%d\n",sum);
}
```

运行结果如下：

1 6 12 -1 0 -2↵

18

goto 语句易于理解，使用灵活，但它违背了结构化程序设计的原则，因此建议少用和慎用 goto 语句，养成良好的编程习惯。

4.7.2 break 语句

break 语句的一般形式为：

break;

说明：

（1）可以出现在 switch 语句中，作用是结束 switch 语句，继续执行 switch 语句之后的其他语句。

（2）可以出现在 while 语句、do-while 语句或 for 语句中，作用是结束循环，继续执行循环语句之后的其他语句。

（3）在循环语句中使用 break 语句，常作为 if 语句的内嵌语句，在条件满足时结束循环。

（4）如果 break 语句出现在多重 switch 语句或多重循环中，它只能跳出当层 switch 或者当层循环。

（5）break 语句只能出现在 switch 语句和循环语句中。

【例 4.26】 break 语句示例。

程序如下：

```
#include <stdio.h>
main()
{
    int i;
    for(i=1;i<=5;i++)
    {
      if(i==3) break;
```

```
    printf("%-2d",i);
  }
  printf("\n%-2d\n",i);
}
```

运行结果如下：

1 2

3

4.7.3 continue 语句

continue 语句的一般形式为：

continue;

说明：

（1）只能出现在 while 语句、do-while 语句或 for 语句中，作用是跳过本次循环尚未执行的语句，提前结束本次循环，继续下一次循环。

（2）continue 语句通常不会单独使用，它常作为 if 语句的内嵌语句，在条件满足时结束本次循环。

【例 4.27】 continue 语句示例。

程序如下：

```
#include <stdio.h>
main()
{
  int i;
  for(i=1;i<=5;i++)
  {
    if(i==3) continue;
    printf("%-2d",i);
  }
  printf("\n%-2d\n",i);
}
```

运行结果如下：

1 2 4 5

6

continue 语句和 break 语句都可以用于循环语句，二者的差别在于：continue 语句只结束本次循环，继续下一次循环，而 break 语句则是结束整个循环。可对比例 4.26 和例 4.27，体会二者的区别。

4.8 应用举例

【例 4.28】 输入 5 个字符,如果输入的是小写英文字母,则将它转为大写英文字母,然后将它和它的 ASCII 码输出;如果输入的是大写英文字母,则将它转为小写英文字母后再输出它和它的 ASCII 码;如果输入的是数字字符,则直接输出它;如果输入的是其他字符,则输出是其他字符的提示信息。

分析:

(1) 字符变量 ch 存放从键盘输入的字符。

(2) 变量 i 作为循环变量,它的初始值是 1,终止值是 5,步长是 1。

(3) 在循环体中输入一个字符作为字符变量 ch 的值,然后判断该字符 ch 属于哪种字符,如果'a'≤ch≤'z',说明该字符是小写英文字母,则利用表达式 ch=ch-32 将它转为大写英文字母,然后输出;如果'A'≤ch≤'Z',说明该字符是大写英文字母,则利用表达式 ch=ch+32 将它转为小写英文字母,然后输出;如果'0'≤ch≤'9',说明该字符为数字字符,直接输出字符 ch;否则,输出提示信息。

编写程序如下:

```
#include <stdio.h>
main()
{
  int i;
  char ch;
  printf("Please input 5 characters:\n");
  for(i=1;i<=5;i++)
  {
    ch=getchar();
    if(ch>='a'&&ch<='z')
    {
      ch=ch-32;
      printf("ch%d=%c,%d\n",i,ch,ch);
    }
    else if(ch>='A'&&ch<='Z')
    {
      ch=ch+32;
      printf("ch%d=%c,%d\n",i,ch,ch);
    }
    else if(ch>='0'&&ch<='9')
      printf("ch%d=%c\n",i,ch);
```

```
        else
            printf("ch%d is other character\n",i);
    }
}
```

运行结果如下：

```
Please input 5 characters:
a T 1↵
ch1=A,65
ch2 is other character
ch3=t,116
ch4 is other character
ch5=1
```

【例 4.29】 输入一个正整数 x,判断 x 是否为素数。

分析：x 是素数的条件是不能被 2,3,…,t(t 的值为$\sqrt{x}$取整)中的所有数整除。因此判断的方法是用 x 依次去除以 2,3,…,t。如果 x 被其中某个数整除,则说明它不是素数,此时不需再继续判断其余的数;如果 x 不能被所有的数整除,则说明它是素数。

编写程序如下：

```
#include <stdio.h>
#include <math.h>
main()
{
    int x,t,i;
    scanf("%d",&x);
    t=sqrt(x);
    for(i=2;i<=t;i++)
    {
        if(x%i==0)
            break;
    }
    if(i==t+1)
        printf("%d is prime.\n",x);
    else
        printf("%d is not prime.\n",x);
}
```

运行结果如下：

```
193↵
193 is prime.
```

【例 4.30】 编写程序输出以下图形。

```
        1
      2   2
    3   3   3
  4   4   4   4
5   5   5   5   5
```

程序如下：

```
#include <stdio.h>
main( )
{
   int i=1,j,k;
   while(i<=5)
   {
    for(j=1;j<=20-2*i;j++)
       printf(" ");
    for(k=1;k<=i;k++)
       printf("%4d",i);
    printf("\n");
    i++;
   }
}
```

这段程序是双重循环结构，外层循环用来控制输出的行数，第一个内层循环用来确定输出数字的起始位置，第二个内层循环用来重复输出数字，这两个内层循环是并列的。

本章习题

1. 编写程序，从键盘输入一个字符，如果该字符是数字字符，将其转为对应的数字并输出。

2. 编写程序，输入年、月信息，输出该年该月的天数。

3. 编写程序，输入 x 的值，按下列公式计算并输出 y 的值。

$$y=\begin{cases}-x & (x<0)\\ \dfrac{2x}{3} & (0\leqslant x\leqslant 10)\\ \sqrt{x}+3 & (x>10)\end{cases}$$

4. 一个小球从 100 米高度自由落下，每次落地后反跳回原高度的一半后再次落下，编写程序计算它在第 10 次落地时，共经过多少米？

5. 编写程序，输入班中 30 名学生 C 语言的成绩，统计并输出该班及格学生的成绩。

6. 编写程序，利用格里高利公式计算并输出圆周率 π 的值（直到最后一项的绝对值小于或等于 10^{-5} 为止）。

$$\frac{\pi}{4}=1-\frac{1}{3}+\frac{1}{5}-\frac{1}{7}+\cdots$$

7. 有如下一个分数序列

$$\frac{2}{1},\frac{3}{2},\frac{5}{3},\frac{8}{5},\frac{13}{8},\frac{21}{13},\cdots$$

编写程序计算并输出前 n 项的和，n 的值从键盘输入。

8. 编写程序求解猴子吃桃问题。猴子第一天摘下若干桃子，当即吃了一半，还不过瘾，又多吃了一个。第二天早上又将剩下的桃子吃掉一半，又多吃了一个。以后每天早上都吃了前一天剩下的一半零一个。到第十天早上再想吃时，就只剩一个桃子了。求第一天共摘了多少个桃子？

9. 编写程序，输出将 100 元换为 20 元、10 元和 5 元的各种组合（要求：20 元、10 元和 5 元至少各有一张）。

10. 编写程序，按下列公式计算并输出前 n 项的和，n 的值从键盘输入。

$$s=1+(1+2)+(1+2+3)+(1+2+3+4)+\cdots$$

11. 编写程序，输入若干数，直到输入 0 为止，求多个数中正数的平均值并输出。

12. 编写程序，输出 1~1000 间的所有完全数。完全数是指它所有真因子（即除了自身以外的约数）的和恰好等于它本身的自然数。

13. 编写程序，输入一个整数 m，输出该数的所有因子。

14. 编写程序破译密电，电文加密的规则是使原电文中英文字母 a~y（或 A~Y）的值加 1，英文字母 z（或 Z）变为英文字母 a（或 A），其余字符不变。输入一行密电按照规则破译，并输出原电文。

第五章 数　组

第二章介绍了 C 语言的基本数据类型（整型、实型、字符型）。基本数据类型的重要特征是该类型的变量只含有一个成分。然而，在处理许多实际问题时，常遇到各种复杂的数据类型。例如，数学上的向量 V 或矩阵 A。

$$\text{向量 } V:(v_1, v_2, \cdots, v_n) \qquad \text{矩阵 } A:\begin{bmatrix} a_{11} & a_{12} & \cdots & a_{1n} \\ a_{21} & a_{22} & \cdots & a_{2n} \\ & \vdots & & \\ a_{m1} & a_{m2} & \cdots & a_{mn} \end{bmatrix}$$

向量 V 是一个整体，它是由几个互相独立的成分有序地组成，其各个成分的类型均相同。例如，$v_i(1 \leqslant i \leqslant n)$ 为实型。矩阵 A 类似于向量 V。向量和矩阵在 C 语言中可抽象成数组。

数组是一种构造类型，它由固定数量的同类成分所组成。构成一个数组的这些成分称为数组元素。在定义一个数组之后，就确定了它所容纳的同类型元素的个数。这就构成了数组类型的两个特点：一方面，数组的大小必须是确定的，不允许随机变动；另一方面，数组中的元素的类型必须是相同的。以后将会看到，一个数组的各个元素可取任何同一数据类型，所以可以构成整型数组、实型数组、字符数组等。数组类型变量的最低一级的成分若是基本数据类型，则它们同一个普通的基本数据类型变量一样可以被赋值，也可以出现在表达式中。

使用数组类型的最大好处是，可以让一批同类型的相关数据共用一个名字（即数组名），而不必为每一个数据选定一个名字。例如，用 score 数组的各个元素来表示一个学生所学 30 门课程中每门课的成绩，用 number 数组的各个元素来表示一个班 35 名学生的学号等。这样即可使程序书写简洁，提高可读性，又便于用循环语句处理这类数据。

数组中的各数组元素可通过数组名和它们在数组中的位置（下标）来进行访问，例如，score[2]、score[5]、number[20]等都表示数组元素。

这一章将具体介绍数组的定义、引用和初始化及一维数组、多维数组和字符数组的应用。

5.1 一维数组

为了说明数组的概念，我们举一个日常生活中常见的例子。假定某单位收发室的信箱柜中有一排信箱，这排信箱含有 10 个个人信箱，个人信箱的编号从 0 到 9，如图 5.1 所示。现统计每个个人信箱中存放的信件数量。

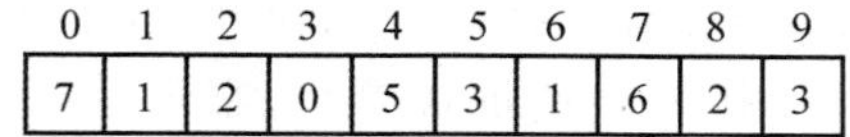

图 5.1 信箱柜中的一排信箱

统计结果如下：

0 号信箱有 7 封信件	5 号信箱有 3 封信件
1 号信箱有 1 封信件	6 号信箱有 1 封信件
2 号信箱有 2 封信件	7 号信箱有 6 封信件
3 号信箱没有信件	8 号信箱有 2 封信件
4 号信箱有 5 封信件	9 号信箱有 3 封信件

这种事物的数学模型就是一维数组：

```
int mailbox[10];
```

它说明这个信箱柜(包含一排信箱)的名称为 mailbox,一对方括号是一维数组的标志,其中的整数 10 表示这排信箱有 10 个个人信箱,名称前面的 int 表示个人信箱中存放信件数量值的类型。即数组元素类型。

5.1.1 一维数组的定义

在程序中使用一个数组之前必须先对它加以说明,其任务是确定数组的名称、数组的维数以及各维的大小和数组元素的类型。通常把具有一个下标的数组元素所组成的数组称为一维数组,即数组名后只有一对方括号的数组,它的一般形式如下：

[存储类型标识符] <数据类型标识符> <数组名[常量表达式]>

其中,存储类型标识符可以是自动的(auto),也可以是静态的(static),还可以是外部的(extern)和寄存器的(register)等(存储类型标识符将在第七章介绍),数据类型标识符是用来说明数组元素的类型,数组名用来确定数组的名称,其命名规则同用户定义标识符,常量表达式用来指定数组元素的个数,即数组的大小。例如：

```
int score[30];
```

定义了一个一维数组,数组名为 score。score 数组有 30 个元素,分别为 score[0]、score[1]、score[2]、…、score[29],其元素类型为 int 型。

在定义数组时,可以把具有相同类型数组放在一个说明语句中,数组说明符之间以逗号分隔。例如：

```
int score[30],number[35];
```

定义了两个一维数组,这两个一维数组的元素类型均为 int 型。

在数组说明语句中,方括号里的常量表达式的值是数组所包含的元素个数。因为该值是在编译时计算出来的,所以常量表达式中不能包含变量。编译系统在处理数组说明语句时,根据常量表达式的值为该数组分配一定的存储空间。数组在内存中存储时,是按其下标的顺序连续存储数组元素的值。score 数组在内存中的存储形式如图 5.2 所示。第一个数组元素的地址是数组存储区的首地址,数组名也表示数组存储区的首地址,即可用 &score[0]或 score 来表示其首地址。其中 & 是地址运算符,它表示取 score[0]的地址,而数组名是一个地址常量,不能对其进行 & 运算,也不能对其进行赋值操作。

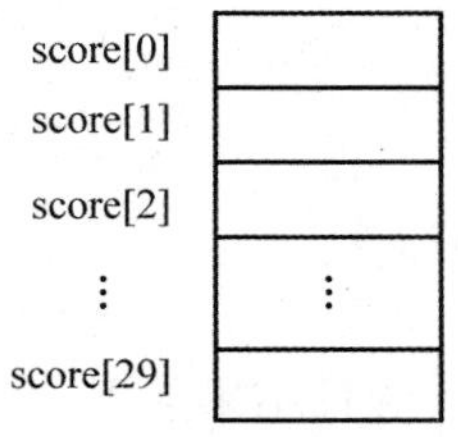

图 5.2 score 数组的存储形式

数组说明语句中 score[30],只是用于说明数组名和元素个数,不能把 score[30]看作数组中的最后一个元素,该数组的最后一个元素是 score[29],因为数组元素的下标从 0 开始编号。

下面是一些数组说明的例子。

```
float a[20];
```

定义了 a 是含有 20 个元素的 float 型数组,其元素依次为 a[0]、a[1]、a[2]、…、a[19]。

```
#define N 50
double b[N];
```

定义了 b 是含有 N(即 50)个元素的 double 型数组,其元素依次为 b[0]、b[1]、b[2]、…、b[49]。元素个数 N 是一个已定义的符号常量。

```
char c[10];
```

定义了 c 是含有 10 个元素的 char 型数组,其元素依次为 c[0]、c[1]、c[2]、…、c[9]。

```
int a,b,c[20];
```

定义了 a,b 是 int 型变量,c 是含有 20 个元素的 int 型数组。

数组定义中的长度说明可以使用含有运算符、整常量和符号常量的常量表达式,但常量表达式的值必须为正值。例如,下面的数组定义是正确的。

```
#define NUM 50
char str[2 * NUM+1];
int a[10],b[7+3],c[2 * 5];
float f1['d'-'a'],f2[2 * sizeof(double)];
```

在 C 语言中,不允许出现动态数组说明,也就是说数组的大小在编译时必须是已知的,而不依赖于程序运行时某变量的值。例如,下面的数组定义是错误的。

```
int n;
scanf("%d",&n);
char name[n];
```

5.1.2 一维数组的引用

任何一个数组都必须先定义,后引用。数组的引用有两种形式:一种是引用数组元素,它可出现在简单变量能出现的任何地方。比如可对数组元素进行赋值、输入、输出和基本运算;另一种是引用数组名,以数组名作为函数调用的参数或用于输入和输出字符串。

一维数组元素引用的一般形式:

数组名[下标]

其中,下标可以是整常数、整型变量或整型表达式,甚至可以是整型数组元素或值为整数的函数调用。例如：score[2]、score[2+i]、score[i]、score[number[2]]、score[max(i,j)]等(i、j 为整型变量，number 为整型数组，max 是值为整数的函数调用)均为合法的数组元素引用形式。在引用时，下标的值不应超出数组说明的范围，对于长度为 n 的数组，下标的取值范围为 0,1,2,…,n-1。例如，score 数组长度为 30，下标的取值应控制在 0~29 范围内。利用数组来处理一批性质相同的数据，可以简化程序，特别是对它们作相同的处理时，可以利用循环语句实现数组元素下标的变化，以达到访问整个数组的目的。

【例 5.1】 以前述信箱为例，写一程序统计信箱中的信件总数。

程序如下：

```
main( )
{int mailbox[10],i,sum;
 /* 用赋值语句为 mailbox 数组的前 5 个数组元素提供数据 */
 mailbox[0]=7;
 mailbox[1]=1;
 mailbox[2]=2;
 mailbox[3]=0;
 mailbox[4]=5;
 /* 在循环中用 scanf 语句为 mailbox 数组的后 5 个数组元素依次输入数据 3,1,6,2,3 */
 for (i=5;i<=9;i++)
     scanf("%d",&mailbox[i]);
 sum=0;
 for (i=0;i<10;i++)
     sum=sum+mailbox[i];
 printf("sum=%d",sum);
}
```

运行情况如下：

```
3  1  6  2  3↵
sum=30
```

从这个简单的数组应用实例可直观看出，数组元素是变量，而且下标必须是整型值。一个数组元素可以像同类型的简单变量那样在表达式中执行相应的操作。例如，mailbox[i]可以作为整型变量进行+、-、*、/、%等运算。

【例 5.2】 用数组的概念计算出 Fibonacci 数列。

假定一对刚出生的小兔子，一个月后长成大兔子，再过一个月后开始每月都生一对小兔子(正好一雄一雌)，在不考虑死亡情况下，一对初生的小兔子，一年半之后变成多少对兔子？并打印出各个月兔子的对数。

为了便于分析问题，我们引用一个数组 f，用 f[0]表示第一个月兔子的对数，用 f[1]表示第 2 个月兔子的对数……于是各月兔子的对数为：

月：	1	2	3	4	5	6	7 …
兔子对数：	1	1	2	3	5	8	13…

数组表示：f[0]　f[1]　f[2]　f[3]　f[4]　f[5]　f[6]…

由上述分析可得出每个月兔子对数的变化规律为：

f[n]=f[n-2]+f[n-1]　　(n=2,3,…)

程序如下：

```
main()
{int i,f[18];
 f[0]=f[1]=1;
 for (i=2;i<18;i++)
    f[i]=f[i-2]+f[i-1];
 for (i=0;i<18;i++)
    {printf("%12d",f[i]);
     if (i+1)%5==0) printf("\n");
    }
}
```

运行结果如下：

```
     1          1          2          3          5
     8         13         21         34         55
    89        144        233        377        610
   987       1597       2584
```

【例 5.3】　统计并输出全班 30 名学生某门课程期末考试成绩的最高分、最低分和平均成绩。

为解决此问题，可以先定义一个整型数组 score[30]来存放这 30 名学生的考试成绩。然后求出总成绩 sum，总成绩除以人数，就得到了平均成绩 average。设两个变量 maxscore 和 minscore 分别用于存放成绩的最高分和最低分。在求总成绩的过程中，每把一名学生的成绩加到总成绩 sum 上之后，就把该学生的成绩与最高分 maxscore 进行比较，若比 maxscore 的值大，就把该学生的成绩放入 maxscore 中，否则就把该学生的成绩与最低分 minscore 再进行比较，若比 minscore 的值小，就把该学生的成绩放入 minscore 中，除此之外，就表明该学生的成绩是介于最低分 minscore 和最高分 maxscore 之间，这个成绩不予考虑。

程序如下：

```
#define N 30
main()
{int i,sum,maxscore,minscore,score[N];
 float average;
 printf("Input everyone's score.\n");
 for (i=0;i<N;i++)
    scanf("%d",&score[i]);
 sum=0;
 maxscore=minscore=score[0];
```

```
    for (i=0;i<N;i++)
      {sum+=score[i];
       if (score[i]>maxscore)
          maxscore=score[i];
       else if (score[i]<minscore)
          minscore=score[i];
      }
    average=(float)sum/N;
    printf("average=%f\n",average);
    printf("maxscore=%d\n",maxscore);
    printf("minscore=%d\n",minscore);
}
```

第一个 for 循环用于输入 30 名学生的成绩，随着 i 从 0 变到 N-1，scanf 函数把从键盘输入的学生成绩依次存入数组 score 的各个元素中。&score[i]是取出数组 score 的第 i 个元素的地址，因为 scanf 函数要求控制字符串之后的实参必须是变量地址。第二个 for 循环用于求总成绩 sum，同时筛选成绩的最高分和最低分。

在计算平均分的表达式(float)sum/N 中使用了强制运算符(float)，目的是把 sum 转换为单精度实数，然后除以 N，这样得到的是实数相除的结果，从而可保证平均值的精度。如果直接进行表达式 sum/N 的计算，因为 sum 和 N 均为整数，所以运算结果为整数，这样精确度不高。

5.1.3 一维数组的初始化

所谓数组的赋值就是给数组元素赋初值，数组元素赋初值通常有用提供数据的语句赋值和在定义数组时初始化两种方式。

1. 用提供数据的语句赋值

用赋值语句或输入语句使数组中的元素得到值，这种赋初值是在程序运行时实现的。

2. 在定义数组时初始化

在定义数组的同时对数组中的元素赋初值，这种赋初值是在编译时实现的。其一般形式如下：

[存储类型标识符] <数据类型标识符> <数组名[常量表达式]={数值表}>;

其中，数值表是用逗号分隔的若干个常量，而且这些常量是与数组类型相符的。第一个常量放在数组的第一个位置上，第二个常量放在数组的第二个位置上，依此类推。常量表的最后一个常量后面没有逗号。

对数组元素初始化可用以下方法实现：

(1) 在定义数组时对数组中的全部元素赋初值。例如：

```
int a[5]={1,2,3,4,5};
```

上面定义的数组 a 有 5 个元素，且被赋予初值 1 到 5。各数组元素的初值分别为 a[0]=1、a[1]=2、a[2]=3、a[3]=4、a[4]=5。

（2）当数组中的元素个数大于花括号中的初值个数时，则表明初值只赋予数组开始的若干个元素，其余的数组元素初始化为 0。例如：

```
int a[5] = {1,2,3};
```

上面定义的数组 a 有 5 个元素，而花括号中只提供了 3 个初值，这表明只给数组 a 的前 3 个元素赋初值，后 2 个元素的值为 0。各数组元素的初值分别为 a[0] = 1、a[1] = 2、a[2] = 3、a[3] = 0、a[4] = 0。

（3）在定义数组时可以不指定数组的长度，而用花括号中的初值个数来决定数组的长度。例如：

```
int a[ ] = {1,2,3,4,5};
```

等价于

```
int a[5] = {1,2,3,4,5};
```

若定义的数组长度大于花括号中的初值个数，则数组定义语句中的长度不能省略。

（4）在数组定义中，当指明的数组长度小于花括号中的初值个数时，将出现语法错误。例如：

```
int a[4] = {1,2,3,4,5};
```

是不合法的。

5.1.4　一维数组应用举例

【例 5.4】　输入 n 个整数，用“冒泡法”将它们按从小到大的次序排序并输出。

假设待排序的 n 个数分别放在数组 a 的 a[0]到 a[n-1]中，为了理解冒泡法排序的算法，需要先弄清如何把数组 a 的 n 个元素中最大的那个数放到最后位置上的方法。

从第 0 个元素开始，将两两相邻元素进行比较，即 a[0]和 a[1]比，a[1]和 a[2]比，…，a[n-2]和 a[n-1]比。每次比较时都将较大的一个值交换到后面，比较 n-1 次后，n 个数中最大的一个值被移到最后一个元素的位置上。第一趟比较过程如图 5.3 所示。

a[0]	a[1]	a[2]	a[3]	a[4]	
7	4	9	3	6	a[0]和a[1]比较，因为7>4，对调。
4	7	9	3	6	a[1]和a[2]比较，因为7<9，不对调。
4	7	9	3	6	a[2]和a[3]比较，因为9>3，对调。
4	7	3	9	6	a[3]和a[4]比较，因为9>6，对调。
4	7	3	6	9	第一趟比较后的结果。

图 5.3　第一趟比较后的结果

第二趟比较仍然从第 0 个元素开始，对余下的 n-1 个元素重复上述比较过程 n-2 次，当第二趟比较结束后，n 个数中次大的一个值被移到倒数第二个元素的位置上。然后进行第三趟比较，对余下的 n-2 个元素重复上述比较过程 n-3 次，…，这样的过程一直进行到第 n-1 趟比较结束，此时 n 个数全部排序完毕。整个冒泡法排序过程如图 5.4 所示。

a[0]	a[1]	a[2]	a[3]	a[4]	
7	4	9	3	6	数组的初始状态
4	7	3	6	9	第一趟比较结束
4	3	6	7	9	第二趟比较结束
3	4	6	7	9	第三趟比较结束
3	4	6	7	9	第四趟比较结束

图 5.4 “冒泡法”排序示意图

程序如下:

```
#define N 5
main()
{int a[N],i,j,temp;
 printf("Input %d numbers:\n",N);
 for (i=0;i<N;i++)
     scanf("%d",&a[i]);
 for (i=0;i<N-1;i++)
   for (j=0;j<N-i-1;j++)
     if (a[j]>a[j+1])
        {temp=a[j];
         a[j]=a[j+1];
         a[j+1]=temp;
        }
 printf("\n");
 printf("output %d numbers,after sort\n",N);
 for (i=0;i<N;i++)
      printf("%4d",a[i]);
 printf("\n");
}
```

运行情况如下:

```
Input 5 numbers:
7  4  9  3  6↵
output 5 numbers, after sort
3  4  6  7  9
```

【例 5.5】 输入 n 个整数,用“选择法”将它们按从小到大的次序排序并输出。

假设待排序的 n 个数分别放在数组 a 的 a[1]到 a[n]中,为了便于理解选择法排序的算法,需要先弄清如何从数组 a 中找出最小数所在的那个数组元素的下标,并将该元素中的值与第一个元素中的值进行对调。

我们用整型变量 p 指向数组中最小数的位置（下标），而数组元素 a[p]就为最小数。如果数组 a 中有 n 个数，开始我们假设 a[1]中的值最小，使 p=1。然后把 a[p]与 a[2]去比，如果 a[2]的值小于 a[p]，则使 p=2，否则 p 的值不变。接着把 a[p]与 a[3]去比，如果 a[3]的值小于 a[p]，则使 p=3，否则 p 的值不变。这时 p 中存放的是 a[1]到 a[3]中那个最小数所在元素的下标，a[p]中存放的是 a[1]到 a[3]中的那个最小数。接着 a[p]与 a[4]比，与 a[5]比，…，与 a[n]比，并进行相同的操作。当 a[p]与最后一个数 a[n]比较，并完成了有关操作之后，p 中存放的是 a[1]到 a[n]中那个最小数所在元素的下标，即 a[p]中存放的是那个最小数。第一趟比较完成之后，如果 p≠1，就把 a[p]与 a[1]进行对调，即把第一趟比较找出的最小数放入 a[1]中；否则，a[p]与 a[1]不进行对调，因为 a[1]就是最小数。

第二趟比较将从 a[2]到 a[n]中找出最小数的位置（下标），并把此位置上的数与 a[2]对调，这一趟的操作与前一趟操作相同，只是找最小数的范围后移一个位置。这一趟的操作完成之后，整个数组中第二小的那个数放在 a[2]中。这时数组元素 a[1]和 a[2]中依次存放着按由小到大顺序排序的 n 个数中的前两个数。接着把 a[3]到 a[n]中的最小数找出来放在 a[3]中，把 a[4]到 a[n]中的最小数放在 a[4]中，…，把 a[n-1]和 a[n]中最小数找出来放到 a[n-1]中。至此 a[1]到 a[n]中的数已按由小到大的顺序排好。

在整个排序过程中，每一趟的操作都是相同的，只是比较的范围在逐渐缩小，总共进行 n-1 趟操作。

为了使用上的习惯，我们从 a[1]开始存放数据，不用 a[0]。

程序如下：

```
#define N 5
main()
{int a[N+1],i,j,p,temp;
 printf("Input %d numbers:\n",N);
 for (i=1;i<=N;i++)
   scanf("%d",&a[i]);
 for (i=1;i<=N-1;i++)
   {p=i;
    for (j=i+1;j<=N;j++)
      if (a[p]>a[j])   p=j;
    if (p!=i)   {temp=a[p];
                 a[p]=a[i];
                 a[i]=temp;
                }
   }
 printf("\n");
 printf("Output %d numbers,after sort\n",N);
 for (i=1;i<=N;i++)
    printf("%4d",a[i]);
```

```
 printf("\n");
}
```

运行情况如下：

```
Input 5 numbers:
7  4  9  3  6↵
Output 5 numbers,after sort
3  4  6  7  9
```

【例 5.6】 将数组 a 中依次存放的 10 个数 26,21,29,85,76,25,30,50,44,60 按颠倒的顺序重新存放。要求:在操作时只能借助于一个临时的存储单元而不能另外开辟数组。

本题是要把数组 a 中存放的数按颠倒的顺序存放,而并不是简单地按颠倒顺序输出数组 a 中各元素的值。假定数组 a 中原始存放的内容如图 5.5(a)所示。现要求改变成如图 5.5(b)所示的存放形式。要完成这一操作,只需把图 5.5(a)中箭头所指的每对数组元素的内容对调即可。

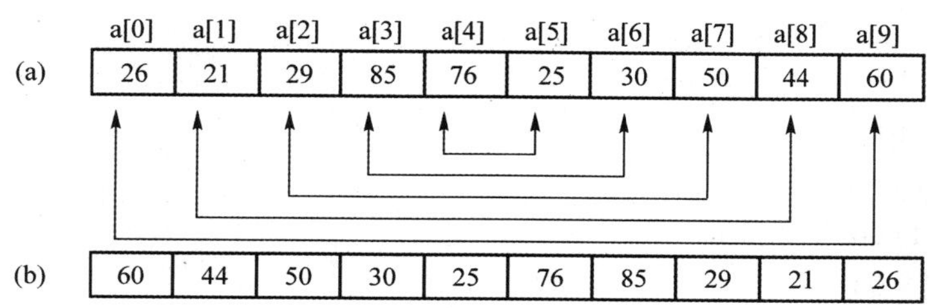

图 5.5 数组中的数按颠倒的顺序存放示意

设 i、j 分别代表进行对调的两个数组元素的下标,i 的初值为第一个数组元素的下标,j 的初值为最后一个数组元素的下标。当 i 小于 j 时,将下标为 i、j 的数组元素的值对调,然后 i 加 1 指向后一个数组元素,j 减 1 指向前一个数组元素。直到 i 大于或等于 j 时,全部操作完成。

程序如下：

```
main()
{int a[10]={26,21,29,85,76,25,30,50,44,60};
 int i,j,temp;
 i=0;
 j=9;
 while (i<j)
  {temp=a[i];
   a[i]=a[j];
   a[j]=temp;
   i++;
   j--;
  }
```

```
  for (i=0;i<10;i++)
     printf("%4d",a[i]);
  printf("\n");
}
```

运行结果如下：

60　44　50　30　25　76　85　29　21　26

【例 5.7】　将 1~9 这 9 个数字分成 3 组，使每组中的 3 个数排成 1 个 3 位的完全平方数。要求：每个数字必须用且只能用 1 次。

因为三位正整数的范围为 100~999，所以满足题意要求的完全平方数必须大于 10 的平方，并且一定小于 32 的平方。因此，我们先将 11 到 31 的平方数分别送入数组 a 中，然后利用三重循环，每次从 a 中取出 3 个不同的完全平方数，并把 3 个数的百位、十位、个位上的数字分别送到数组 b 的 9 个元素中。如果数组 b 的所有元素值都不相等，则表示成功，否则，继续取另外 3 个数进行上述相同的测试。直到循环结束。

程序如下：

```
main()
{int a[20],b[10];
 int i,j,k,m,n,s,t;
 for (j=0,i=11;i<=31;++i)
     if (i%10!=0)
        a[++j]=i*i;
 printf("\n");
 for (k=1;k<=j-2;++k)
     for (m=k+1;m<=j-1;++m)
        for (n=m+1;n<=j;++n)
            {b[1]=a[k]/100;
             b[2]=(a[k]-b[1]*100)/10;
             b[3]=a[k]%10;
             b[4]=a[m]/100;
             b[5]=(a[m]-b[4]*100)/10;
             b[6]=a[m]%10;
             b[7]=a[n]/100;
             b[8]=(a[n]-b[7]*100)/10;
             b[9]=a[n]%10;
             for (s=1;s<=8;++s)
                for (t=s+1;t<=9;++t)
                   if (b[s]==b[t])   goto abc;
             printf("%d,%d,%d\n",a[k],a[m],a[n]);
             goto end;
```

```
        abc:;
        }
    end:;
}
```

运行结果如下:

361,529,784

程序中的第一个 for 循环用于产生 19 个数(11~19,21~29,31)的完全平方数,而 20 和 30 的完全平方数明显不符合题意,所以该循环中不产生 400 和 900 这两个数。我们把产生的 19 个数分别存入数组 a 的 a[1]~a[19]中,因为 a[++j]中的下标表达式是前缀加形式,所以 j 最后的值是所产生的完全平方数的个数,即 19。

从程序中的三重循环每一重 for 循环变量的初值和终值条件可以看出,每次取出的 3 个数都是不同的完全平方数,因为 a[k]、a[m]、a[n]3 个元素的下标依次增 1。

程序中使用了 goto 语句,达到了跳出循环的目的,这样可使程序简洁,但应尽量避免使用。

5.2 多维数组

在上一节我们举了一个日常生活中常见的信箱实例。本节还以此为例,假定某单位收发室的一个信箱柜中有三排个人信箱,如图 5.6 所示。

	0	1	2	3	4	5	6	7	8	9
0排	7	1	2	0	5	3	1	6	2	3
1排	3	1	6	2	4	5	2	3	5	4
2排	1	3	2	2	1	3	6	4	1	2

图 5.6 由三排个人信箱构成的信箱柜

这个信箱柜中的个人信箱是由排(包括 0 排、1 排、2 排)和号(每排包括 0 号、1 号、2 号、…、9 号)进行编号的。这种事物的数学模型就是矩阵,在 C 语言中可用如下二维数组描述:

int mailbox[3][10];

数组的名字是 mailbox,后面有两对方括号,表明它是二维数组。前一个方括号中的整数说明这个信箱柜中共有 3 排个人信箱;后一个方括号中的整数说明每排有 10 个个人信箱。最前面的 int 表示数组元素的类型。

如果该单位收发室有两个如图 5.6 所示的信箱柜,这两个一样的信箱柜按纵向平行放置。这种事物在 C 语言中需用三维数组来描述:

int mailbox[2][3][10];

在此为标识每个个人信箱就需用 3 个数来表示:第几个信箱柜、第几排、第几号。

5.2.1　多维数组的定义

C 语言中除了允许使用一维数组外，还允许使用二维、三维等多维数组。二维数组实际上是数组的数组，三维数组可看作是数组的数组的数组。用这样的方法可以构造出更高维的数组。但作为 C 语言的风格，不提倡使用高维数组，因为可通过指针运算来实现同样的功能，指针运算将在第六章介绍。

多维数组的一般定义形式如下：

[存储类型标识符]<数据类型标识符><数组名[常量表达式 1][常量表达式 2]…[常量表达式 n]>

例如：

int a[2][3],b[3][5],c[2][3][4];

char d[2][4];

其中，a、b 是 int 型二维数组，c 是 int 型三维数组，d 是 char 型二维数组。而数组 a 有 2×3=6 个元素，数组 b 有 3×5=15 个元素，数组 c 有 2×3×4=24 个元素。

同一维数组一样，多维数组每一维的下标也都是从 0 开始，如上述二维数组 a[2][3]的元素是：

a[0][0]、a[0][1]、a[0][2]、a[1][0]、a[1][1]、a[1][2]

在 C 语言中，二维数组中的元素在内存中的存储顺序是：按行存放，即在内存中先顺序存放第一行的元素，再存放第二行的元素……数组 a[2][3]的存放顺序是：

a[0][0]→a[0][1]→a[0][2]→a[1][0]→a[1][1]→a[1][2]

多维数组中的元素在内存中的存储顺序是：最右边的下标变化最快，最左边的下标变化最慢。数组 c[2][3][4]的存放顺序是：

c[0][0][0]→c[0][0][1]→c[0][0][2]→c[0][0][3]→c[0][1][0]→c[0][1][1]→
c[0][1][2]→c[0][1][3]→c[0][2][0]→c[0][2][1]→c[0][2][2]→c[0][2][3]→
c[1][0][0]→c[1][0][1]→c[1][0][2]→c[1][0][3]→c[1][1][0]→c[1][1][1]→
c[1][1][2]→c[1][1][3]→c[1][2][0]→c[1][2][1]→c[1][2][2]→c[1][2][3]

在 C 语言中，编译程序处理多维数组的方法与一维数组相同，即把 n 维数组处理成以 n-1 维数组(下一级数组)为元素的一维数组。如前面定义的二维数组 b 被处理为以 b[0]、b[1]、b[2]为元素的一维数组，每个元素 b[i](i=0,1,2)又是具有 5 个元素的 int 数组，所以可把 b[i]看成是第 i 个数组的数组名。这样，b[0]就是第一个数组的首地址，同 &b[0][0]；b[1]是第二个数组的首地址，同 &b[1][0]；b[2]是第三个数组的首地址，同 &b[2][0]。b[i][j](i=0,1,2;j=0,1,2,3,4)是数组 b 中最低一级的元素，即通常所称的数组元素，b[i][j]等同于一个 int 变量。

类似地，对于前面定义的三维数组 c，它是具有元素 c[0]、c[1]的数组。c[i](i=0,1)是具有元素 c[i][0]、c[i][1]、c[i][2]的数组。c[i][j](i=0,1;j=0,1,2)又是具有 4 个元素的 int 数组。每个 c[i]和 c[i][j]都是一个地址，视同一个数组名。c[i][j][k](i=0,1;j=0,1,2;k=0,1,2,3)是数组 c 中最低一级的元素，等同于一个 int 变量。

5.2.2 多维数组的引用

多维数组同样必须先定义,后引用。二维数组元素的引用形式是:

数组名[下标][下标]

其中,下标可以是整常数、整型变量或整型表达式。例如:

a[1][2],a[2-1][2*2-2],a[i][j],a[i][2*j-1]

是合法的数组元素引用,但不能写成:

a[1,2],a[2-1,2*2-2],a[i,j],a[i,2*j-1]

数组元素可以出现在表达式中,也可以被赋值,例如:

a[1][2]=2*b[2][4]-1

在引用数组元素时要特别注意下标越界。程序设计者必须保证下标值应在已定义数组大小的范围内,因为编译系统不检查下标越界问题。

```
int a[3][5];
⋮
a[3][5]=5;
```

上面定义了 a 数组有 3 行 5 列元素,最大的行、列下标分别为 2、4。但数组元素 a[3][5]的引用超出了数组的范围。

5.2.3 多维数组的初始化

同样可以在定义多维数组时对数组的各元素指定初始值。初值的排列顺序必须与数组的各元素在内存的存储顺序完全一致。例如:

int a[3][3]={1,2,3,4,5,6,7,8,9};

定义数组 a 为二维整型数组,共有 9 个元素,各数组元素的初值分别为 a[0][0]=1,a[0][1]=2, a[0][2]=3,a[1][0]=4,a[1][1]=5,a[1][2]=6,a[2][0]=7,a[2][1]=8,a[2][2]=9。

可以将一个二维数组分解成若干个一维数组,然后依次向这些一维数组赋初值。为了区分各个一维数组的初值,可以把赋予各个一维数组的初值分别用花括号括住。这样在赋初值时就出现了花括号的嵌套。上例可写成:

int a[3][3]={{1,2,3},{4,5,6},{7,8,9}};

其中,{1,2,3}是一维数组 a[0]的 3 个元素的初值;{4,5,6}是一维数组 a[1]的 3 个元素的初值;{7,8,9}是一维数组 a[2]的 3 个元素的初值。

可以对数组的部分元素赋初值。例如:

(1) int a[3][3]={{1},{4},{7}};

它的作用是只对二维数组 a 各行的第一列元素赋初值,其余元素的值系统自动赋 0。赋初值后数组各元素的值为:

1	0	0
4	0	0
7	0	0

该定义语句等价于：

int a[3][3]={{1,0,0},{4,0,0},{7,0,0}};

(2) int a[3][3]={{1},{0,5},{0,0,9}};

它的作用是只对二维数组 a 的主对角线元素赋非零值。赋初值后数组各元素的值为：

1	0	0
0	5	0
0	0	9

该定义语句等价于：

int a[3][3]={{1,0,0},{0,5,0},{0,0,9}};

(3) int a[3][3]={{1},{0,5,6}};

赋初值后,二维数组的结果为：

1	0	0
0	5	6
0	0	0

(4) int a[3][3]={{1},{0},{7,8,9}};

赋初值后,二维数组 a 的结果为：

1	0	0
0	0	0
7	8	9

(5) int a[3][3]={{1,2,3},{0,5}};

赋初值后,二维数组 a 的结果为：

1	2	3
0	5	0
0	0	0

对于多维数组的初始化,第一维的长度可以缺省,其余各维的长度必须给出。缺省的长度值由初值个数决定。例如：

int a[ ][3]={1,2,3,4,5,6,7,8,9};

等价于：

int a[3][3]={1,2,3,4,5,6,7,8,9};

下面是一个三维数组定义的例子：

int c[2][3][4];

对于三维数组 c 的初始化，可将 c 数组分解为含有两个元素的一维数组，即 c[0]、c[1]。它们是各含有 3×4 个元素的二维数组。继续又可分解为 6 个一维数组，即：

c[0]:c[0][0],c[0][1],c[0][2]。

c[1]:c[1][0],c[1][1],c[1][2]。

它们是各含 4 个元素的一维数组。于是，三维数组的初始化语句：

int c[2][3][4]={{1,2,3,4,5,6,7,8,9,10,11,12},{13,14,15,16,17,18,19,20,21,22,23,24}};

也可写成：

```
int c[2][3][4]={{{1,2,3,4},{5,6,7,8},{9,10,11,12}},
                {{13,14,15,16},{17,18,19,20},{21,22,23,24}}
               };
```

最外层的{ }表示三维数组 c 的初值范围，它被分解为具有两个元素 c[0]和 c[1]的一维数组。对应于第二层的两个{ }，这两个元素本身又是一个二维数组，每个元素再分别分解为三个一维数组，所以在第二层的两个{ }中又各有 3 个{ }，即最内层的{ }。在每个最内层的{ }中各有 4 个元素的初值。其各元素的值如下：

c[0]	c[0][0]	1	2	3	4
	c[0][1]	5	6	7	8
	c[0][2]	9	10	11	12

c[1]	c[1][0]	13	14	15	16
	c[1][1]	17	18	19	20
	c[1][2]	21	22	23	24

5.2.4 多维数组应用举例

【例 5.8】 编一个程序，计算两个矩阵的乘积并打印计算结果。

按照矩阵运算规则，矩阵相乘要求被乘矩阵 A 的列数和乘矩阵 B 的行数相等。假定被乘矩阵为 $Am\times n$（m 行 n 列），乘矩阵为 $Bn\times p$（n 行 p 列），那么 A 和 B 相乘的结果矩阵为 $Cm\times p$（m 行 p 列）。结果矩阵 C 的 i 行 j 列元素的计算公式为：

$$C_{ij}=\sum_{k=0}^{n-1} a_{ik}b_{kj}(i=0,1,\cdots,m-1;j=0,1,\cdots,p-1)$$

其中 a_{ik}是矩阵 A 的 i 行 k 列元素，b_{kj}是矩阵 B 的 k 行 j 列元素。

程序如下：

```
#define M 2
#define N 3
#define P 2
main()
{int i,j,k,a[M][N],b[N][P],c[M][P];
 printf("Input elements of matrix a\n");
 for (i=0;i<M;i++)
   for (j=0;j<N;j++)
      scanf("%d",&a[i][j]);
 printf("Input elements of matrix b\n");
 for (i=0;i<N;i++)
   for (j=0;j<P;j++)
      scanf("%d",&b[i][j]);
 for (i=0;i<M;i++)
   for (j=0;j<P;j++)
      {c[i][j]=0;
       for (k=0;k<N;k++)
          c[i][j]+=a[i][k]*b[k][j];
      }
 printf("Output elements of matrix c\n");
 for (i=0;i<M;i++)
    {for (j=0;j<P;j++)
        printf("%6d",c[i][j]);
     printf("\n");
    }
}
```

运行情况如下:

```
Input elements of matrix a
1  2  3  4  5  6↵
Input elements of matrix b
1  2  1  2  1  2↵
Output elements of matrix c
 6     12
15     30
```

若采用表达式方式或调用 scanf 函数对二维数组赋初值,常用二重 for 循环形式。外层 for 循环控制行的变化,内层 for 循环控制列的变化。另外,输出二维数组也常用二重 for 循环形式。在输出二维数组的程序段中,printf 函数格式控制字符串中的"%6d"表示输出的十进制整数至少要占用 6 个字符的位置,语句“printf(" \n");”用于控制输出二维数组的一行元素之后就换行,以保证输出的结果呈矩阵形式。

【例 5.9】 计算矩阵 $A_{2\times3}$的转置矩阵 A^T。例如:

$$A=\begin{bmatrix}1 & 3 & 5\\2 & 4 & 6\end{bmatrix} \qquad A^T=\begin{bmatrix}1 & 2\\3 & 4\\5 & 6\end{bmatrix}$$

程序如下:

```
main( )
{int a[2][3]={{1,3,5},{2,4,6}};
 int i,j,b[3][2];
 printf("print matrix a:\n");
 for (i=0;i<2;i++)
   {for (j=0;j<3;j++)
       {printf("%5d",a[i][j]);
        b[j][i]=a[i][j];
       }
     printf("\n");
   }
 printf("print matrix b:\n");
 for (i=0;i<3;i++)
   {for (j=0;j<2;j++)
       printf("%5d",b[i][j]);
     printf("\n");
   }
}
```

运行结果如下:

```
print matrix a:
    1    3    5
    2    4    6
print matrix b:
    1    2
    3    4
    5    6
```

【例 5.10】 给一个三维数组输入数值,然后输出此数组的全部元素。

程序如下:

```
main( )
{int i,j,k,a[2][3][2];
 for (i=0;i<=1;i++)
```

```
  for (j=0;j<=2;j++)
    for (k=0;k<=1;k++)
      scanf("%d",&a[i][j][k]);
for (i=0;i<=1;i++)
  for (j=0;j<=2;j++)
    for (k=0;k<=1;k++)
      printf("\na[%d][%d][%d]=%d",i,j,k,a[i][j][k]);
}
```

运行结果如下：

```
1  2  3  4  5  6  7  8  9  10  11  12↵
a[0][0][0]=1
a[0][0][1]=2
a[0][1][0]=3
a[0][1][1]=4
a[0][2][0]=5
a[0][2][1]=6
a[1][0][0]=7
a[1][0][1]=8
a[1][1][0]=9
a[1][1][1]=10
a[1][2][0]=11
a[1][2][1]=12
```

5.3 字符数组

在C语言中不使用字符串变量的概念，而使用字符数组来处理字符串。类型为char的一维数组称为字符数组，字符数组中的每一个元素存放一个字符。

5.3.1 字符数组的定义和引用

字符数组定义的一般形式是：

char <字符数组名[常量表达式]>;

其中，char是字符数组的类型，常量表达式给出字符数组长度即字符个数。每个数组元素是一个字符，它在内存中占用一个字节。

【例5.11】 将字符串“How are you?”存入字符数组中，然后输出该字符串。

程序如下：

```
main()
```

```
{int i;
  char c[12];
  c[0]='H'; c[1]='o'; c[2]='w'; c[3]=''; c[4]='a'; c[5]='r';
  c[6]='e'; c[7]=''; c[8]='y';c[9]='o'; c[10]='u'; c[11]='?';
  for (i=0;i<12;i++)
    printf("%c",c[i]);
  printf("\n");
}
```

运行结果为：

How are you?

由于字符型与整型可以互相通用，因此上面的字符数组定义也可改写为：

int c[12];

在程序中出现的任何字符串常量，C 语言编译系统都自动在其存储区的末尾添加一个空字符'\0'作为字符串的结束标志。因此，为了与编译系统的处理保持一致，当用字符数组存放字符串时，同样也要在字符串的末尾加一个'\0'作为字符串的结束标志。所以定义字符数组时所指出的数组长度要比字符串的实际长度大 1，以便于存放空字符'\0'。

如上例中的字符数组定义与赋值可改写成：

```
char c[13];
c[0]='H'; c[1]='o'; c[2]='w'; c[3]=''; c[4]='a'; c[5]='r';
c[6]='e'; c[7]=''; c[8]='y'; c[9]='o'; c[10]='u'; c[11]='?'; c[12]='\0';
```

存放在字符数组中的实际字符个数称为字符串的实际长度，'\0'字符不是字符串的组成部分。以这种形式在字符数组中存放的字符串，它可以像普通数组一样逐个引用数组元素进行赋值和其他运算，也可以与普通数组不同，通过字符数组名由 scanf 函数和 printf 函数用格式符%s 输入、输出整个字符串，而不必用循环方式通过引用数组元素来逐个字符输入、输出。例如：

```
scanf("%s",c);          /* 可给字符数组 c 输入一个长度不超过 12 的字符串 */
printf("%s\n",c);       /* 输出字符数组 c 中的字符串 */
```

5.3.2 字符数组的初始化

关于字符数组的初始化有两种方式：

(1) 用字符常量逐个地为数组中各元素指定初值字符。例如：

```
char str[6]={'h','e','l','l','o','\0'};
```

字符数组 str 中的初值是字符串"hello"。这种初始化的效果等价于下面 6 个赋值语句：

```
str[0]='h';
str[1]='e';
str[2]='l';
str[3]='l';
str[4]='o';
```

str[5]='\0';

该定义语句也可写成：

char str[ ]={'h','e','l','l','o','\0'};

在定义字符数组时若省去数组长度，系统会自动按初值个数确定数组长度，数组 str 的长度自动定义为 6。

(2) 用字符串常量初始化字符数组。例如：

char str[ ]={"hello"};

也可以省去花括号，直接写成：

char str[ ]="hello";

用字符串作为初值，显然比用字符常量作为初值直观、方便。经上述初始化之后，数组 str 的长度不是 5，而是 6，这点请务必注意。因为以字符串常量初始化时，系统自动在字符串常量的最后加了一个空字符'\0'。因此，上面的初始化语句等价于

char str[ ]={'h','e','l','l','o','\0'};

而不等价于

char str[ ]={'h','e','l','l','o'};

前者的长度为 6，后者的长度为 5。

在字符数组初始化时，如果提供的字符个数少于字符数组元素的个数，则其余的数组元素自动赋空字符'\0'。例如：

char str[10]={"hello"};

数组 str 的前 5 个元素为'h'、'e'、'l'、'l'、'o'，第 6 个元素为字符串结束符'\0'，后 4 个元素也为空字符'\0'，如图 5.7 所示。但提供的实际字符个数不允许多于或等于字符数组元素的个数。

h	e	l	l	o	\0	\0	\0	\0	\0

图 5.7 用字符串初始化一维数组的存储形式

需要说明一点：在用字符常量初始化字符数组时，并不要求一定在最后一个字符之后加一个空字符'\0'，如果最后一个字符之后没有'\0'字符，则该字符数组不能作为字符串处理，只能作字符逐个处理。初始化时是否在最后一个字符之后加'\0'字符，完全根据需要决定。若加空字符'\0'则该字符数组可作字符串处理，否则不可作字符串处理。

对二维字符数组可看成是以行为元素的一维字符数组，而二维字符数组的一行可以存放一个字符串，因此二维字符数组可以看成是以字符串为元素的一维数组。例如：

char color[5][7]={"red","yellow","green","black","white"};

也可写成

char color[ ][7]={ "red","yellow","green","black","white"};

其存储形式如图 5.8 所示。

从图 5.8 可见，二维字符数组的每一行元素中都含有字符串结束符'\0'，因此，它的一行元素就是一个字符串，可以进行与字符串相同的操作。

r	e	d	\0	\0	\0	\0
y	e	l	l	o	w	\0
g	r	e	e	n	\0	\0
b	l	a	c	k	\0	\0
w	h	i	t	e	\0	\0

图 5.8 用字符串初始化二维数组的存储形式

5.3.3 字符数组的输入/输出

1. 字符串的输入

除了可用前述的初始化方法给字符数组确定初值之外,还可用 scanf 函数给字符数组元素输入字符或给字符数组输入字符串。

(1) 用格式符"%c"逐个输入字符。例如:

```
int i;
char str[10];
for (i=0;i<10;i++)
   scanf("%c",&str[i]);
```

表示向字符数组 str 的数组元素逐个输入字符。

(2) 用格式符"%s"一次输入整个字符串。例如:

```
char str[10];
scanf("%s",str);
```

从键盘输入:

student ↵

则 Enter 键之前的字符作为字符串输入,系统自动在最后加一个空字符'\0'作为字符串结束标志,此时给字符数组 str 输入了 8 个字符,而不是 7 个字符。

C 语言规定用 scanf 函数输入字符串时以空格或 Enter 键作为字符串的间隔符,如从键盘输入

How are you? ↵

这时只将"How"作为字符串存入字符数组 str。字符数组 str 的状态如图 5.9。

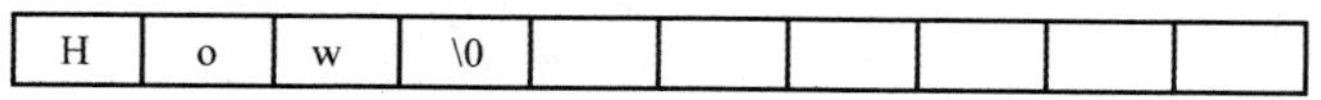

图 5.9 用 scanf 为数组输入带空格串的存储形式

为了能够输入带有空格的字符串,C 语言提供了一个专门用于输入字符串的 gets 函数,gets 函数输入字符串时以 Enter 键作为字符串结束,所以它可读入包括空格在内的一个字符串。例如:

```
char str[13];
```

gets(str);

从键盘输入

How are you? ↵

则字符数组 str 的状态如图 5.10 所示。

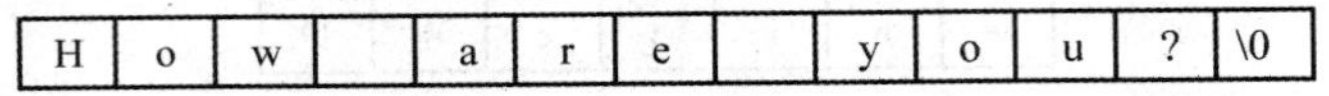

H	o	w		a	r	e		y	o	u	?	\0

图 5.10　用 gets 为数组输入带空格串的存储形式

由于数组名代表数组的起始地址,所以在 scanf 函数中只需写数组名 str 即可,而不应该再加取地址符 &,如下面写法是不正确的。

scanf("%s",&str);

2. 字符串的输出

用 printf 函数可以输出字符数组中的一个或几个数组元素,也可以将存放在字符数组中的字符串一次输出。

(1) 用格式符"%c"逐个输出字符。例如:

char str[ ] = {"Television"};

printf("%c,%c",str[0],str[1]);

的输出结果为

T,e

(2) 用格式符"%s"将字符数组中的字符串一次输出。例如:

char str[ ] = {"Television"};

printf("%s",str);

的输出结果为

Television

从上例可以看出,用格式符"%s"输出一个字符串时只需给出字符数组名 str,由于数组名 str 代表该数组的起始地址,在输出时从该地址开始逐个输出字符直至遇到字符串结束标记'\0'为止。如果一个字符数组中包含一个以上的空字符'\0',当以字符数组方式输出时,仍然是输出到第一个空字符'\0'为止,而第一个空字符'\0'之后的字符不输出。

注意:用格式符"%c"输出字符数组中的字符时,对应的输出项应该是字符数组元素。用格式符"%s"输出字符数组中的字符串时,对应的输出项应该是字符数组名。例如:

printf("%c",str);

printf("%s",str[0]);

是不正确的。

C 语言中没有字符串类型,它是用一维字符数组来存放字符串,而且允许用字符数组名一次输入或输出整个字符串,因此,可把一维字符数组作为“字符串变量”看待。

5.3.4 字符串处理函数

C 语言的库函数中提供了一些用于处理字符串的函数,这些函数用于字符串处理十分方便。

下面介绍几种常用函数。

1. 字符串输入函数

其一般形式为:

gets(字符数组名)

其中,参数“字符数组名”必须是已定义的字符数组。

作用:从键盘输入一个字符串并把该字符串存入“字符数组”中,它遇到换行符或EOF表示字符串输入结束。EOF和换行符不进入字符串,它们被转换为空字符作为字符串的结束标志。该函数得到一个字符数组的起始地址作为函数值。例如:

```
char str[8];
gets(str);
```

从键盘输入:

Turbo C ↵

就将字符串“Turbo C”存入字符数组 str,函数值为字符数组 str 的起始地址,字符数组 str 中存入了 8 个字符,其中最后一个字符是字符串结束标志'\0'。由此可见,用 gets 函数可以读入包括空格在内的字符串。

2. 字符串输出函数

其一般形式为:

puts(字符串)

其中,参数“字符串”可以是字符串常量,也可以是已存放字符串的字符数组。

作用:将“字符串”输出到终端。输出时,字符串结束标志'\0'空字符被转换为换行符,即输出完字符串后换行。例如:

```
char str[8];
gets(str);
puts(str);
```

从键盘输入:

Turbo C ↵

从终端输出:

Turbo C

3. 字符串复制函数

其一般形式为:

strcpy(字符数组名,字符串)

其中,参数“字符数组名”必须是已定义的字符数组。参数“字符串”可以是字符串常量,也可以是已存放字符串的字符数组。

作用:将“字符串”复制到“字符数组”中。例如:

```
char str1[10],str2[ ]={"calendar"};
strcpy(str1,str2);
```

执行后,字符数组 str1 中被赋予一个字符串"calendar"。

说明:

(1) 复制时,"字符串"后的空字符'\0'一起被复制到"字符数组"中。

(2) "字符数组"的长度要大于等于"字符串"中的实际字符串长度加1。

(3) "字符数组"必须是数组名形式(如str1)。"字符串"可以是一个字符串常量,也可以是已存放字符串的字符数组。例如:

```
char str1[10];
strcpy(str1,"calendar");
```

的作用是将字符串常量"calendar"复制到字符数组str1中。不能用赋值语句将一个字符串常量或字符数组直接赋给一个字符数组。如下面的赋值是不合法的:

```
str1="calendar";
str1=str2;
```

要完成上述赋值,只能用strcpy函数处理。用赋值语句只能给字符型变量或字符型数组元素赋一个字符。如下面的赋值:

```
char str[10],ch1,ch2;
str[0]='c'; str[1]='a'; str[2]='l'; str[3]='e';
str[4]='n'; str[5]='d'; str[6]='a'; str[7]='r'; str[8]='\0';
ch1='x'; ch2='y';
```

是合法的。

4. 复制字符串前n个字符的函数

其一般形式为:

strncpy(字符数组名,字符串,n)

其中,参数"字符数组名"必须是已定义的字符数组。参数"字符串"可以是字符串常量,也可以是已存放字符串的字符数组。

作用:将"字符串"中前面n个字符复制到"字符数组"中。例如:

```
char str1[10],str2[ ]={"calendar"};
strncpy(str1,str2,5)
```

执行后,字符数组str2中的前5个字符复制到字符数组str1中。

说明:

(1) 复制时,将"字符串"中的前n个字符复制到"字符数组"中,但复制到"字符数组"中的n个字符后不加空字符'\0'。

(2) "字符数组"的长度要大于等于n。

(3) "字符数组"必须是数组名形式(如str1),"字符串"可以是一个字符串常量,也可以是已存放字符串的字符数组。如:

```
char str1[10];
strncpy(str1,"calendar",5);
```

5. 字符串连接函数

其一般形式为:

strcat(字符数组名,字符串)

其中,参数"字符数组名"必须是已定义的字符数组。参数"字符串"可以是字符串常量,也可以是已存放字符串的字符数组。

作用:取消"字符数组"中的字符串结束标志'\0',然后把"字符串"连接到"字符数组"中的字符串后面,并在最后加一个'\0'字符,结果放到"字符数组"中。

【例 5.12】 连接两个字符串。

程序如下:

```
main()
{int i;
 char str1[17],str2[10];
 gets(str1);
 gets(str2);
 strcat(str1,str2);
 puts(str1);
 printf("%s\n",str1);
 for (i=0;i<17;i++)
   printf("%c",str1[i]);
}
```

运行情况如下:

```
Turbo C ↵
 Language ↵
Turbo C Language
Turbo C Language
Tuobo C Language
```

该程序使用了 3 种输出形式来输出字符数组 str1 中的字符串。

字符串连接前后的状态如图 5.11 所示。

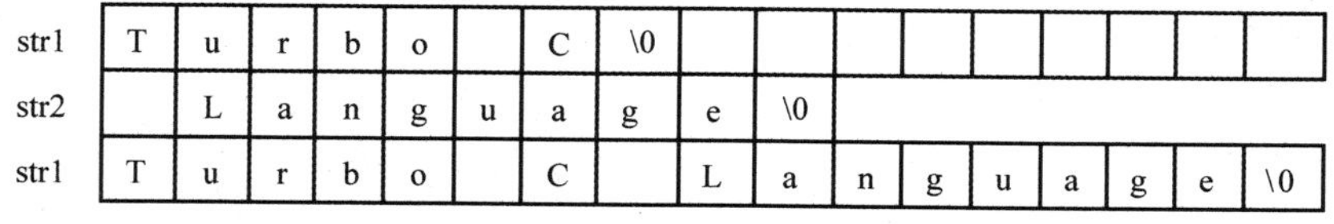

str1 T u r b o C \0
str2 L a n g u a g e \0
str1 T u r b o C L a n g u a g e \0

图 5.11 字符串连接的存储形式

6. 字符串比较函数

其一般形式为:

strcmp(字符串 1,字符串 2)

其中,参数"字符串 1"和"字符串 2"可以是字符串常量,也可以是已存放字符串的字符数组。

作用:比较"字符串 1"和"字符串 2"的大小,比较的结果由函数值返回。

字符串的比较规则是从两个字符串的首字符开始比较(按 ASCII 码值大小比较),直到出现不同的字符或遇到'\0'字符为止。如果两个字符串对应的字符全部相同,则认为两个字符串相

等,若比较过程中出现了不相同的字符,则两个字符串的大小以第一个不相同的字符的比较结果为准。例如:

"book" = "book" ,"student" <"students" ,"that" <"this"

(1) 如果"字符串 1" = "字符串 2",函数值为 0;

(2) 如果"字符串 1" >"字符串 2",函数值为正整数;

(3) 如果"字符串 1" <"字符串 2",函数值为负整数。

【例 5.13】 输入 5 个字符串,将其中最小的和最大的字符串打印出来。

程序如下:

```
main()
{int i;
 char maxstr[10],minstr[10],str[10];
 gets(str);
 strcpy(maxstr,str);
 strcpy(minstr,str);
 for (i=0;i<4;i++)
   {gets(str);
    if (strcmp(str,maxstr)>0)
      strcpy(maxstr,str);
    if (strcmp(str,minstr)<0)
      strcpy(minstr,str);
   }
 printf("\nthe largest string is:%s",maxstr);
 printf("\nthe smallest string is:%s\n",minstr);
}
```

运行情况如下:

```
red ↵
yellow ↵
black ↵
green ↵
blue ↵
the largest string is:yellow
the smallest string is:black
```

7. 测字符串长度函数

其一般形式为:

strlen(字符数组名)

其中,参数"字符数组"可以是字符串常量,也可以是已存放字符串的字符数组。

作用:测"字符数组"中的字符串长度,所测的长度不包括字符串结束符'\0'。例如:

char str[15] = "Television";

```
printf("%d",strlen(str));
```

输出结果为 10。

5.3.5 字符数组的应用举例

【例 5.14】 请把从键盘输入的字符串中的大写字母变成小写字母,然后输出。

假定从键盘输入的字符串存放在字符数组 str 中。

程序如下:

```
main()
{int i,l; char str[30];
 printf("Input a string:\n");
 gets(str);
 l=strlen(str);
 for (i=0;i<l;i++)
     if (str[i]>='A'&&str[i]<='Z')
        str[i]=str[i]+32;
 puts(str);
}
```

运行情况如下:

```
Input a string:
STrIng ConvErt ↵
string convert
```

【例 5.15】 给定 5 个字符串,按从小到大的次序排序。

程序如下:

```
main()
{char str[20],p[5][20];
 int i,j;
 printf("Input 5 string:\n");
 for (i=0;i<5;i++)
   {printf("p[%d]=",i);
    scanf("%s",p[i]);
   }
 for (i=0;i<4;i++)
   for (j=i+1;j<5;j++)
      if (strcmp(p[i],p[j])>0)
        {strcpy(str,p[i]);
         strcpy(p[i],p[j]);
         strcpy(p[j],str);
```

```
        }
    printf("\nafter sorting:\n");
    for (i=0;i<5;i++)
      printf("p[%d]=%s\n",i,p[i]);
}
```

运行情况如下：

```
Input 5 string:
p[0]=China ↵
p[1]=Japan ↵
p[2]=America ↵
p[3]=Canada ↵
p[4]=India ↵
after sorting:
p[0]=America
p[1]=Canada
p[2]=China
p[3]=India
p[4]=Japan
```

【例 5.16】　从键盘上先输入一段文本串，然后统计其中所包含的数字、字母、空格和其他字符的个数。

在该程序中使用如下变量：字符数组 str 用于存放输入的字符串，digit 用于存放数字出现的次数，letter 用于存放字母出现的次数，blank 用于存放空格出现的次数，other 用于存放其他字符出现的次数。

程序如下：

```
#include "stdio.h"
main()
{int c,i,digit,letter,blank,other;
  char str[1000];
  digit=letter=blank=other=0;
  /* 输入文本串 */
  i=0;
  while ((c=getchar())!=EOF)
    {str[i]=c;
      i++;
    }
  str[i]='\0';
  /* 数字、字母、空格及其他字符的计数 */
  i=0;
```

```
  while (str[i]!='\0')
    {if ((str[i]>='a'&&str[i]<='z')||(str[i]>='A'&&str[i]<='Z'))
        letter++;
     else  if (str[i]>='0'&&str[i]<='9')
            digit++;
          else  if (str[i]==' '||str[i]=='\n'||str[i]=='\t')
                  blank++;
                else
                  other++;
     i++;
    }
  printf("\ndigit=%d",digit);
  printf("\nletter=%d",letter);
  printf("\nblank=%d",blank);
  printf("\nother=%d",other);
}
```

运行情况如下：

```
There are 12 pens.然后按 F6 加←┘键
digit=2
letter=12
blank=3
other=1
```

【例 5.17】 把输入的一个十进制正整数转换成其他进制的数，并输出转换结果。

把一个十进制数 x 转换成 base 进制的数，其步骤是：

(1) 计算 x%base 的值，该值作为转换结果的第一位（最低位）。

(2) 计算表达式 x=x/base 的值。

(3) 若 x 的值为 0，则转换结束，否则转到步骤(1)并把转到步骤(1)计算出的值作为转换结果的上一位，依次循环下去。

由此可见，最后求余得到的值恰好是转换结果的最高位，而第一次求余得到的值是转换结果的最低位。所以输出转换结果时要逆序输出。

实际常用的进制有二进制、八进制、十进制和十六进制。前 3 种进制的数用 0~9 十个数码就可表示。而十六进制数除用 0~9 十个数码外，还要用 A~F（为简化起见，都用大写字母）来表示相应的十进制数 10~15。

程序如下：

```
main()
{char digit[ ]={"0123456789ABCDEF"};
 int conv[32];
 int x,base,i=0,j;
```

```
printf("Input:number,base=? \n");
scanf("%d%d",&x,&base);
if (base>=2&&base<=16)
  {do
    {conv[i]=x%base;
     i++;
     x/=base;
    } while (x!=0);
    printf("converted number=");
    for (--i;i>=0;--i)
      {j=conv[i];
       printf("%c",digit[j]);
      }
   printf("\n");
  }
else
   printf("base error! \n");
}
```

运行情况如下：

```
Input:number,base=?
12  2↵
converted number=1100
```

再次运行：

```
Input:number,base=?
2647  16↵
converted number=A57
```

在程序中,do~while 语句实现数制的转换,for 语句完成转换结果的输出。当从 do~while 语句退出时,i 的值比转换后的数的最高位所在数组位置大 1,所以在 for 语句中 i 的初值要先减 1。由于 i 的值是从大变到小,对 conv 数组来说,就是从后向前取数,从而输出结果的顺序是正确的。

本章习题

1. 下面程序使用了对数组初始化的两种方法,先读懂程序,然后指出程序的输出结果。

```
main()
{int arr_val[10]={0,1,4,9,16};
 int i;
 for (i=5;i<10;i++)
```

```
    arr_val[i]=i*i;
  for (i=0;i<10;i++)
     printf("arr_val[%d]=%d\n",i,arr_val[i]);
}
```

2. 指出下列程序中的错误,并修改成正确的程序。

```
main()
{char pro[ ]="PASCAL";
 char str[5];
 str[5]="windows";
 printf("%s and %d\n",str,pro);
}
```

3. 判断下列数组语句是否正确,若不正确,请指出错误原因。

(1) int x,y,z(10)={1,2,3,4,5};

(2) int a[10,10];

(3) char str1[ ]={"I am a student."},str2[ ];

(4) int b[10][ ];

(5) int c[1..10][1..10];

4. a 数组中存放着 n 个互不相同的数据,请从 a 数组中删除与 x 值相同的那个数组元素中的值。

5. 编写一个程序,打印出下列形式的杨辉三角形的前 10 行。

```
1
1   1
1   2   1
1   3   3   1
1   4   6   4   1
1   5  10  10   5   1
       …
```

6. 求一个 5×5 矩阵的主对角线元素之和。

7. 写出下列程序的运行结果。

```
main()
{int num[10]={1,0,0,0,0};
 int i,j;
 for (i=0;i<10;i++)
   for (j=0;j<i;j++)
      num[i]=num[i]+num[j];
 for (i=0;i<10;i++)
    printf("%5d\n",num[i]);
}
```

8. 写出下列程序的运行结果。

```
main( )
{int a[3][3];
 int i,j;
 for (i=0;i<3;i++)
   for (j=0;j<3;j++)
     {if (i==j)    a[i][j]=3;
      if (i<j)     a[i][j]=6;
      if (i>j)     a[i][j]=9;
     }
 for (i=0;i<3;i++)
   {for (j=0;j<3;j++)
       printf("%3d",a[i][j]);
    printf("\n");
   }
}
```

9. 写出下列程序的执行结果。

```
main( )
{int i,j,a[5][5];
 for (i=0;i<5;i++)
   for (j=0;j<5;j++)
     if (i!=j)
        a[i][j]=0;
     else
        a[i][j]=i*j;
 for (i=0;i<5;i++)
     {a[i][4-i]=a[i][i];
      if (i!=4-i)
        a[i][i]=0;
      printf("%2d  %2d  %2d  %2d  %2d\n",a[i][0],a[i][1],a[i][2],a[i][3],
            a[i][4]);
     }
}
```

10. 编写一个程序，输入每个学生的平均成绩和姓名，将成绩按递减顺序排序，输出排序后的成绩和姓名。

11. 编写一个程序，输入一个平均成绩和姓名，将它插入到习题 10 排序后的数组中，使插入后的数组保持原来的次序，输出插入后数组中的所有成绩和姓名。

12. 编写一个程序，任意输入 20 个整数存入一维数组中，统计其正数、零和负数的个数，并计算正数和负数之和，然后把统计结果和计算结果输出。

13. 编写一个程序，它读入一行字符并把它们存放在一个具有80个元素的字符数组中，如果在读完80个字符后还没有检测到行结束符，这时也应停止输入，然后把所有空格和数字移出后在新行上显示所有字符。

14. 编写一个程序，它读进一个单词序列，每个单词不超过10个字符长，输出所有的回文（所谓回文是指从左向右和从右向左读都是一样的单词）。

15. 下面是一个3×3的矩阵，其中x代表未知数，请从2、4、6和8中挑出一个数代替x，使其行、列和对角线上3数之和为15，写一程序解决此问题，并输出答案。

$$\begin{matrix} x & 1 & x \\ 3 & 5 & 7 \\ x & 9 & x \end{matrix}$$

16. 编写程序，对标准输入文件（键盘）中所包含的每个字母（不分大、小写）出现的次数进行统计，统计结果存放在一个长度为27的一维数组中，前26个数组元素顺序存放A~Z(a~z)的出现次数，最后一个数组元素存放非字母字符的个数。

17. C语言中的标识符是以英文字母或下划线开头，后跟若干字母（包括下划线）或数字而组成的串。假定串的总长度不超过7。当遇到回车或空格时表示标识符输入完毕。写一程序，判别用户输入的字符串是否符合构成标识符的规定，如果符合，则形成一个标识符，否则，打印出错信息。

18. 输入一个八进制字符串，将它转换成等价的十进制字符串，用printf()的"%s"格式输出转换结果以检查转换的正确性。例如，输入字符串"1732"转换成十进制数的字符串为"986"。

19. 编写一个程序，要求不用标准库函数，将三个字符串复制成一个字符串。并用printf()打印出来。

20. 某班有35人，某学期共考试5次，请计算每人的平均成绩及全班的平均成绩，并按如下形式输出一张成绩单。

姓名	成绩1	成绩2	成绩3	成绩4	成绩5	平均成绩
…	…	…	…	…	…	…
…	…	…	…	…	…	…

全班平均成绩为：…

第六章 指　针

指针类型是 C 语言最有特色的数据类型。正确、灵活地运用指针,可以有效地表示复杂的数据结构;动态分配内存;方便地使用数组和字符串;通过指针将调用函数中变量的地址传给被调用函数,实现由被调用函数改变实参的值,即达到返回多个值的目的;直接处理内存地址;尽管函数本身不是变量,但也可以定义一个函数指针指向函数。巧妙而恰当地使用指针,就可以充分发挥 C 语言灵活、实用、表达能力强的特点。

指针的概念比较复杂,使用不当也会造成致命的错误。因此,希望读者要全面掌握指针的使用方法。

6.1 指针的基本概念

6.1.1 什么叫指针

什么是指针? 严格说来,它是 C 语言中的一种数据类型,具有这种类型的变量不同于 C 语言中的其他变量。这种变量存放的不是某一具体的数值,而是存放该数据在内存中存储单元的地址。因此,必须弄清楚一个存储单元的地址与存储单元的内容这两个概念的区别。假定程序中定义了 3 个整型变量 a、b、c,编译时分配给变量 a 的内存单元是 3000 和 3001 两个字节,分配给变量 b 的内存单元是 3002 和 3003 两个字节,分配给变量 c 的内存单元是 3004 和 3005 两个字节。变量 a、b、c 的地址分别为 3000、3002、3004,即变量 a、b、c 所占存储单元的起始地址,而变量 a、b、c 的值分别为 2、4、6,如图 6.1 所示。

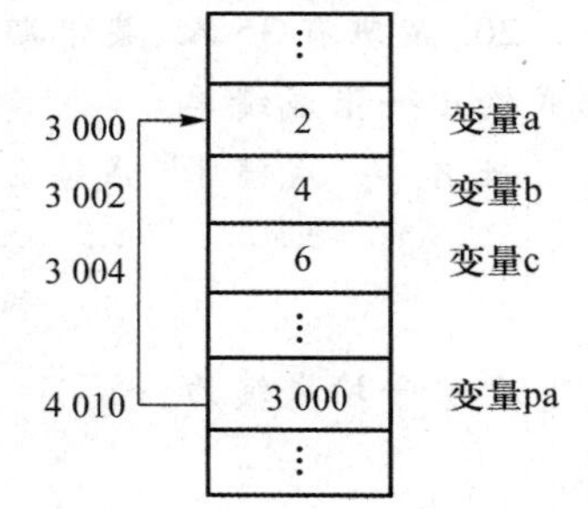

图 6.1　系统为变量分配地址示意图

程序中任何类型的变量都占据一定数目的存储单元。例如,一个 char 型变量占 1 个字节,一个 float 型变量占 4 个字节等。变量所占存储单元的起始地址就是变量的地址。变量的地址可表示为如下表达式:

& 变量名

"&"是单目运算符,称为取地址运算符,其操作数只能是变量,包括基本类型的变量、数组元素、结构体变量或结构体成员等。它不能作用于常量、数组名、表达式或寄存器变量。例如,有如下变量和数组的定义:

```
int a,b[10];
register int x;
float y;
```

则表达式 &a、&b[1]、&b[i]、&y 均是正确的，而 &2、&2 * a、&b、&x 均是非法的表达式。

&a 是变量 a 所占存储单元的地址，表达式 &a 的值取决于机器系统和变量的类型。但是，不管 &a 的具体值是多大，它总是分配给变量 a、并为变量 a 所专用的存储单元的地址。所以在学习指针时，要记住指针仅是内存中的一个地址。

存放一个变量地址的变量称为指针变量，指针变量有时也简称指针。每一个指针变量都有相应的类型，该类型用以说明它所指对象的数据类型。我们可以通过赋值运算将某变量的地址赋给指针，这时就称该指针指向这个变量。

假如定义了一个指针变量 pa，用于存放另一个 int 型变量 a 的地址，指针变量 pa 和变量 a 的存储分配情况如图 6.1 所示。则语句

```
pa=&a;
```

将变量 a 的地址 3000 赋给了指针变量 pa，则 pa 的值就为 3000。这样，指针变量 pa 就指向了变量 a，我们称"pa 指向 a"或"pa 是 a 的指针"。

例如：假定 pa 和 pb 是指针，有如下程序段：

```
int a,b[10];
a=123;
pa=&a;
pb=b;
```

执行上述程序段之后，指针变量 pa 指向变量 a，指针变量 pb 指向数组 b，指针变量与它们所指对象之间的关系如图 6.2 所示。

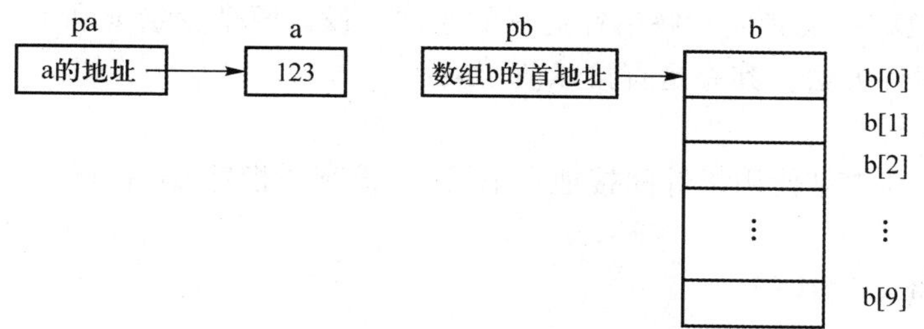

图 6.2 指针变量与所指对象之间的关系

由上可见，指针是一个变量，它和普通变量一样占用一定的存储单元。

6.1.2 指针的目标变量

当把某变量的地址值赋给指针变量时，该指针就指向了由此地址开始的一个存储单元，该存储单元中所存放的数据称为该指针的目标，于是就可利用指针对该存储单元中存放的数据进行操作。如果指针所指向的存储单元是一个变量所占用的存储单元，则这个变量称为指针的目标

变量。指针的目标变量也可用指针变量名前加星号(*)来表示。例如:

```
int a,b;
pa=&a;
b=a;
b=*pa;
```

这里 pa 是指针变量,* pa 是指针的目标变量,* pa 与变量 a 是同一回事。

“ * ”运算符是单目的目标运算符,它的操作对象必须是地址量,其功能是访问目标。语句“b=a;”和“b= * pa;”是等效的。

利用指针变量访问某变量的值是一种“间接访问”方式,即一个指针变量所占用的存储单元中存放着另一个变量所占用的存储单元的地址。

6.1.3 指针运算符

“&”运算符是地址运算符,“ * ”运算符称为目标运算符,两者互为逆运算。例如,pa 是指向整型变量 a 的指针,则 * (&a)和 * pa 表示同一整型对象 a,因而赋值语句

```
*(&a)= 123;
*pa=123;
a=123;
```

效果相同,其结果都是将整数 123 赋给变量 a。又如:

```
int a;
pa=&a;
```

则 &(* pa)等价于 &a,其结果为 pa 的内容,即 * pa 的地址就是 a 的地址。

在进行指针运算时,读者应理解指针运算的原理。设有两个变量 a 和 b,为了把 a 的数值赋给 b,我们可采用两种方法。其一是直接赋值,如:

```
b=a;
```

如图 6.3(a)所示。其二是使用指针间接地存取目标,设有一指针 pa,执行

```
pa=&a;
```

使指针 pa 指向变量 a,再执行

```
b=*pa;
```

将 pa 所指向的变量 a 的内容赋给 b,实际上是使用 pa 的间接存取,如图 6.3(b)所示。

由此可见,可以使用指针以其目标变量的形式实现对内存数据的处理。

例如,赋值语句

```
pa=&a;
```

与

```
pa=&b;
*pa=a;
```

从效果上看,它们都是使指针的目标变量 * pa 得到变量 a 的值,但其运算过程是不同的。前者是把目标变量 a 的地址赋给指针变量 pa,从而使 pa 指向 a,这时 * pa 和 a 占据相同的存储单元,

如图 6.4(a)所示。后者是把变量 a 的值赋给 pa 所指向的目标变量 * pa,a 和 * pa 所占据的是两个不同的存储单元。因此,这是数据复制的过程,如图 6.4(b)所示。

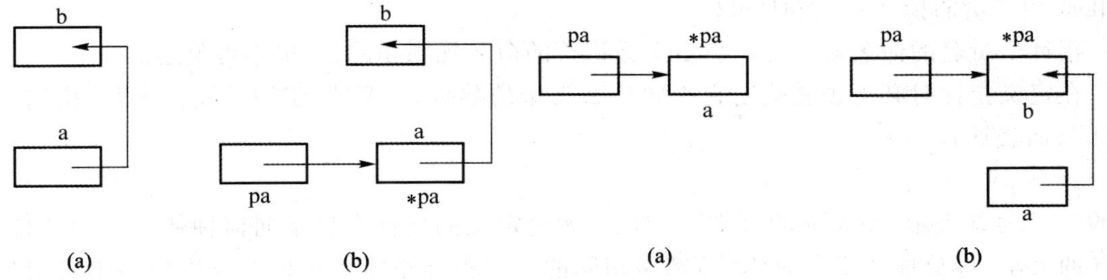

图 6.3　直接存取与间接存取示意图　　　　图 6.4　数据传递方式

由于引进了指针的概念,读者应注意区分 pa、* pa 和 &pa 的意义。

pa 是指针变量,其内容是所指变量的地址。

* pa 是指针变量的目标变量,其内容是数据。

&pa 是指针变量本身所占据的存储单元的地址。

6.2　指针的定义与初始化

由于指针是一种变量,那么在程序中使用指针变量时,就必须和其他变量一样,先定义后使用,定义的任务是说明指针变量的名字和它所指对象的类型,同时也可对指针变量初始化。

6.2.1　指针的定义

指针定义的一般形式为:

<数据类型标识符> <* 指针变量名> [, * 指针变量名…];

例如:

```
int * pa;
char * pch;
double * pd;
```

上面定义了 3 种不同类型的指针变量。数据类型标识符指出的是指针所指向目标的数据类型,而不是指针变量本身的数据类型,因为指针变量本身的值总是地址值。若指针指向变量,则指针定义时的数据类型就是目标变量的数据类型,通常把目标变量的数据类型称为指针的数据类型。指针的目标才是参加处理的数据,它们可以是各种不同数据类型的数据。例如,前面定义中指针 pa 指向 int 型数据,pch 指向 char 型数据,pd 指向 double 型数据。

在同一个定义行中可以说明多个相同数据类型的指针变量,指针变量名之间以逗号分隔。它们也可以和其他同类型的变量一起说明。例如:

```
int * pa, * pb;
```

```
float f1,f2,*pf1,*pf2;
```

上面定义了两个指向整型变量的指针变量 pa、pb，还定义了两个 float 型变量 f1、f2 和两个指向 float 型变量的指针变量 pf1、pf2。

指针变量名的命名规则与用户定义标识符的命名规则相同，这里不再赘述。

在定义指针时必须预先确定它指向什么类型的数据，定义中的“*”号意味着“指向……的指针”，而表达式

```
a=*pa
```

中的“*”号却表示“所指向的事物”。但是，无论定义的指针变量指向何种数据类型的目标，其指针的大小（存放地址所需的位数）都是相同的。即指针必须大到足以容纳程序中所用到的最大地址。指针的大小是由编译系统决定的，它与机器的地址字长相适应。

【例 6.1】　指针变量说明举例

程序如下：

```
main()
{int a,*pa;
 a=20;
 pa=&a;
 printf("%4d%4d\n",a,*pa);
 a=30;
 *pa=a;
 printf("%4d%4d\n",a,*pa);
}
```

运行结果如下：

```
  20  20
  30  30
```

由上可见，对说明的指针变量 pa，pa=&a 的含义是把变量 a 的地址赋给指针变量 pa；*pa=a 的含义是把变量 a 的内容赋给目标变量 *pa。

6.2.2　指针的初始化

在定义指针的同时，也可给它赋初始值，这叫指针的初始化。指针初始化的一般形式为：

<数据类型标识符> <*指针变量名=初始地址值>;

例如：

```
int a;
float b[20],c;
int *pa=&a;
float *pb=b;
float *pc=&c;
```

把变量 a 的地址作为初值赋给了 int 型指针 pa，把数组 b 的首地址作为初值赋给了 float 型

指针 pb,把变量 c 的地址作为初值赋给了 float 型指针 pc。

在对指针变量赋初值时,应注意以下几点:

(1) 指针变量中存放的是地址值,所以初始化时赋给它的必须是地址量。

(2) 在定义指针变量的同时对其初始化,初始化形式中 * pa = &a 只是一个说明性语句,它是对指针变量 pa 初始化,而不是对指针的目标变量 * pa 初始化。例如,上面 3 个指针变量初始化中,是把目标变量的地址 &a、b、&c 分别赋给了指针变量 pa、pb 和 pc,而不是赋给指针的目标变量 * pa、* pb 和 * pc。

(3) 只能把已定义过的变量的地址作为初始值赋给指针变量,而不能把一个没有定义过的变量的地址赋给指针变量。因为变量只有在定义之后才被分配一定的内存地址,而对没有定义过的变量,其地址也没定义。

(4) 对于初始化语句

```
int * pa=&a;
```

要求变量 a 的数据类型必须与指针变量 pa 的数据类型一致。例如:

```
char c;
float * pc=&c;
```

初始化是错误的,因为变量 c 与指针变量 pc 的数据类型不一致。

(5) 可以把一个指针变量的值赋给另一个指针变量。例如,下列初始化语句

```
int a;
int * pa=&a;
int * pb=pa;
```

是正确的。

(6) 可以把一个指针初始化为一个空指针。例如:

```
int * pa=0;
```

指针变量被赋予 0 值表示不指向任何目标。

(7) auto 类型变量的地址是动态分配的,当程序控制每次进入函数时都重新分配内存地址,退出函数时就释放该变量所占用的存储单元。因此,auto 类型变量的地址是不固定的。而 static 类型指针变量是在编译时赋初值的,即只赋一次初值。所以不能用 auto 类型变量的地址去初始化一个 static 类型的指针变量。例如:

```
total(int n)
{int local;
 static int * pl=&local;
 int * pm=&local;
      ⋮
}
```

其中指针变量 pl 的初始化是错误的,而指针变量 pm 的初始化是正确的。

(8) 字符数组初始化语句

```
char str[ ]="this is a string";
```

是将字符串"this is a string"赋给 str 数组作为初值。而初始化语句

```
char * sp="this is a string";
```

则是把字符串"this is a string"的首地址赋给 sp,而不是把字符串复制到 sp 中。

【例 6.2】 指针概念举例

程序如下:

```
#include "math.h"
main()
{int a,b;
 int * pa=&a;
 a=15;
 printf("a=%d, * pa=%d\n",a, * pa);      /* 输出 a 的当前值 */
 printf("&a=%x,pa=%x\n",&a,pa);          /* 输出目标变量 a 的地址 */
 * pa+=1;                                /*  a=a+1  */
 ( * pa)++;                              /* a=a+1 */
 printf("a=%d, * pa=%d\n",a, * pa);      /* 输出 a 的当前值 */
 printf("&a=%x,pa=%x\n",&a,pa);          /* 输出目标变量 a 的地址 */
 b=sqrt((double) * pa);                  /* 将 a 转换成 double 型,然后求平方根并将结
                                            果赋给 b 后输出 */
 printf("b=%d\n",b);
 * pa++;                                 /* 指针变量 pa 加 1 */
 printf("a=%d\n",a);                     /* 输出 a 的当前值 */
 printf("pa=%x\n",pa);                   /* 输出 pa+1 后指针变量的值 */
 printf("&pa=%x\n",&pa);                 /* 输出指针变量 pa 本身的地址 */
}
```

运行结果如下:

```
a=15,* pa=15
&a=ffdc, pa=ffdc
a=17,* pa=17
&a=ffdc,pa=ffdc
b=4
a=17
pa=ffde
&pa=ffde
```

6.3 指针的运算

指针变量所包含的内容是地址值,因此,指针运算实际上是地址值的运算。C 语言具有一套适合于指针和数组等地址计算的规则化方法。指针有其特定的含义并只能执行有限的运算操

作，它不能像整数那样自由地进行各种算术运算。在 C 语言中，指针只能进行赋值运算、关系运算和部分的算术运算。

6.3.1 指针的算术运算

指针的算术运算是按 C 语言地址计算规则进行的，这种运算与指针指向的数据类型有密切关系，即 C 语言的地址计算与地址中存放的数据长度有关。指针的算术运算包括：指针与整数的加、减运算；指针的加 1 和减 1 运算；指针的相减运算。

1. 指针与整数的加、减运算

指针可以加上或减去一个整数，这个整数表示相对于指针所指向的当前位置的位移量。例如，下面语句：

```
int a[10], * p;
p=&a[0];
```

表明 p 指向整型数组 a 的起始地址，那么表达式

```
p+n
```

则表示数组 a 中下标为 n 的元素的地址，即 &a[n]。一般来说，指针表达式 p±n 的含义是使指针指向当前所指位置的前面或后面（即图 6.5 中的上面或下面）第 n 个数据的位置。不管说明 p 为指向何种数据类型的对象，这一运算都是正确的。如图 6.5 所示。

当执行指针的算术运算时，因为不同数据类型的对象所占用的存储空间长度不同，所以在计算具体地址时，C 编译程序根据 p 所指对象的类型将 n 放大。对于 char 类型，放大因子是 1；对于 int 或 short 类型，放大因子是 2；对于 long 或 float 类型，放大因子是 4；对于 double 类型，放大因子是 8；对于数组、结构体等构造类型，放大因子就取决于相应对象占用内存空间的字节数。计算某种数据类型的对象占用内存空间的字节数，可利用 sizeof 运算符来求出。C 编译程序也是这样计算放大因子的。对于 p±n 的运算，具体采用哪个放大因子，完全取决于 p 所指对象的数据类型。但对用户来说，不需了解 C 编译程序内部的计算过程，编程时也不必考虑指针加、减一个整数时实际移动的字节数是多少，只需将 p±n 看成是指针 p 向前或向后移动 n 个数即可。任何类型的指针计算都会自动考虑指针所指对象的类型，如 p±n 所表示的实际内存地址值是：

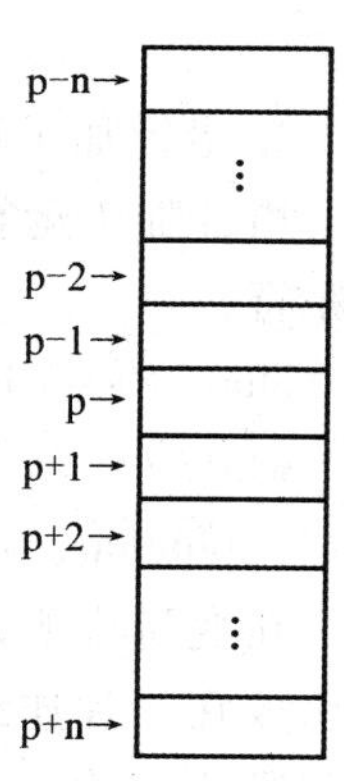

图 6.5 指针加、减整数

(p)±n * sizeof(指针的数据类型)

其中，(p)表示指针 p 中的地址值。

例如：

```
int a[20], * pa=a;
```

则 pa+3 的运算结果是：

(pa)+3 * sizeof(int)=(pa)+3 * 2=(pa)+6

又如：

```
float b[20], * pb=b;
```

则 pb-3 的运算结果是：

(pb)-3 * sizeof(float) = (pb)-3 * 4 = (pb)-12

int 和 float 型指针加、减整数的情况如图 6.6(a)、(b)所示。图中每一小方格表示一个字节，每一粗线方格表示一个数。

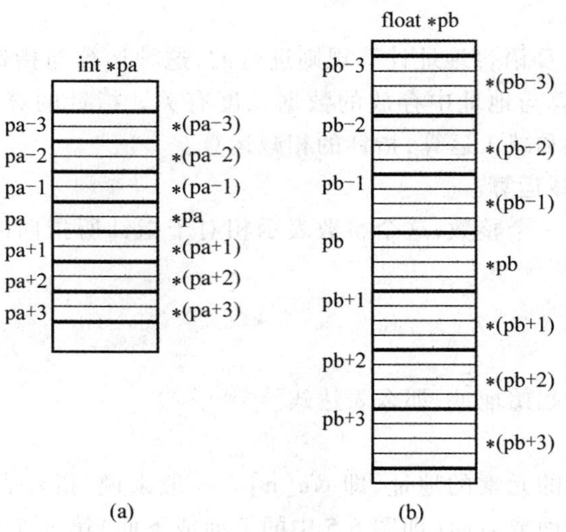

图 6.6　int、float 型指针加、减整数 n 的实际内存地址情况

2. 指针加 1 和减 1 运算

指针加 1 运算后就指向后一个数据的位置，而减 1 后就指向前一个数据的位置。例如下面程序行：

```
char * s = "This is a string";
while ( * s)
    putchar( * s++);
```

在变量说明语句中，对指针变量 s 赋初值，使它指向字符串中字符'T'所在的内存单元。字符串放在一片连续的内存单元中，其最后一个单元中存放字符串结束标志'\0'字符，其值为 0。该程序段是输出字符串。while 循环的条件是判断指针 s 所指向单元的内容是否为 0。如果为 0，就说明字符串结束，跳出循环；否则，说明 s 所指对象是字符串中的字符，调用函数 putchar 打印指针 s 当前所指向的字符，同时 s 加 1 指向下一个字符。

指针加 1 或减 1 的含义是：指针每增、减 1，就指向前面或后面一个数组元素的存储单元。对于字符指针而言，这种加 1 或减 1 运算就是使地址值加 1 或减 1，这是因为字符量只占一个字节，而且对地址的边界没有任何特殊要求（即起始存储单元是奇地址或偶地址都行）。对于整型指针而言，它指向一个整型元素的存储单元，一般整型数占用两个字节，而且要求地址边界为偶地址（即起始存储单元编号为偶数），这样，整型指针增、减 1 时，其实际加、减地址值为 2。

总之，指针增、减 1 时，是根据指针所指对象的数据类型的长度确定增减量，以保证指针总是指向前一个或后一个元素。所有指针运算都与所指对象的类型有关，使得指针总是指向一个元素。读者在编程时，不必考虑实际增减量是多少，只要记住，指针增 1 就指向后一个元素，指针减

1 就指向前一个元素。

当 * 和++、--连用时，要注意它们的结合性。例如：

```
char *s="How are you",ch;
ch=*s++;      /* ch=*(s++),取出 s 当前所指单元的内容,然后 s 指向下一个元素 */
ch=*++s;      /* ch=*(++s),移动 s 指向下一个元素,然后取出 s 所指单元的内容 */
ch=++*s;      /* ch=++(*s),把 s 所指单元的内容增 1,然后取出 s 单元的内容 */
ch=(*s)++;    /* ch=(*s)++,取出 s 所指单元的内容,然后该单元的内容加 1 */
```

对于 * 和--的连用与 * 和++的连用类似，这里不再赘述，请读者自己进行分析。

3. 指针相减运算

C 语言允许两个指针进行相减运算。如果指针 p 和 q 指向同一数组的成员，则 p-q 实际上就表示 p 所指对象和 q 所指对象之间的元素个数。如果我们希望求得一个字符串的长度，则只要求得字符串的首指针和字符串的尾（字符串结束标记'\0'）指针，那么这两个指针的差就是字符串的长度。

【例 6.3】 求字符串的长度。

程序如下：

```
main( )
{char s[256], *p;
 printf("Enter a string:\n");
 gets(s);
 p=s;
 while (*p)
   p++;
 printf("The string length:%d\n",p-s);
}
```

运行情况如下：

```
Enter a string:
How are you ↵
The string length:11
```

该程序使用地址相减而得到字符串的长度。首先将字符串的首址 s 赋给 p，在 while 循环中，随指针 p 的移动，依次检查字符串中的每个字符，直到指针 p 指向字符串尾（字符串结束标志'\0'字符）为止，所以 p-s 的结果值为字符串的长度。

C 语言中不允许两个指针进行相加运算，即不可进行 p+q 运算，两个地址相加是没有意义的。同样，C 语言也不允许对指针变量进行乘、除、移位等运算，更不允许指针变量与 float 或 double 数相加。

6.3.2 指针的关系运算

两个指向相同数据类型的指针之间可以进行各种关系运算。假如指针 p 和 q 指向同一个字

符串的不同位置,那么像<、<=、>、>=、==和!=等关系运算都可正常进行。若

p<q

关系成立(结果为真),则表示 p 所指目标变量在 q 所指目标变量之前,否则,关系不成立(结果为假),则表示 p 所指目标变量在 q 所指目标变量之后,或 p 和 q 都指向同一目标变量。

在进行指针的关系运算时应注意以下几点:

(1) 任何类型的指针均可与 NULL 或 0 进行相等或不相等的比较,用以判断是否为空指针。

在程序中使用 NULL 时,首先要在程序前作如下宏定义:

```
#define   NULL   0
```

实际上,在“stdio.h”头文件中已有这一宏定义,我们只需在程序前加入包含命令

```
#include "stdio.h"
```

即可。

(2) 两个指向不同数据类型的指针之间不可进行关系运算。

(3) 指针与一般整数之间的关系运算是没有意义的。

【例 6.4】 用指针方式实现字符串 s 的全部字符首尾颠倒。

程序如下:

```
#include "string.h"
main( )
{char ss[80], *p, *q, *s=ss,c;
 int k;
 printf("Input a string\n");
 scanf("%s",s);
 printf("%s\n",s);
 p=s;
 k=strlen(s);
 for (q=s+k-1;p<q;p++,q--)
   {c= *p;
    *p= *q;
    *q=c;
   }
 printf("%s\n",s);
}
```

运行情况如下:

```
Input a string
banana ↵
banana
ananab
```

在程序运行时,输入一个字符串由字符指针 s 指向。循环之前,设 p 指向字符串的首位置,q 指向字符串的末尾。在 for 循环中,每当首尾交换后,头指针后移,尾指针前移,重复上述操作,直

到两个指针相遇为止。

6.3.3 指针的赋值运算

可以对指针进行赋值运算,但所赋的值一定是地址量,不能是一般整数。常见的指针赋值运算有以下几种形式。

（1）可以把一个变量的地址赋给与其相同数据类型的指针。例如,

```
float f, * pf;
pf=&f;
```

（2）具有相同数据类型的指针可以相互赋值。例如,

```
int * p, * q,a;
q=&a;
p=q;
```

（3）可以把一个数组的地址赋给与数组元素具有相同数据类型的指针。例如,

```
int a[20], * p1, * p2;
p1=a;
p2=&a[0];
```

（4）其他常用的赋值运算。例如,

设 p 和 q 是具有相同数据类型的指针,n 为一般整常数,则下列赋值语句是正确的。

```
p=q+n; p=q-n;
p+=n; p-=n;
p++; ++p;
p--; --p;
```

6.4 指针与数组

C 语言中数组与指针有着密切的联系,在编程时完全可以用指针代替下标引用数组中的数组元素。C 编译程序在处理数组元素的地址时,对使用下标或指针访问指定的数组元素则采用统一的地址计算方法。

6.4.1 一维数组的指针表示

有如下一维数组和指针的定义语句:

```
int a[10], * pa;
```

定义 a 是长度为 10 的整型数组,a[i](i=0,1,…,9)是数组 a 的第 i 个元素。为了用指针表示数组 a 的元素,说明了一个与 a 的元素同类型的指针 pa。数组名是指向数组第 0 个元素的指针,其指针的目标为数组元素的内容。由赋值语句

pa=&a[0];或 pa=a;

使指针 pa 指向数组 a 的第 0 个元素,习惯上称使指针 pa 指向数组 a。我们知道数组是一组具有相同数据类型的数据元素的集合,它们在内存中占用一片连续的空间,我们可用 a[0]、a[1]、…、a[9]来访问相应的数组元素。当用指针 pa 指向数组 a 后,也可以通过指向数组的指针来访问数组中的各个元素。

如果 pa 指向 a[0],则 * pa 等价于 a[0];如果(pa+i)指向 a[i],则 * (pa+i)等价于 a[i];如果 pa+1(pa 指向 a[i]时)指向 a[i+1],则 * (pa+1)等价于 a[i+1]。

由于数组名是数组元素 a[0]的地址,即数组名也是一个指针(常量),所以也可以用数组名代替指针变量来表示数组元素。如果 pa 指向 a[0],则 pa+i 等价于 a+i;如果 pa 指向 a[i],则 pa+1 等价于 a+i+1。

由此可见,通过下标和指针都可以引用数组元素,而且这两种引用是等价的。以数组 a 为例,指针包括指针变量 pa 和数组名 a,假定 pa 指向 a[0],使用下标和指针引用数组元素的对应关系如下:

```
a[0]        * pa          * a 或 * (a+0)
a[1]        * (pa+1)      * (a+1)
a[2]        * (pa+2)      * (a+2)
 ⋮            ⋮             ⋮
a[9]        * (pa+9)      * (a+9)
```

元素地址的对应关系如下:

```
&a[0]       pa            a 或 a+0
&a[1]       pa+1          a+1
&a[2]       pa+2          a+2
 ⋮            ⋮             ⋮
&a[9]       pa+9          a+9
```

【例 6.5】　用指针访问数组元素。

程序如下:

```
#include "stdio.h"
main( )
{int a[10],i, * pa;
 pa=a;                               /* 也可用 pa=&a[0]代替 */
 for (i=1; i<=10; * pa++=i++)
    ;
 pa=&a[0];
 for (i=0; i<10; i++)
   printf(" \n * (pa+%d)= %d, * (a+%d)= %d, a[%d]=%d",i, * (pa+i),i, * (a+i), i,
        a[i]);
}
```

运行结果如下:

```
*(pa+0)=1, *(a+0)=1, a[0]=1
*(pa+1)=2, *(a+1)=2, a[1]=2
*(pa+2)=3, *(a+2)=3, a[2]=3
*(pa+3)=4, *(a+3)=4, a[3]=4
*(pa+4)=5, *(a+4)=5, a[4]=5
*(pa+5)=6, *(a+5)=6, a[5]=6
*(pa+6)=7, *(a+6)=7, a[6]=7
*(pa+7)=8, *(a+7)=8, a[7]=8
*(pa+8)=9, *(a+8)=9, a[8]=9
*(pa+9)=10, *(a+9)=10, a[9]=10
```

从上面的输出结果可以看出,表达式 a[i]是访问由 a 为起点的第 i 个数据,它先进行地址计算 a+i,然后访问该地址的目标。运算符 * 是访问地址的目标。因此,*(a+i)与 a[i]是完全等价的表达式。如果指针 pa 指向数组 a,则 *(pa+i)与 a[i]也是完全等价的表达式。所以 a[i]、*(pa+i)和 *(a+i)都是完全等价的表达式,在程序中它们可以互换使用。

【例 6.6】 指针和数组的等价性。

程序如下:

```
#include "stdio.h"
main( )
{int i, a[5], *pa;
 pa=a;
 for (i=0;i<5;i++)
   *pa++=i+1;
 pa=a;
 printf("\npa[i]    *(a+i)\n");
 for (i=0;i<5;i++)
   printf("%4d %4d\n",pa[i],*(a+i));
 printf("\ninput a[0],a[1],…,a[4]:\n");
 for (pa=&a[0],i=0;i<5;i++)
   scanf("%d",pa++);
 printf ("\noutput a[0],a[1],…,a[4]:\n");
 for (pa=a,i=0; i<5; i++)
   printf("%4d",*pa++);
 printf("\n");
}
```

运行情况如下:

```
pa[i]     *(a+i)
   1         1
   2         2
```

```
3        3
4        4
5        5
input a[0],a[1],…,a[4]
11  12  13  14  15↵
output a[0],a[1],…,a[4]
11  12  13  14  15
```

因为单目运算符 * 和++具有相同的优先级并按从右向左结合,所以 * pa++等价于 *(pa++),即++运算是作用于指针 pa,而不是指针对象 * pa。由于表达式 * pa++中的++运算迟于 * 运算,所以 * pa++=i+1 是将 i+1 的值赋予增 1 之前的 pa 的对象 * pa。在循环过程中,由于 pa++改变了 pa 的值,当退出循环时,pa 已指向数组 a 以外的单元。当再用下一个循环输出数组的所有元素时,必须用语句

pa=&a[0];或 pa=a;

使 pa 重新指向 a[0]。

用指针访问数组时应注意以下几点。

(1) 指针 pa 是变量,因而 pa 的值可以发生变化,所以

```
pa=a;
pa++;
pa+=n;
```

都是合法的操作。而数组名 a 是地址常量,不能对其进行赋值或其他运算,所以

```
a=pa;
a++;
a+=n;
```

都是非法的操作。

(2) 用指针和数组名访问地址中的数据时,它们的表现形式是等价的。如

```
int a[10],i, * pa;
pa=a;
```

则 pa[i]、a[i]、*(pa+i)、*(a+i)都是等价的。

(3) 在使用前指针必须赋初值,而数组名不需赋初值。

6.4.2 多维数组的指针表示

在 C 语言中,多维数组可看成是以下一级数组为元素的数组。指针变量可以指向一维数组,也可以指向多维数组。但多维数组的地址表达方式比一维数组复杂,所以用指向多维数组的指针变量来处理多维数组元素比处理一维数组元素要复杂一些。下面我们分几种情况来讨论。

1. 指针变量指向多维数组的某个元素

设 a 是一个二维整型数组,pa 为指向整型变量的指针。当指针变量 pa 指向二维数组 a 的某个元素时,可像处理一维数组元素那样利用指针变量 pa 来处理该数组元素。

使用赋初值或赋值方式都可使指针变量指向二维数组的某个元素。例如：

```
int a[2][3], * pa=&a[1][2];          /* 赋初值方式 */
```

或

```
int a[2][3], * pa;
pa=&a[1][2];                         /* 赋值方式 */
```

都可使指针变量 pa 指向二维数组元素 a[1][2]。当 pa 指向二维数组的某个元素后,就可用 * pa引用该数组元素。

【例 6.7】 定义一个 2 行 3 列二维数组,为该数组输入数值,然后按行、列格式输出。

程序如下：

```
main( )
{int a[2][3], * pa,i,j;
 for (i=0;i<2;i++)
   for (j=0;j<3;j++)
     {pa=&a[i][j];          /* 将指针变量指向数组第 i 行第 j 列的元素 */
      scanf("%d",pa);
     }
 printf("\n");
 for (i=0;i<2;i++)
   {for (j=0;j<3;j++)
      {pa=&a[i][j];
       printf("%4d", * pa);
      }
    printf("\n");
   }
}
```

运行情况如下：

```
1  2  3  4  5  6↵
   1  2  3
   4  5  6
```

2. 指针变量指向多维数组的首地址

设 a 是一个二维整型数组,pa 为指向整型变量的指针。当指针变量 pa 指向二维数组 a 的首地址时,也可以处理数组中的任何一个元素,问题的关键是如何使指针变量指向某个具体的数组元素。

使用下列任一种赋初值或赋值方式均可使指针变量指向二维数组的首地址。例如：

```
(1) int a[2][3], * pa=a;
(2) int a[2][3], * pa=&a[0][0];
(3) int a[2][3], * pa;
    pa=a;
```

(4) int a[2][3],＊pa;

pa=&a[0][0];

当 pa 指向二维数组的首地址后,引用该数组第 i 行第 j 列数组元素的方法是:

＊(pa+i＊列数+j)

【例 6.8】 重编例 6.7,使用指向二维数组首地址的指针变量处理二维数组元素。

程序如下:

```
main( )
{int a[2][3]={{1,2,3},{4,5,6}},*pa, i,j;
 pa=&a[0][0];
 for (i=0;i<2;i++)
   {for (j=0;j<3;j++)
      printf("%4d",*(pa+i*3+j));
    printf("\n");
   }
}
```

运行结果如下:

```
  1   2   3
  4   5   6
```

程序中的赋值语句"pa=&a[0][0];"使指针 pa 指向 a 数组的首地址,(pa+i＊3)是第 i 行第 0 列元素 a[i][0]的地址,(pa+i＊3+j)是第 i 行第 j 列元素 a[i][j]的地址。所以＊(pa+i＊3+j)和 a[i][j]表示同一个元素。

当指针 pa 指向二维数组 a 的首地址时,元素地址及元素引用方法如下:

元素	元素地址	元素引用
a[0][0]	pa+0＊3+0=pa	＊(pa+0＊3+0)= ＊pa
a[0][1]	pa+0＊3+1=pa+1	＊(pa+0＊3+1)= ＊(pa+1)
a[0][2]	pa+0＊3+2=pa+2	＊(pa+0＊3+2)= ＊(pa+2)
a[1][0]	pa+1＊3+0=pa+3	＊(pa+1＊3+0)= ＊(pa+3)
a[1][1]	pa+1＊3+1=pa+4	＊(pa+1＊3+1)= ＊(pa+4)
a[1][2]	pa+1＊3+2=pa+5	＊(pa+1＊3+2)= ＊(pa+5)

由上可见,例 6.8 程序 for 语句中的表达式(pa+i＊3+j)也可以用 pa++来代替,其区别是后者随着 i、j 的变化使 pa 每次移向下一个元素,即 pa 的值被改变;前者不改变 pa 的值,在循环结束时,pa 仍指向 a[0][0]。

3. 多维数组名作指针指向多维数组的各个元素

为了弄清多维数组的指针,先回顾一下多维数组的性质。设有一个 3×4 的二维数组 a,定义如下:

int a[3][4]={{1,2,3,4},{5,6,7,8},{9,10,11,12}};

a 是一个数组名。a 数组包含 3 行,可被看成是由元素 a[0]、a[1]、a[2]组成的数组。而每一个元素又是一个一维数组,它包含 4 个元素。例如,a[i](i=0,1,2)所代表的一维数组又包含

4 个元素:a[i][0]、a[i][1]、a[i][2]、a[i][3]。

与一维数组不同,二维数组名 a 不是指向二维数组元素的指针,而是指向二维数组 a 的下一级数组(一维数组)的指针,a 代表整个二维数组的首地址,也就是第 0 行 a[0]的首地址。a[0]、a[1]、a[2]可以看成是三个一维整型数组的名字。a、a[i]和 a[i][j](i=0,1,2;j=0,1,2,3)之间的关系如下:

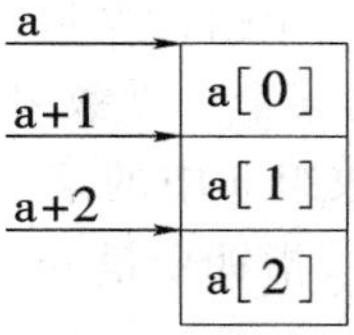

a →	a[0]
a+1 →	a[1]
a+2 →	a[2]

a[0]:	a[0][0]	a[0][1]	a[0][2]	a[0][3]
a[1]:	a[1][0]	a[1][1]	a[1][2]	a[1][3]
a[2]:	a[2][0]	a[2][1]	a[2][2]	a[2][3]

a[0]同 &a[0][0],a[1]同 &a[1][0],a[2]同 &a[2][0],a[0]+1 同 &a[0][1],a[1]+1 同 &a[1][1]等,于是二维数组 a 各元素的地址为:

第 0 行元素的地址:a[0]　(a[0]+1)　(a[0]+2)　(a[0]+3)
第 1 行元素的地址:a[1]　(a[1]+1)　(a[1]+2)　(a[1]+3)
第 2 行元素的地址:a[2]　(a[2]+1)　(a[2]+2)　(a[2]+3)

二维数组 a 的各元素可表示如下:

第 0 行元素:*a[0]　*(a[0]+1)　*(a[0]+2)　*(a[0]+3)
第 1 行元素:*a[1]　*(a[1]+1)　*(a[1]+2)　*(a[1]+3)
第 2 行元素:*a[2]　*(a[2]+1)　*(a[2]+2)　*(a[2]+3)

根据一维数组指针表示可知,a[0]与*(a+0)相同,a[1]与*(a+1)相同,a[2]与*(a+2)相同。因为二维数组中的 a[0]、a[1]、a[2]均为地址,所以二维数组中的*(a+0)、*(a+1)、*(a+2)表示的也是地址。*(a+0)或*a 与 &a[0][0]相同,*(a+1)与 &a[1][0]相同,*(a+2)与 &a[2][0]相同。对于二维数组 a,显然下列各行中的地址表示具有等价关系。

&a[0][0]　a[0]+0　*(a+0)+0
&a[0][1]　a[0]+1　*(a+0)+1
&a[0][2]　a[0]+2　*(a+0)+2
&a[0][3]　a[0]+3　*(a+0)+3
&a[1][0]　a[1]+0　*(a+1)+0
&a[1][1]　a[1]+1　*(a+1)+1
⋮　⋮　⋮
&a[2][3]　a[2]+3　*(a+2)+3

这样,二维数组 a 的各元素及其地址表示如下:

第 0 行元素的地址:*(a+0)+0　*(a+0)+1　*(a+0)+2　*(a+0)+3
第 1 行元素的地址:*(a+1)+0　*(a+1)+1　*(a+1)+2　*(a+1)+3
第 2 行元素的地址:*(a+2)+0　*(a+2)+1　*(a+2)+2　*(a+2)+3
第 0 行元素:*(*(a+0)+0)　*(*(a+0)+1)　*(*(a+0)+2)　*(*(a+0)+3)
第 1 行元素:*(*(a+1)+0)　*(*(a+1)+1)　*(*(a+1)+2)　*(*(a+1)+3)
第 2 行元素:*(*(a+2)+0)　*(*(a+2)+1)　*(*(a+2)+2)　*(*(a+2)+3)

由此可见,以二维数组名引用该数组第 i 行第 j 列数组元素的方法是:

((a+i)+j)

在写二维数组元素的地址时,不能把地址 *(a+i)+j 写成 *(a+i+j)。前者是二维数组 a 的第 i 行第 j 列元素的地址,而后者是二维数组 a 的第(i+j)行元素的首地址。

4. 指针变量指向多维数组中某个一维数组

一个二维数组可被看成若干个一维数组。因此,我们可以定义一个指针变量,专门用来指向二维数组中的一维数组。用这个指针变量来处理对应二维数组中的某个一维数组元素。

设有一个 3×4 的二维数组 a,要将一个指针变量 pa 指向二维数组 a 中的某个一维数组,可用下列两种方法进行指针变量 pa 的定义并用赋初值或赋值方式将该指针变量 pa 指向二维数组 a 中第 0 行的首地址。

(1) int a[3][4],(*pa)[4]=a;

(2) int a[3][4],(*pa)[4];

pa=a;

在定义这种指针变量时,不能将 int(*pa)[4]写成 *pa[4]。因为"[ ]"运算符的优先级高于"*"运算符,所以 *pa[4] 就等同于 *(pa[4])。即指针变量 pa 先和"[ ]"结合,定义的是一个数组,然后再和"*"结合,结果定义成指针型数组,而每个数组元素都是指针。

前面定义了二维数组 a[3][4]和指向具有 4 个元素的一维数组的指针变量 pa,并使 pa 指向二维数组 a 的第 0 行。完成指针变量定义和初始化后,就可用 pa 代替 a 以同样的形式引用数组的元素。这样,二维数组 a 中第 i 行(i=0,1,2)对应的一维数组首地址为:

*(pa+i)

当指针变量 pa 指向二维数组 a 的第 0 行后,就可用处理一维数组元素的方式来处理这个二维数组中已指向的一维数组元素,具体格式如下:

数组元素的地址:*(pa+i)+j

数组元素的引用:(*(pa+i))[j] 或 *(*(pa+i)+j)

其中"*(pa+i)"是二维数组 a 第 i 行对应的一维数组的首地址,i、j 为二维数组的行、列下标。

二维数组 a 中的一维数组与指向一维数组首地址的指针变量 pa 之间的对应关系如下:

a[0]　　*(pa+0)或 *pa

a[1]　　*(pa+1)

a[2]　　*(pa+2)

二维数组元素的引用格式如下:

第 0 行数组元素:

(*pa)[0]　　(*pa)[1]　　(*pa)[2]　　(*pa)[3]

或 *(*(pa+0)+0)　　*(*(pa+0)+1)　　*(*(pa+0)+2)　　*(*(pa+0)+3)

第 1 行数组元素:

(*(pa+1))[0]　　(*(pa+1))[1]　　(*(pa+1))[2]　　(*(pa+1))[3]

或 *(*(pa+1)+0)　　*(*(pa+1)+1)　　*(*(pa+1)+2)　　*(*(pa+1)+3)

第 2 行数组元素:

(*(pa+2))[0]　(*(pa+2))[1]　(*(pa+2))[2]　(*(pa+2))[3]

或　*(*(pa+2)+0)　*(*(pa+2)+1)　*(*(pa+2)+2)　*(*(pa+2)+3)

由上可见,数组的指针表示灵活、多样。可仅用通常的下标表示,也可用指针(数组名和指针变量)表示,还可将下标和指针结合起来表示。只要掌握下标表示和指针表示的本质就可自由地运用各种不同的表示方法。

【例 6.9】 重编例 6.6,要求使用指向二维数组中一维数组的指针变量处理二维数组元素。

程序如下:

```
main( )
{int a[3][4], (*pa)[4]=a;            /* 定义二维数组 a 和同类型的指针变量 pa */
 int i,j;
 printf("\n input array:\n");
 for (i=0;i<3;i++)
   for (j=0;j<4;j++)
     scanf("%d", *(pa+i)+j);         /* 输入数据存入数组元素 a[i][j] */
 printf("output array:\n");
 for (i=0;i<3;i++)
   {for (j=0;j<4;j++)
      printf("%4d",(*(pa+i))[j]);
    printf("\n");
   }
 printf("output array:\n");
 for (i=0;i<3;i++)
   {for (j=0;j<4;j++)
      printf("%4d", *(*(pa+i)+j));
    printf("\n");
   }
}
```

运行情况如下:

```
input array:
1  2  3  4  5  6  7  8  9  10  11  12↵
output array:
   1   2   3   4
   5   6   7   8
   9  10  11  12
output array:
   1   2   3   4
   5   6   7   8
   9  10  11  12
```

表 6.1 给出有关二维数组的各种表示及其相应含义。

表 6.1 有关二维数组的各种表示及其含义

表示形式	含 义
a	二维数组名,数组首地址,0 行首地址
a[0], *(a+0), *a	第 0 行第 0 列元素的地址
a+i	第 i 行的首地址
a[i], *(a+i)	第 i 行第 0 列元素的地址
a[i]+j, *(a+i)+j, &a[i][j]	第 i 行第 j 列元素的地址
*(a[i]+j), *(*(a+i)+j), a[i][j]	第 i 行第 j 列元素的值

6.5 字符指针与字符串

C 语言使用 char 型数组处理字符串,还可以使用 char 型指针处理字符串。类型为 char 的指针称为字符指针。几乎所有的字符串操作都是通过字符指针来实现的。

字符指针指向字符串的方法有两种,一种方法是在定义时给字符指针变量赋初值;另一种方法是先定义一个字符指针变量,然后通过赋值方式给字符指针变量赋初值。

1. 在定义指针变量的同时赋初值

例如:

```
char *ps="This is a string";
```

定义了一个字符指针变量 ps 并通过赋初值使 ps 指向字符串"This is a string",字符指针赋初值就是将字符串的首地址赋给字符指针变量,使字符指针指向字符串,而不是将字符串放到指针变量中。

字符指针变量 ps 可用于输入、输出整个字符串或作函数调用的参数;通过 ps 的增 1 操作可用 *ps 引用字符串中的每一个字符。

对已定义的字符数组,如果字符数组中包含一个字符串,则可把该数组的首地址赋给字符指针变量,使字符指针指向该数组,而且也可以用已赋初值的字符指针变量初始化另一字符指针变量。例如:

```
char str[30];      /* 定义一个字符数组 */
char *ps=str;      /* 字符指针 ps 指向字符数组 str */
char *pc=ps;       /* 字符指针 ps 的值赋给 pc,使字符指针 pc 也指向字符数组 str */
```

2. 利用赋值语句给指针变量赋初值

```
char *ps;
ps="This is a string";
```

该赋值语句的作用是把字符串"This is a string"的首地址赋给 ps,而不是把字符串放到字符指针变量中。

使用字符指针变量和字符数组时应注意:

（1）使用下面的方式来获得一个字符串是错误的。例如：

```
char *ps;
scanf("%s",ps);
```

这种输入字符串的方法一般情况下虽然也能运行，但很不安全，运行时可能导致系统崩溃。因为编译时虽然给指针变量 ps 分配了存储单元，即 ps 的地址已经指定了，但 ps 的值并未指定，这时 ps 单元中是一个不可预料的值，这个值有可能指向用户存储区的空闲单元，这是好的情况，也有可能指向程序区和数据区，若指向已分配的程序区或数据区，就会破坏程序，甚至破坏系统。所以在输入字符串时，必须先使 ps 指向被分配单元的首地址，然后再给指针所指的对象赋值才是安全的。例如：

```
char *ps, str[10];
ps=str;
scanf("%s",ps);
```

这里先使 ps 指向数组 str 的首地址，然后输入一个字符串，把它放在以该地址开始的若干个单元中。另外，从第五章（数组）中得知，利用如下语句

```
char str[10];
scanf("%s",str);
```

向字符数组输入一个字符串也是正确的，因为在编译时已为字符数组 str 分配了存储单元，它有确定的地址。

（2）下面两种说明形式合法且有重要的区别。

```
char as[ ]="This is a string";
char *ps="This is a string";
```

as 是一个字符数组，数组名 as 是字符数组的首地址，即字符串"This is a string"的首地址；而 ps 是指向字符串的指针变量，指针变量 ps 的值也是字符串"This is a string"的首地址，即 ps 指向字符串"This is a string"。但 ps 可以被赋值，而 as 不能被赋值。如：

```
char as[15], *ps;
as="This is a string"; 或 as[ ]="This is a string";    /*不合法*/
ps="This is a string";                                  /*合法*/
```

（3）指针变量的值可以改变。指针变量和数组名虽然都代表地址，但指针变量的值是可以改变的，而数组名的值是不能改变的。如：

```
main( )
{char *ps="This is a string";
 ps+=10;
 printf("%s",ps);
}
```

运行结果如下：

```
string
```

程序中的“ps+=10;”语句改变了指针变量 ps 的值，所以输出时从 ps 当时指向的单元开始输出各个字符，直到遇'\0'为止。又如：

```
char as[ ] = { "This is a string" };
as+ = 10;
printf( "%s" ,as);
```

是错误的,因为数组名是地址常量,其值不能改变。

【例 6.10】 把字符串 t 复制到字符串 s 中。

程序如下:

```
main( )
{char s[20],t[20];
  char * ps=s, * pt=t;
  printf( " \nEnter a string: \n" );
  scanf( "%s" ,pt);
  while (( * ps++= * pt++) ! ='\0')
     ;
  printf( "Output copied string: \n" );
  printf( "%s\n" ,s);
}
```

运行情况如下:

```
Enter a string:
program ↵
Output copied string:
program
```

这里 * pt++的值是指针 pt 加 1 之前所指向的字符,待取出这个字符后才改变 pt 的值。因此,把 pt 所指向的字符取出并存入 ps 所指的存储单元之后,指针 ps 才加 1。循环语句控制复制过程,控制条件是使用 * ps 所接受的字符与'\0'字符进行比较。若比较不等则继续循环,若相等则终止循环。最后结果是把整个字符串从数组 t 复制到数组 s 中。复制字符串结束时,ps 已指向字符串的末尾(即字符串结束标志'\0'字符之后的位置),所以输出 s 数组中的字符串时不能直接用指针 ps,而用的是数组名 s。若要使用指针 ps 输出被复制的字符串,则输出之前必须使指针 ps 指向字符串(s 数组)的首地址。即:

```
ps=s;
printf( "%s" ,ps);
```

进一步分析可知,复制过程继续的条件是被复制的字符为非 0,由于组成字符串的任何字符('\0'除外)的值都为非 0,而'\0'与数值 0 等同,所以复制到字符串结束标志'\0'字符时,循环自动结束。上面程序中的循环还可简化为:

```
while ( * ps++= * pt++)
     ;
```

【例 6.11】 将字符串 a 的第 s 个字符起的所有字符复制到字符串 b 中。

程序如下:

```
main( )
```

```
{char a[15]="I am a student",b[15];
 int i,s;
 printf("\nstart position:");
 scanf("%d",&s);
 for (i=s; *(a+i)!='\0';i++)
    *(b+i-s)= *(a+i);
 *(b+i-s)='\0';
 printf("string a:%s\n",a);
 printf("string b:");
 for (i=0;b[i]!='\0';i++)
   printf("%c",b[i]);
 printf("\n");
}
```

运行结果如下：

```
start position:7 ↵
string a:I am a student
string b:student
```

程序中的 a、b 被定义为字符数组，且给 a 赋予初值。首先输入从字符串 a 中复制字符的起始位置 s(字符串 a 的序号从 0 开始)，然后通过地址访问数组元素。在 for 循环中，a[i]是以 *(a+i)表示的。循环结束时，a 数组中的字符串结束标志并未复制到数组 b 中，所以退出循环后还应将字符串结束标志'\0'字符复制过去。故有：

```
*(b+i-s)='\0';
```

第二个 for 循环采用下标法逐个输出字符数组 b 中的元素(即复制到数组 b 中的字符串)。

【例 6.12】 以不同的字符表达形式求字符串的长度。

程序如下：

```
main()
{char *ps="I am a student";
 int len=0,i;
 while ( *ps++!='\0')
    len++;
 printf("\n(1) length=%d",len);
 ps-=len+1;
 i=0;
 len=0;
 while (ps[i]!='\0')
   {len++;
    i++;
   }
```

```
    printf("\n(2) length=%d",len);
    i=0;
    len=0;
    while ( *(ps+i)!='\0')
      {len++;
       i++;
      }
    printf("\n(3) length=%d",len);
}
```

运行结果如下:

(1) length=14

(2) length=14

(3) length=14

该程序以三种字符表达形式来统计字符串的长度。第一次求字符串长度的字符表达形式是使指针 ps 随循环逐步向后移动,边移指针边进行字符计数,当循环结束时,即求出了字符串长度 len,此时 ps 已指向字符串结束标志'\0'的后面。下一次计算字符串长度时,就必须恢复指针 ps 使其重新指向字符串开头。第二次求字符串长度的字符表达形式是利用下标依次引用指针变量所指字符串中的字符,在引用过程中进行字符计数并统计字符串长度 len,这种引用字符形式并未移动指针。第三次求字符串长度的字符表达形式是字符指针不移动,而使指针 ps 依次加上一个整数 i(i=0,1,2,…,len-1),使其指向第 i 个字符以达到引用该字符并统计字符串长度 len。

6.6 指针数组

6.6.1 指针数组的概念

数组的元素均为指针类型的数据,这样的数组称为指针数组,这就是说,指针数组中的每一个元素都是一个指针变量。一维指针数组的定义形式为:

<数据类型标识符> <*数组名[数组长度]>;

其中"<*数组名[数组长度]>"是指针数组说明符。

例如:

```
int *p[4];
char *pc[5];
```

定义的都是指针数组,这里的 p、pc 均为数组名,其中数组 p 包含 4 个指针元素且都是 int 类型的指针变量,数组 pc 包含 5 个指针元素且都是 char 型的指针变量。指针数组的各元素按下标依次存放在一片连续的存储空间,数组名是其所占存储空间的首地址。

在 int *p[4]定义中,由于[ ]运算符的优先级高于*运算符,因此 p 先与[4]结合,形成数组形式 p[4],它有 4 个元素。然后再与 p 前面的 * 运算符结合,* 表示此数组是指针数组,每个数组元素(指针变量)都可指向一个 int 型变量。它与 int (*p)[4]不同,后者说明 p 是一个指向有 4 个 int 元素的一维数组的指针。

指针数组可以与其他同类型对象在一个说明语句中说明。例如:

```
int i, *p, *pi[10];
```

说明 i 是一个 int 变量,p 是一个 int 指针,pi 是含有 10 个元素的指针数组,每个元素是一个 int 指针。

指针数组可用来表示二维数组和字符串数组。指针数组的各个元素(指针变量)所指向地址里的数据长度可以不同,这就克服了使用数组时可能产生的存储空间的浪费现象。因为在使用数组时,必须说明其最大长度,而利用指针数组就能很容易地避免这一点。为了加深理解,现给出一个字符指针数组的例子。程序如下:

```
main( )
{char *color[5];
 int i;
 color[0]="yellow";
 color[1]="green";
 color[2]="blue";
 color[3]="white";
 color[4]="red";
 for (i=0;i<5;i++)
   printf("%s\n", *(color+i));
}
```

在程序中说明 color 为具有 5 个元素的字符指针数组,利用赋值语句向它们赋予字符串的起始地址,而地址里所含的字符数量不一,这就比直接用二维字符数组存放字符串节省内存。指针数组和字符串数组之间的关系如图 6.7 所示。

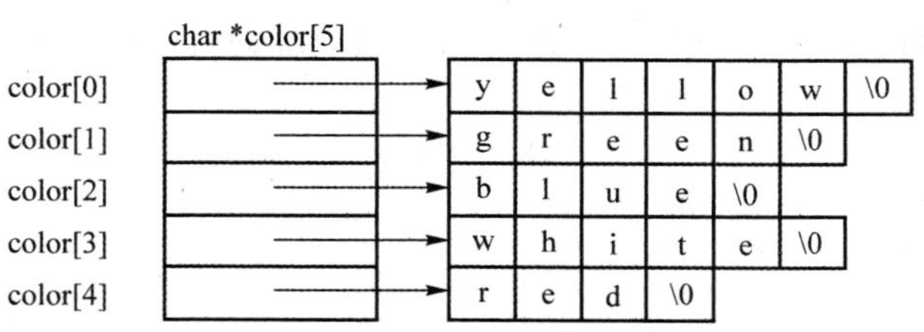

图 6.7 指针数组和字符串数组的关系

如果用指针数组来表示二维数组,那么就要把二维数组看成是若干个一维数组,即二维数组的每一行为一个一维数组。设有二维数组说明:

```
int a[3][4];
```

二维数组 a 可被看成是 3 个一维数组,此时可说明一个含 3 个元素的指针数组 pa,用于集中存放数组 a 的每一行元素的首地址,且使指针数组的每个元素 pa[i]指向二维数组 a 的相应行。

这样就可以用指针数组 pa 或指针数组元素 pa[i]来引用数组 a 的元素。指针数组 pa 的说明和赋值如下：

```
int a[3][4], *pa[3];
pa[0]=&a[0][0];  或  pa[0]=a[0];
pa[1]=&a[1][0];  或  pa[1]=a[1];
pa[2]=&a[2][0];  或  pa[2]=a[2];
```

pa 和 a 之间的关系如图 6.8 所示。

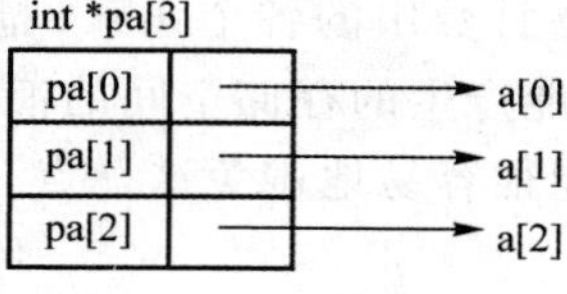

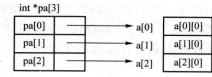

图 6.8 pa 和 a 之间的关系

pa[0]、pa[1]、pa[2]等同于 3 个一维数组名，每个一维数组有 4 个 int 型元素。用 *(*(pa+i)+0)、*pa[i]或 *(pa[i]+0)(i=0,1,2)可引用二维数组 a 的第 i 行第 0 列元素 a[i][0]；用 *(*(pa+i)+1)或 *(pa[i]+1)可引用第 i 行第 1 列元素 a[i][1]，…。

用指针数组表示二维数组在效果上与数组的下标表示相同，只是表示形式不同。用指针数组还可以表示长度不同的一维数组。例如：如果用指针数组表示下列三角矩阵：

a_{00}

a_{10} a_{11}

a_{20} a_{21} a_{22}

a_{30} a_{31} a_{32} a_{33}

a_{40} a_{41} a_{42} a_{43} a_{44}

可定义一个具有 5 个元素的指针数组和 5 个不同长度的一维数组，每个一维数组用于表示三角矩阵的一行。定义如下：

```
int a1[1],a2[2],a3[3],a4[4],a5[5], *pa[5];
```

下面的语句使指针数组 pa 的每个元素指向三角矩阵的每一行：

```
pa[0]=&a1[0];
pa[1]=&a2[0];
pa[2]=&a3[0];
pa[3]=&a4[0];
pa[4]=&a5[0];
```

用指针数组表示数组时，需要额外增加指针数组，但用指针方式存取数组元素比用下标方式速度快，而且每个指针所指向的数组所包含的元素个数可以互不相同。

6.6.2 指针数组应用举例

【例 6.13】 输入一个表示月份的整数，输出该月份的英文名。

程序如下：

```
main( )
{char * month[ ] = {"Illegal month","January","February","March","April","May",
                    "June","July","August","September","October","November",
                    "December"};
 int n;
 while (1)
   {printf("Input number of month:\n");
    scanf("%d",&n);
    if (n>=1&&n<=12)
       printf("%s\n",month[n]);
    else
       {printf("%s",month[0]);
        break;
       }
   }
}
```

运行情况如下:

Input number of month:

2 ↵

February

Input number of month

5 ↵

May

Input number of month

0 ↵

Illegal month

字符指针数组 month 含有 13 个元素,month[0]指向存放表示月份号输入错误信息的字符串。其余的指针数组元素 month[i](i=1,2,…,12)指向存放对应 i 月份的英文名的字符串。若输入的月份号不在 1~12 之间,则一律输出 month[0]指向的字符串"Illegal month"。month[1]中存放的是第一个字符串“January”的起始地址,它可像字符数组名那样用于如下语句:

```
printf("%s",month[1]);
```

输出字符串“January”。利用 * month[1]或 * (month[1]+0)可引用字符串“January”的第 0 个字符'J', * (month[1]+1)可引用该字符串的第一个字符'a',…, * (month[1]+6)可引用该字符串的第 6 个字符'y'。

【例 6.14】 设有如下两个 3×3 的矩阵

$$A=\begin{bmatrix}1 & 2 & 3 & 4\\5 & 6 & 7 & 8\\9 & 10 & 11 & 12\end{bmatrix} \qquad B=\begin{bmatrix}1 & 2 & 3 & 4\\2 & 4 & 6 & 8\\3 & 6 & 9 & 12\end{bmatrix}$$

用指针数组完成 A、B 矩阵的相加,即 $C=A+B$。

程序如下:

```
main( )
{int a[3][4]={{1,2,3,4},{5,6,7,8},{9,10,11,12}},*pa[3];
 /*在定义时给数组 a 赋初值*/
 int b[3][4],*pb[3],c[3][4];
 int i,j;
 for (i=0;i<3;i++)
      for (j=0;j<4;j++)
           b[i][j]=(i+1)*(j+1);       /*用赋值语句给数组 b 赋初值*/
 pa[0]=a[0];
 pa[1]=a[1];
 pa[2]=a[2];
 pb[0]=b[0];                          /*与 pb[0]=&b[0][0];语句等价*/
 pb[1]=b[1];
 pb[2]=b[2];
 for (i=0;i<3;i++)
    {for (j=0;j<4;j++)
        {c[i][j]=*(pa[i]+j)+*(pb[i]+j);
         printf("%4d",c[i][j]);
        }
     printf ("\n");
    }
}
```

运行结果如下:

```
   2   4   6   8
   7  10  13  16
  12  16  20  24
```

在该程序中使用 b[i][j]、*(b[i]+j)、pb[i][j]和*(pb[i]+j)具有相同的意义。程序设计者可任选其中一种表示方法表示某一数组元素。

【例 6.15】 将若干字符串按字母递增方式排序。

程序如下:

```
main( )
{char *name[ ]={"fortran","pascal","basic","cobol","c","lisp"},*temp;
 int n=6,i,j,k;
 for (i=0;i<n-1;i++)
     {k=i;
      for (j=i+1;j<n;j++)
```

```
        if (strcmp(name[k],name[j])>0) k=j;
      if (k!=i)
        {temp=name[i];name[i]=name[k];name[k]=temp;}
    }
  for (i=0;i<n;i++)
    printf ("%s\n",name[i]);
}
```

运行结果如下：

```
basic
c
cobol
fortran
lisp
pascal
```

在程序中定义指针数组 name,它有 6 个元素,其初值依次为各字符串的首地址。这些字符串不等长。用选择法对字符串排序。strcmp 是字符串比较函数,name[k]和 name[j]是第 k 个和第 j 个字符串的起始地址。若 strcmp(name[k],name[j])的值大于 0,则表示 name[k]所指的字符串大于 name[j]所指的字符串;若值等于 0,则表示两字符串相等;若值小于 0,表示 name[k]所指的字符串小于 name[j]所指的字符串。两个字符串比较的作用是将较小的那个字符串的序号存放在变量 k 中,若 k≠i 就表示最小的串不是第 i 个字符串。故将 name[i]所指的字符串和 name[k]所指的字符串对调。

printf 函数按"%s"格式符输出按由小到大排好序的各字符串,name[i](i=0,1,2,…,5)依次表示各字符串的首地址。

6.7 指向指针的指针

6.7.1 多级指针的概念

一个指针型指针是一种多级间接取数的形式,在图 6.9 中说明了单级间接取数、二级间接和多级间接取数的区别。

在单级间接取数中,指针变量的值是某个变量的地址,地址中的内容是变量的值,见图 6.9(a);而在二级间接取数中,第一个指针变量的值是第二个指针变量的地址,第二个指针变量的值是某个变量的地址,而这个地址的内容是这个变量的值,见图 6.9(b);间接取数方式根据需要可进一步延伸而形成多级间接取数方式,见图 6.9(c)。但实际上很少有必要使用二级间接以上的情况,过多的间接取数,在概念上容易出错,也增加了阅读理解上的困难。

指向指针的指针叫多级指针。例如：

char ＊ps[3]={"red","green","yellow"};

定义的是一个指针数组，它有3个元素：ps[0]、ps[1]和ps[2]。这3个元素都是指针，而ps[0]指向"red"，ps[1]指向"green"，ps[3]指向"yellow"。若再定义一个指针变量p，使它指向指针数组ps，则p就是一个指向指针的指针，这时指针p、ps和字符串之间的关系如图6.10所示。

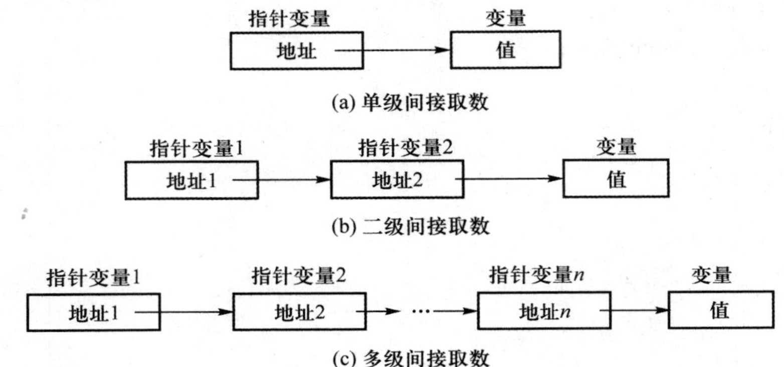

图6.9　单级间接、二级间接和多级间接取数

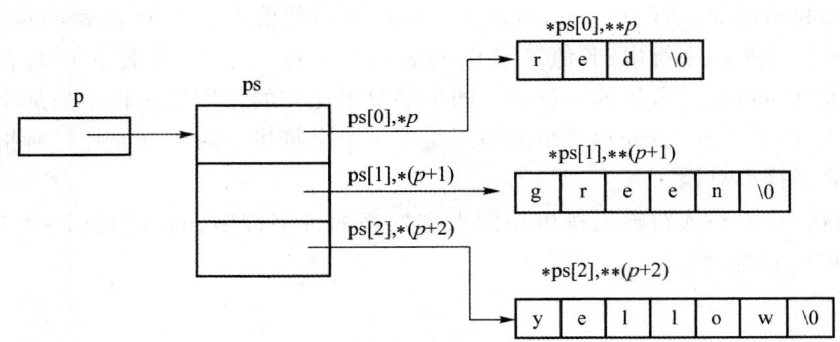

图6.10　指针p、ps和字符串之间的关系

由于指针p指向指针数组ps，而指针数组ps又指向待处理的字符串，所以p是一个二级指针。指针p的目标变量是＊p，即ps[0]；而ps[0]的目标变量是＊ps[0]，即＊＊p，其值为字母'r'。同理，ps[1]的目标变量是＊ps[1]，即＊＊(p+1)，其值为字母'g'，ps[2]的目标变量是＊ps[2]，即＊＊(p+2)，其值为字母'y'。

如果还有另一个指针指向p的话，则这个指针称为三级指针，以此类推。但C语言程序中使用三级以上指针的情况很少。级数越多，越难理解，越容易出错。

多级指针的一般说明形式如下：

<数据类型标识符> <＊＊…＊指针名>;

指针名前有一个"＊"，则称为一级指针，简称指针；有两个"＊"，则称为二级指针；有3个"＊"，则称为三级指针，以此类推。而数据类型标识符是指针最终目标变量的数据类型。如二级指针p说明如下：

```
char  ** p;
char  * ps[3] = {"red","green","yellow"};
p=ps;
```

其指针示意图如图 6.10 所示。

【例 6.16】 设 int 型变量 *x* 存放在 65488 开始的存储单元中,分析该程序的运行结果。

程序如下:

```
main( )
{int x, * p, ** pp;
 x=125;
 p=&x;
 pp=&p;
 printf("pp=%u, * pp=%u, ** pp=%d\n",pp, * pp, ** pp);
 printf("p=%u, * p=%d\n",p, * p);
}
```

pp 被说明为一个指向整型指针的指针,p 被说明为一个指向整型变量的指针。根据定义,可以知道 * p 与 ** p 输出的是目标值,而 pp, * pp 及 p 都是地址值,它们的关系是 * pp 与 p 的内容一样,都是指向变量 *x* 的地址,*x*、p 和 pp 之间的关系如图 6.11 所示。

运行结果如下:

```
pp=65490, * pp=65488, ** pp=125
p=65488,  * p=125
```

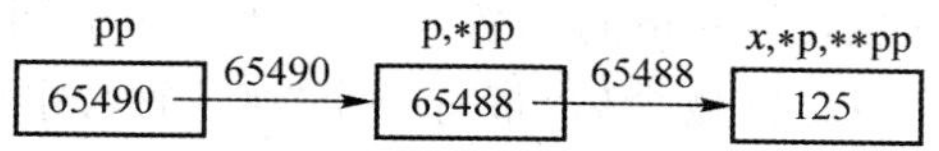

图 6.11 *x*、p 和 pp 之间的关系

6.7.2 多级指针应用举例

【例 6.17】 利用二级指针处理字符串

程序如下:

```
main( )
{char  ** p;
 char  * ps[3] = {"red","green","yellow"};
 int i;
 for (i=0;i<3;i++)
   {p=ps+i;
    printf("%s\n", * p);
   }
```

```
}
```

运行结果如下：

```
red
green
yellow
```

p 是指向指针的指针变量，当循环控制变量 i 取 0 时，赋值语句“p=ps+i;”使 p 指向数组 ps 的元素 ps[0]，*p 是 ps[0]的值，即第一个字符串的起始地址。以格式符"%s"用 printf 函数输出第一个字符串；当循环控制变量 i 取 1 时，输出第二个字符串；当 i 取 2 时，输出第 3 个字符串。

此程序也可改写为：

```
main()
{char **p;
 char *ps[3]={"red","green","yellow"};
 int i;
 p=ps;
 for (i=0;i<3;i++)
   printf("%s\n",*p++);
}
```

程序中的二级指针 p 经过赋值语句

```
p=ps;
```

使 p 指向了指针数组 ps 的元素 ps[0]，通过 p++，使它依次指向 ps[1]、ps[2]。在循环体中，以格式符"%s"用 printf 函数依次输出 *p 指向的各个字符串。由此可见，使用二级指针 p 时，*p 是一个指针。所以在引入了多级指针概念后，带有一个“*”的名字就不一定是待处理的目标变量。这一点请读者注意。

【例 6.18】　将一组字符串按字典顺序输出。

程序如下：

```
# include "string.h"
main( )
{char *name[ ]={"Wang lin",
                "Tian fen",
                "Chang hong",
                "Li ning"
               };
  char **lptr,**head,*temp;
  int i,n=4;
  lptr=name;
  head=lptr;
  for (i=0;i<n-1;i++)
    for (lptr=head;lptr<head+n-i-1;++lptr)
```

```
        if (strcmp( * lptr, * (lptr+1)) >0)
           {temp = * lptr;
             * lptr = * (lptr+1);
             * (lptr+1) = temp;
           }
   for (i=0;i<n;i++)
      printf("%s\n",name[i]);
}
```

运行结果如下：

Chang hong

Li ning

Tian fen

Wang lin

程序中说明了一个包含 4 个元素的指针数组 name,name[i](i=0,1,2,3)是第 i 个字符串的指针,还说明了一个二级指针 lptr,并通过赋值语句将指针数组 name 的首地址赋予二级指针变量 lptr,这样便可引用由二级指针指向的字符串。程序采用冒泡排序法对由 name 表示的字符串数组按字典顺序排序。字符串比较用到了字符串比较函数 strcmp(标准库函数,头文件为"string.h"),当发现排在前面的字符串大于后面的字符串时,不是交换被比较的两个字符串本身,而是交换被比较的两个字符串的指针,即字符串存储位置不变,改变的是字符串指针的存储位置。所以没有字符串赋值的过程(字符串赋值要用字符串复制函数 strcpy),从而既简化了算法,又提高了程序效率。交换指针的结果如图 6.12 所示。其中实线箭头连接交换前的指针和指针所指字符串,虚线箭头是指针交换之后的连接情况。

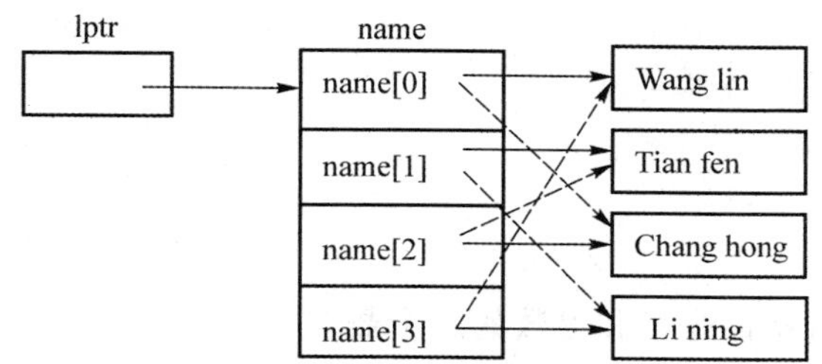

图 6.12 交换指针的结果

表达式 * lptr 的初值为 name[0],即指向第一个字符串,表达式++lptr 将 lptr 移向 name 数组的下一个元素,即使 * lptr 指向下一个字符串。

【例 6.19】 利用二级指针找出整型数组 a 中的最大数。

程序如下：

```
main( )
{static int a[10]={7,6,2,9,15,1,17,4,0,11};
 int * num[10];
```

```
  int ** p,i,max;
  for (i=0;i<10;i++)
    num[i]=&a[i];
  p=num;
  max= ** p;
  p++;
  for (i=1;i<10;p++,i++)
    if ( ** p>max)   max= ** p;
  printf("max=%d\n",max);
}
```

运行情况如下：

max=17

由此可见，指针数组的元素除可以指向字符串外，还可以指向整型数据或实型数据等。

6.8　命令行参数

在前面章节所举的程序实例中，main 函数都没有参数。实际上，在支持 C 语言的系统中，允许 main 函数可以有两个参数，这两个参数可以是任意的名字，但习惯上用名字 argc 和 argv 表示。第一个参数 argc 是一个 int 类型的整数，第二个参数 argv 是一个指针数组。

有参数的 main 函数定义为：

```
main(int argc, char * argv[ ])
{
  …
  使用传递的参数
  …
}
```

其中：argc 给出命令行中命令名和参数的总个数。

argv[ ]指针数组的各个元素所指向的目标如下：

argv[0]指向命令名

argv[1]指向第一个参数

argv[2]指向第二个参数

…

在操作系统命令状态下，当输入经过编译、连接后的 main 函数所在的文件名，系统就调用 main 函数。main 函数参数的值来源于运行可执行 C 程序时在操作系统状态下键入的命令行，称为命令行参数。命令行参数的一般形式为：

命令名　参数 1　参数 2　…　参数 n

命令名和各参数之间用空格分隔。

例如有一个 C 语言程序，该程序的可执行文件名为 exam，其命令行格式为：

exam chemical physical

该命令行中命令名和参数的总个数为 3，故在程序运行时，argc 被初始化为 3，而 argv[ ]的初始化如下：

```
argv[0]="exam";
argv[1]="chemical";
argv[2]="physical";
```

由此可见，命令行参数中的命令名和参数的总个数决定了 argc 的值和指针数组 argv[ ]的元素个数及各元素指向的字符串。于是在 C 程序中就可以使用 argc 和 argv[ ]来接收和处理命令行参数。

【例 6.20】 回响命令行参数的程序。

程序如下：

```
main(int argc, char *argv[ ])
{int i;
 for (i=1;i<argc;i++)
      printf("%s%c",argv[i], (i<argc-1)?' ':'\n');
}
```

假定该程序在 DOS 操作系统状态下经编译、连接后生成的可执行文件名为 echo.exe，在该系统下输入命令行参数：

echo What is your name?

则输出为：

What is your name?

命令行参数个数(含命令名 echo)argc 的值为 5，指针数组 argv[ ]则包含 5 个指针元素，argv[0]指向字符串"echo"，argv[1]指向字符串"what"，…，argv[4]指向字符串"name?"。

这个程序运行时，如果 i<argc-1，表示当前输出的不是最后一个字符串，此时要输出一个空格以免与输出的下一个字符串紧靠在一起；如果 i=argc-1，表示当前输出的是最后一个字符串，此时输出一个换行。

上面程序可改写为：

```
main(int argc, char *argv[ ])
{for (;--argc;)
      printf("%s%c", *++argv,(argc>1)?' ': '\0');
}
```

如果输入命令行：

echo What is your name?

则输出为：

What is your name?

该程序中的前缀表达式--argc 使得要输出的参数比总个数少 1(不输出命令名)。++argv 使得输出第一个参数时跳过命令名，即 *++argv 指向命令名后的第一个参数。然后使 *++argv

依次指向后面的各个字符串。

【例 6.21】 编程实现其命令行中的命令名和各参数的输出。

程序如下：

```
main( int argc,char * argv[ ])
{int i;
 printf ("argc=%d\n",argc);
 printf ("Command name:%s\n", * argv);
 for (i=1;i<argc;i++)
   {++argv;
     printf("Argument No.%d:%s\n",i, * argv);
   }
}
```

输入下面的命令行：

echo What is your name?

则输出的信息为：

```
argc=5
Command name:C:\TC\ECHO.EXE
Argument No.1:What
Argument No.2:is
Argument No.3:your
Argument No.4:name?
```

此程序也可改为：

```
main(int argc, char * argv[ ])
{printf("argc=%d\n",argc);
 printf("Command name:%s\n", * argv);
 printf("Argument:");
 while (argc-->1)
   printf("%s%c", * ++argv,(argc>1)? ' ':'\n');
}
```

输入下面的命令行：

echo What is your name?

则输出的信息为：

```
argc=5
Command name:C:\TC\ECHO.EXE
Argument:What is your name?
```

【例 6.22】 在命令行给出边长值,求三角形面积。

程序如下：

```
/* C6_22.c */
```

```
# include "math.h"
main(int argc,char * argv[ ])
{double a,b,c,s,area;
 printf("argc=%d\n",argc);
 a=atof(argv[1]);
 b=atof(argv[2]);
 c=atof(argv[3]);
 printf("a=%lf,b=%lf,c=%lf\n",a,b,c);
 if (a>=b+c||b>=a+c||c>=a+b)
   printf("numbers are wrong,try again! \n");
 else
   {s=(a+b+c)/2.0;
    area=sqrt(s * (s-a) * (s-b) * (s-c));
    printf("area=%lf\n",area);
   }
}
```

输入下面的命令行：

C6_22 3 4 5

则输出的信息为：

```
argc=4
a=3.000000, b=4.000000, c=5.000000
area=6.000000
```

程序中的 atof 函数的作用是把由 argv[i](i=1,2,3)指向的数字串转换为一个双精度数。

6.9 指针应用举例

【例 6.23】 输入 3 个整数,用指针变量按从小到大的顺序输出这 3 个数。

程序如下：

```
main ( )
{int a,b,c, * pa=&a, * pb=&b, * pc=&c, * p;
 scanf("%d,%d,%d",pa,pb,pc);
 if ( * pa> * pb)
   {p=pa;pa=pb;pb=p;}
 if ( * pa> * pc)
   {p=pa;pa=pc;pc=p;}
 if ( * pb> * pc)
   {p=pb;pb=pc;pc=p;}
```

```
 printf("%d<=%d<=%d\n",*pa,*pb,*pc);
}
```

运行情况如下：

2,6,4 ↵

2<=4<=6

程序中交换的是指向变量 a、b、c 的指针变量的值，不是直接交换变量 a、b、c 的值。若程序中最后的输出语句改为“printf("%d<=%d<=%d\n",a,b,c);”，则输出的结果不一定按从小到大排列。

【例 6.24】　将一个十进制整数转换成其他进制的数（如二、八、十六进制数）。

程序如下：

```
main()
{static char b[16]={'0','1','2','3','4','5','6','7','8','9','A','B','C','D',
                    'E','F'};
 int a[32], *p=a;
 long n;
 int d, i=0, base;
 printf("enter a number:\n");
 scanf("%ld",&n);
 printf("enter new base:\n");
 scanf("%d",&base);
 do                          /*将 n 转换成 base 进制数*/
   { *(p+i)=n%base;
     i++;
     n=n/base;
   }while (n!=0);
 for (--i;i>=0;--i)          /*输出转换结果*/
   {d=*(p+i);
     printf("%c",b[d]);
   }
 printf("\n");
}
```

运行情况如下：

① enter a number:	② enter a number:	③ enter a number:
123	123	123
enter new base:	enter new base:	enter new base:
8	16	2
173	7B	1111011

程序中定义了一个整型数组 a，用来按逆序存放转换结果的各个数位，待转换结束后，从后

向前依次输出存放在数组 a 中的各个数位即为转换结果。

do~while 循环完成 base 进制数的转换，并按逆序把转换后的各个数位存入数组 a，for 循环将数组 a 中的转换结果从后向前依次把各个数位以对应的数字字符输出。

【例 6.25】　已知 2×3 的矩阵 A 和 3×2 的矩阵 B，完成矩阵相乘 $C=A\times B$。

程序如下：

```
main( )
{static int a[ ][3]={{1,2,3},{4,5,6}};
 static int b[ ][2]={{7,8},{9,10},{11,12}};
 int c[2][2],i,j,k,s;
 printf("original matrix A:\n");
 for (i=0;i<2;i++)
   {for (j=0;j<3;j++)
        printf("a[%d][%d]=%-3d",i,j,*(*(a+i)+j));
    printf("\n");
   }
 printf("original matrix B:\n");
 for (i=0;i<3;i++)
   {for (j=0;j<2;j++)
       printf("b[%d][%d]=%-3d",i,j,*(*(b+i)+j));
    printf("\n");
   }
 for (i=0;i<2;i++)
   for (j=0;j<2;j++)
     {s=0;
      for (k=0;k<3;k++)
        s=s+*(*(a+i)+k)**(*(b+k)+j);
      *(*(c+i)+j)=s;
     }
 printf("obtain matrix C:\n");
 for (i=0;i<2;i++)
   {for (j=0;j<2;j++)
       printf("c[%d][%d]=%-5d",i,j,*(*(c+i)+j));
    printf("\n");
   }
}
```

运行结果如下：

```
original matrix A:
a[0][0]=1      a[0][1]=2      a[0][2]=3
```

```
a[1][0]=4      a[1][1]=5      a[1][2]=6
original matrix B:
b[0][0]=7      b[0][1]=8
b[1][0]=9      b[1][1]=10
b[2][0]=11     b[2][1]=12
obtain matrix C:
c[0][0]=58     c[0][1]=64
c[1][0]=139    c[1][1]=154
```

本章习题

1. 填空题

(1) 指针 p 的值为 2000,若 p 为基本整型指针,则 p+1 的值为__________;若 p 为字符型指针,则 p+1 的值为__________;若 p 为单精度型指针,则 p+1 的值为__________;若 p 为具有 3 个基本整型元素的一维数组的指针,则 p+1 的值为__________。

(2) 设有以下定义和语句

int a[3][2]={10,20,30,40,50,60}, (*p)[2];

p=a;

则 *(*(p+2)+1)的值为__________。

(3) 设有以下定义和语句

int a[3][2]={10,20,30,40,50,60}, *p;

p=a;

则 *(p+1*2+1)的值为__________。

(4) 设有 char *a="IBM-PC",则 printf("%s",a)的输出是__________;而 printf("%c",*a)的输出是__________。

(5) 设有如下定义:

int a[10], *p=a;

则对 a[3]的引用还可以是__________、__________、__________。

2. 判断下列语句哪些是合法的?哪些是不合法的?

```
int i,a[10], *p;
p=&i;
p=&(i+2);
p=&--i;
p=&a;
p=a+5;
p=a[5];
```

3. 阅读下列程序,写出程序的输出结果。

```
main ( )
```

```
{int i, a[ ]={2,10,-5,-10,7,15}, b, c, *pb, *pc;
 b=c=1;
 pb=pc=a;
 for (i=0;i<6;i++)
   {if ( *(a+i)>b)    {b= *(a+i); pb=&a[i];}
     if ( *(a+i)<c)   {c= *(a+i); pc=&a[i];}
   }
 i= *a; *a= *pb; *pb=i;
 i= *(a+5); *(a+5)= *pc; *pc=i;
 for (i=0; i<6; i++)
   printf ("%d\t",a[i]);
}
```

4. 设有如下定义

```
int a[ ]={0,1,2,3,4},i, *p;
```

则下列程序段的输出是什么?

(1) for (i=0;i<=4;i++)
        printf("%d\t",a[i]);

(2) for (p=&a[0];p<=&a[4];p++)
        printf("%d\t", *p);

(3) for (p=&a[0],i=0;i<=4;i++)
        printf("%d\t",p[i]);

(4) for (p=a,i=0;p+i<=a+4;p++,i++)
        printf("%d\t", *(p+i));

(5) for (p=a+4;p>=a;p--)
        printf("%d\t", *p);

(6) for (p=a+4,i=0;i<=4;i++)
        printf("%d\t",p[-i]);

(7) for (p=a+4;p>=a;p--)
        printf("%d\t",a[p-a]);

5. 指出下列程序中的错误,并说明错误的原因。

(1) main ( )

```
{char *ps;
 char str[50];
 ps=str[0];
 scanf ("%s",str);
 printf ("%s",ps);
}
```

(2) main ( )

```
  {float a,b;
   int *pa;
   a=5.26;
   pa=&a;
   b=*pa;
   printf("%f\n",b);
  }
(3) main( )
  {int a, *pa, *pb=&b;
   int b;
   a=15; b=15;
   *pa=a;
   printf("%d,%d\n", *pa, *pb);
  }
```

6. 输入3个整数,按从大到小的次序输出。

7. 从键盘上输入n(n≤20)个整数存入一维数组,用指针变量表示数组元素的方式将其逆序存放,然后输出。注意,实现该算法时不允许再定义数组。

8. 求3×5整型矩阵各元素中的最大值、最小值和所有元素的平均值。要求按下列表示方式分别编程。

(1) 用指向二维数组首地址的指针变量按一维数组排列方式处理二维数组元素。

(2) 用指向二维数组首地址的指针变量按二维数组排列方式处理数组元素。

(3) 用指向二维数组中一维数组的指针变量来处理二维数组元素。

9. 使用最少的辅助存储单元,将具有n个元素的整型数组a中的a[0],a[1],…,a[k]与a[k+1],…,a[n-1]两段交换位置(0<k<n-1)。例如,具有7个元素的数组a中各元素的值分别为2,4,6,8,10,12,14,将a[0]~a[2]与a[3]~a[6]交换位置后各元素的值分别为8,10,12,14,2,4,6。

10. 用选择法对10个整数按升序排序。

11. 用指针实现两个字符串首尾连接的函数strcat(s,t)。

12. n个人围成一圈,按顺序编号。从编号为1的人开始循环(从1至3)报数,凡报数为3的人就退出圈子,问最后留下的一个人其原来的编号为几。

13. 从键盘输入一系列的字符,这串字符以“$”结束。编一程序进行字母字符的计数,而非字母字符不计数,要求在程序中定义一个一维数组(长度为26),26个数组元素顺序存放字母A~Z(a~z)的出现次数。

14. 写一程序,输入一个3×3的矩阵,将该矩阵转置,并输出转置后的矩阵。

15. 一个班有30名学生,学习了4门课程,计算每个学生的平均分数,全班每门功课的平均分数,以及每个学生各门功课的成绩与全班总平均成绩之差,输出计算结果。

第七章
函　数

在编写程序过程中,随着程序代码行数的增加,程序的复杂度会不断提高,其可读性会不断下降,而程序中的某些功能可能会多次使用,如果每次都重新编写这些功能的代码,会大大增加编程人员的负担。为了解决这些问题,模块化程序设计的思想被提出,函数和过程的概念被引入程序设计中。

函数(Function)是 C 语言源程序的基本组成单位,而且任何一个可独立运行的 C 语言源程序需要有一个主函数 main 作为程序执行的进入点。用户可以根据需要编写自定义函数,也可以使用由编译环境提供的库函数。

7.1 模块化程序设计与函数

7.1.1 模块化程序设计

C 语言是结构化程序设计语言(Structured Programming Language),而结构化程序设计方法由迪杰斯特拉(Dijkstra)等人在 20 世纪 60 年代末期提出。他们提出的主要观点是在程序中使用模块、子过程,使用顺序、选择、循环的控制结构,并尽量避免使用 goto 跳转语句,从而达到提高程序清晰度、减少程序开发时间的目的。结构化程序设计方法包含了一些模块化程序设计思想。

模块化程序设计就是从问题的总体出发,自顶向下逐步细化,循序渐进,直至精确求解,使得整个问题得出编程结果。这一过程是符合人们解决问题的客观规律的,将一复杂问题逐步分解成各个较简单的问题,从而使得问题容易求解和实现。所谓模块就是程序中具有相对独立性的程序段。

模块化程序设计具有以下优点:

(1) 可以把总体的复杂问题分解成相对简单的若干子问题来分别处理,降低处理问题的难度,并且便于分工。

(2) 各个模块之间具有相对独立性,这有利于减少各模块之间的错误干扰,便于程序调试。

(3) 模块可以重复使用,避免了程序设计中的重复劳动,并缩短了程序代码。

由程序模块组成的程序结构称为“模块化结构”。

例如,一个简单的图书管理系统可以按照图 7.1 所示的模块化结构进行设计。

在图 7.1 中,图书管理系统按照自顶向下逐步细化的原则分成借书管理、还书管理、书目管理、读者管理、信息查询 5 个功能模块,每个功能模块又进一步分成几个子功能模块。这样的模块划分使得各个功能模块之间相对独立，在编程实现过程中可以分别完成，也便于分工，提高开发效率。

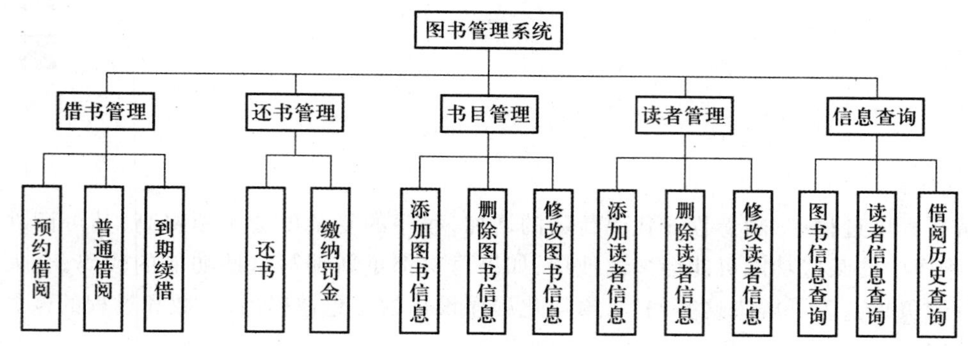

图 7.1　简单图书管理系统的功能模块结构

7.1.2　C 语言程序的模块化结构与函数

C 语言源程序可以由一个或多个源程序文件组成，而一个源程序文件可以由一个或多个函数组成。为了解决某个问题，把由多个源程序文件组成的程序集合称为工程或项目(Project)，其模块化结构如图 7.2 所示。

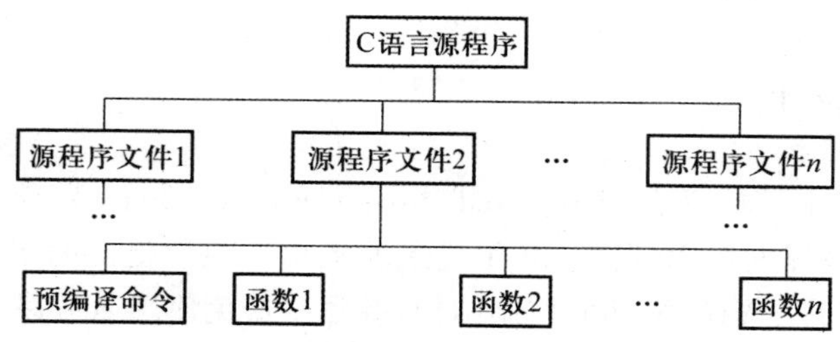

图 7.2　C 语言源程序的模块化结构

从图 7.2 中可以看出，组成 C 语言源程序的基本单位就是函数，也可以说 C 语言源程序的执行就是由一个个函数的执行来完成的。函数就是一个基本的程序模块，具有一定的功能。

但需要注意的是，在所有的 C 源程序文件中只能有一个文件包含有一个 main 函数，其他文件不得再包含 main 函数。main 函数被称为“主函数”，包含 main 函数的文件被称为“主文件”。C 语言源程序的执行总是从主函数开始的，一般都是由主函数调用其他函数来完成程序功能，也就是说主函数是整个 C 语言源程序的“入口”。

上述多个源程序文件组成的项目最终将编译成一个可执行程序。

7.1.3　C 语言程序中函数的使用

C 语言源程序中函数的使用能够体现模块化程序设计的思想，下面通过一个实例来展现使用函数的优点。

【例 7.1】　计算 5!+7!+9!

方法一：

```
#include<stdio.h>
main( )
{float a,b,c,s;
 int i;
 a=1;
 for(i=2;i<=5;i++)     } 计算 5!
       a=a*i;
 b=1;
 for(i=2;i<=7;i++)     } 计算 7!
       b=b*i;
 c=1;
 for(i=2;i<=9;i++)     } 计算 9!
       c=c*i;
 s=a+b+c;
 printf("%f\n",s);
}
```

方法二：

```
    #include <stdio.h>
    float factorial(int n);    /* 函数的说明 */
    main( )
 ①  {float s;
     /* 函数的 3 次调用,每次调用时的参数均不同 */
     s=factorial(5)+factorial(7)+factorial(9);
     printf("%f\n ",s);
    }
                     ②
    float factorial(int n)      /* 求阶乘函数 factorial 的定义 */
④   { int i;
      float fact=1;
 ③    for(i=2;i<=n;i++)
        fact=fact*i;
      return (fact);
    }
```

上述两种方法的运行结果均为：

368040.000000

在方法一中，因为没有使用函数求阶乘，所以就需要三段求阶乘的程序代码来分别计算 5!、

7!和 9!的值。

在方法二中由于使用了函数求阶乘,使得三段求阶乘的程序代码用一个求阶乘函数来代替。这样不仅减少了重复性代码缩短了程序,而且提高了程序的可读性。

此外,如果要计算 1~10 各数的阶乘之和,则可以直接使用 factorial 函数编写程序,具体程序请自己编写。

在方法二中,函数名 factorial 分别出现了多次,但每次出现的作用不尽相同,有的用于函数定义,有的用于函数说明,有的则用于函数调用。

函数的定义:函数的定义实际上就是设计一个函数,以实现特定的功能。

函数的说明:函数被调用前在调用函数中说明函数返回值类型、函数名、形式参数表等情况。

函数的调用:即函数的使用。调用时只需要给出函数名和实际参数,具体的函数功能由函数体实现。

在方法二中,程序的第一次调用过程如箭头所示。

7.1.4 函数的分类

1. 从函数定义的角度分类

(1) 编译系统提供的标准库函数

为了便于用户编写程序,编译系统预先编写并编译好了一些系统函数供编程者使用。这些函数包含基本的数学计算、字符串处理、输入输出等函数,使用它们能够提高用户的编程效率。这类函数称为“系统库函数”或“标准库函数”。本书附录 B 中列出了 C 语言的常用标准库函数。不同的编译系统提供的库函数会有一些差异,但大部分编译系统提供的常用标准库函数是相同的。

由于库函数已经预先编写完成了,并且源代码是不可见的,所以用户只需要知道它们的函数名和功能并学会如何使用就可以了,而不必关心其实现的细节。本书前面讲到的 printf、scanf 等就属于此类函数。

标准库函数的函数说明写在相应的头文件(.h 文件)中,可以在编译系统的安装目录下找到并查看该头文件。在使用某库函数前需要使用编译预处理命令#include 来包含该函数所在的头文件。例如:

```
#include"stdio.h"    /*将 printf 的函数说明所在的头文件 stdio.h 包含在程序中*/
main()
{
  printf("Hello world!");      /*对标准库函数 printf 的调用*/
}
```

(2) 用户自定义的函数

为了完成程序功能,由用户自己编写的函数为自定义函数。本章下面内容将重点介绍用户自定义函数的使用。

2. 从函数的数据传递角度分类

(1) 无参数的函数

函数调用中不需要传递参数,所以在函数的定义、说明以及调用时均没有参数。

(2) 有参数的函数

在定义时需要给出参数的类型和名称,在函数的说明中需要给出参数的类型,在函数的调用时需要给出确定的参数值。

3. 从函数的返回结果分类

(1) 无返回值的函数

此类函数在执行后不需要向调用者返回数值。这类函数从使用上类似于其他一些高级语言中的"过程"。用户在定义这类函数时用 void 将函数的类型定义为"空类型"。

(2) 有返回值的函数

此类函数在执行后需要向调用者返回一个数值。用户在定义和说明函数时需要给出函数返回值的类型。

函数的返回值类型通常也称为"函数类型"。

7.2 函数的定义、说明和调用

7.2.1 函数的定义

在调用函数之前,必须先对函数进行定义和说明。函数的定义通常包括函数首部和函数体。

函数首部包括存储类型标识符、数据类型标识符、函数名、形式参数说明表。函数体实现函数的特定功能,一般包含说明语句和执行语句两部分。

1. 有参数函数的定义形式

```
[存储类型标识符][数据类型标识符] <函数名>([形式参数说明表]) /* 函数首部 */
{                                                              /* 函数体开始 */
 [说明语句]
 [执行语句]
}                                                              /* 函数体结束 */
```

其中,存储类型标识符用来说明函数的存储类别,可以省略,省略之后隐含说明该函数的存储类别为外部存储类;数据类型标识符用来说明函数返回值的数据类型,可以省略,省略之后函数的返回值数据类型隐含说明为 int 型;函数名用来标识该函数,命名方法需符合标识符的命名规定;形式参数说明表的形式如下:

参数类型1　参数1,参数类型2　参数2,…,参数类型n　参数n

例如:计算两个数的平均值。

```
float average(float a, float b)
{float c;           /* 说明语句 */
 c=(a+b)/2;         /* 执行语句 */
 return(c);
}
```

在 average 函数定义中有两个参数 a 和 b,数据类型都是 float,返回值类型也是 float。该函数计算 a 和 b 的平均值并将结果存储在函数内的变量 c 中,并用 return 语句将 c 的值返回。

2. 无参数函数的定义形式

```
[存储类型标识符][数据类型标识符] <函数名>()    /* 函数首部 */
{                                             /* 函数体开始 */
 [说明语句]
 [执行语句]
}                                             /* 函数体结束 */
```

例如:在屏幕中打印一行文字信息。

```
void printwelcome()
{printf("********************** \n");
 printf("*    This is a C program   * \n");
 printf("********************** \n");
}
```

该函数的返回值类型为空类型,因为它只是在屏幕上显示了一行文字信息,所以不需要返回值。

3. 空函数的定义形式

```
<函数名>( )
{    }
```

例如:

```
futurecase( )
{    }
```

函数体中没有任何内容的函数称为空函数,空函数不做任何事情,一般用在程序设计的初始阶段,为将来的函数设计预留位置。

4. 函数定义中的注意事项

(1) 函数定义不能嵌套,即不能在一个函数体内定义另外一个函数。

如下函数定义是错误的:

```
int fun1(int a, int b)
{
  …
  float fun2(char c)
   { … }
  …
}
```

正确的函数定义为:

```
int fun1(int a, int b)
{ … }
float fun2(char c)
```

```
{ … }
```

(2) 在函数首部后不能加分号

如下函数定义是错误的:

```
int fun1(int a, int b);
{ … }
```

(3) 函数的每个参数均须说明其类型

如下函数定义是错误的:

```
int fun1(int a, b)
{ … }
```

(4) 在程序中各函数定义的先后顺序无限制,可以任意放置。

7.2.2 函数的说明

C语言源程序在编译时,为了进行语法检查,编译系统需要事先知道被调用函数的返回值类型、函数名、参数等情况。函数的说明(也被称为"函数的声明")起到在函数调用前向编译系统报告上述情况的作用。

函数说明必须出现在函数调用之前。其形式如下:

(1) [存储类型标识符][数据类型标识符] <函数名> ([形式参数说明表]);

例如:float average(float a, float b);

(2) [存储类型标识符][数据类型标识符] <函数名> ([形式参数类型表]);

例如:float average(float, float);

函数说明可以采用上述任意一种形式。

关于函数说明的注意事项如下:

(1) 如果被调用函数的定义出现在调用函数的定义之后,则需要在调用函数中对被调用函数进行说明。例如:

```
float fun1(char c)                    /* fun1 函数的定义 */
{float d;
 float fun2(float a, float b);        /* fun2 函数的说明 */
 …
 d=fun2(2.3,3.6);                     /* fun2 函数的调用 */
 …
}
float fun2(float a, float b)          /* fun2 函数的定义 */
{ … }
```

(2) 特例情况:如果被调用函数的定义出现在调用函数的定义之后,但被调用函数返回值类型为 int 类型,则在调用函数中可不对该被调用函数进行说明。例如:

```
float fun1(char c)          /* fun1 函数的定义 */
{int d;
```

```
  …
  d=fun2(2,3);                /* fun2 函数的调用 */
  …
}
int fun2(int a, int b)        /* fun2 函数的定义 */
{ … }
```

对 fun2 的调用出现在其定义之前,应该在 fun1 中先进行说明。但由于其返回值为 int 类型,所以可以在 fun1 中省略对 fun2 的说明。不过,对于上述这种特殊情况最好还是进行说明,养成对函数进行说明的良好习惯。

(3) 如果被调用函数的定义出现在调用函数的定义之前,则在调用函数中可以不对被调用函数进行说明。因为在这种情况下编译系统已经在调用该函数之前通过该函数的定义获得了该函数的返回值类型、参数类型等信息。上面的程序也可以写成如下形式:

```
float fun2(float a, float b)  /* fun2 函数的定义 */
{ … }
float fun1(char c)            /* fun1 函数的定义 */
{float d;
  …
  d=fun2(2.3,3.6);            /* fun2 函数的调用 */
  …
}
```

(4) 对某函数的说明可以放在每个调用函数的说明语句中,也可以放在源程序文件所有函数定义之前。如果是后者,则不必在每个调用函数中对被调函数进行说明。例如:

```
float fun1(char c);           /* fun1 函数的说明 */
float fun2(float a, float b); /* fun2 函数的说明 */
main()
{
  …
  fun1('k');                  /* fun1 函数的调用 */
  …
}
float fun1(char c)            /* fun1 函数的定义 */
{float d;
  …
  d=fun2(2.3,3.6);            /* fun2 函数的调用 */
  …
}
float fun2(float a, float b)  /* fun2 函数的定义 */
{ … }
```

(5) 库函数在调用前不需要说明，但需要用 include 命令引入包含该函数说明的头文件（请参看 7.1.4 小节函数分类中关于标准库函数的叙述）。

(6) 注意不要把函数说明与函数定义中的函数首部混淆。

7.2.3 函数的调用

1. 函数调用的执行过程

函数调用时程序的基本执行过程如下：

(1) 主调函数执行到调用另一个函数的语句时，程序将跳转到被调函数。如果有参数则将参数传递给被调函数。

(2) 执行被调函数。

(3) 被调函数执行结束后返回到主调函数的调用点，如果被调函数有返回值则将返回值返回。

主调函数对另一个函数两次调用时的执行过程如图 7.3 所示。

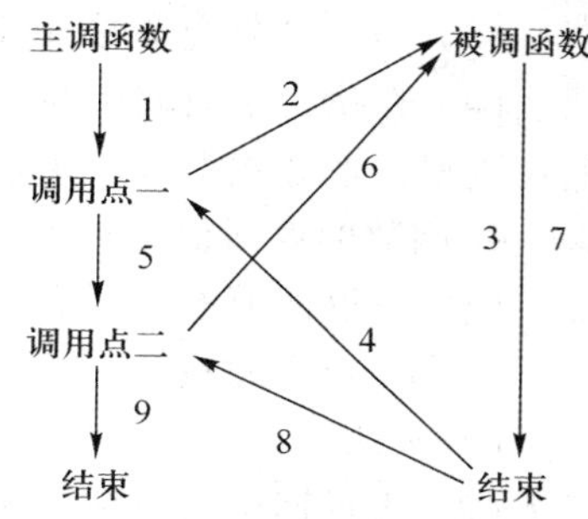

图 7.3 函数的两次调用过程

2. 函数调用的方法

函数调用的一般形式：

<函数名>(<实际参数表>)

(1) 无返回值的函数调用形式

这种调用形式不需要函数的返回值，调用可以作为单独的语句出现。一般对于无返回值的函数采用这种方式进行调用。

例如：

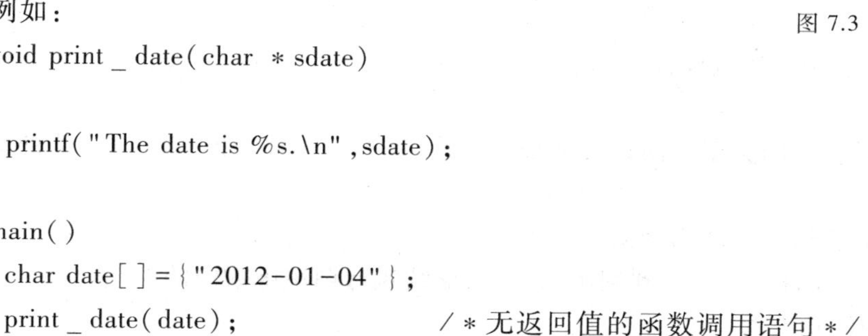

```
void print_date(char *sdate)
{
 printf("The date is %s.\n",sdate);
}
main()
{char date[]={"2012-01-04"};
 print_date(date);               /*无返回值的函数调用语句*/
}
```

(2) 有返回值的函数调用形式，其返回值作为表达式的一部分

这种调用形式适用于被调函数有返回值的调用情况。一般情况下，函数调用作为表达式的一部分出现在语句中，其返回值可进一步参与表达式的计算。例如语句：

s=factorial(5)+factorial(7)+factorial(9);

这里分别对函数 factorial 进行了三次调用，每次调用都有一个返回值参与表达式的运算。

(3) 有返回值的函数调用形式，其返回值作为另一函数调用的参数

这种调用形式是将函数调用的返回值作为另一函数调用的参数出现。

例如，使用 7.1 节的求阶乘函数 factorial 与求平均值函数 average 计算 4!和 5!的平均值，语

句如下：

k = average(factorial(4), factorial(5));

其中 factorial 函数进行了两次调用，每次进行阶乘计算后将返回值作为 average 函数调用的实际参数来使用。

3. 函数的参数

在函数定义和函数调用中都包含有参数，为了便于区分它们，将其称为形式参数和实际参数。

形式参数：在函数定义时出现的参数称为形式参数(Formal Parameter)，简称"形参"。

实际参数：在函数调用中出现的参数称为实际参数(Actual Argument)，简称"实参"。

形式参数一定是变量，而实际参数则是表达式。

在函数的调用过程中使用实际参数需要注意以下几点：

(1) 函数调用中实际参数的类型、个数和位置必须与函数定义中的形式参数一致。

(2) 实参可以是常量、变量、表达式或是另一个函数的调用。

(3) 当实参为变量时，可以与形参同名，也可以不同，但同名代表不同的变量。

(4) 在执行函数调用的过程中，根据需要，实际参数可以是数值、指针，也可以是数组名，它们在数据传送方式上有一些差异，在后面的章节中将进一步讨论。

4. 函数的返回值

(1) 有返回值的返回语句形式

return(表达式)；

return 表达式；

(2) 无返回值的返回语句形式

return;

有返回值的 return 语句的执行过程：

(1) 计算出"表达式"值。

(2) 判断该"表达式"值的类型与函数类型是否一致，当不一致时要将"表达式"值的类型转换成函数类型。

(3) 把"表达式"的值返回给调用函数。

(4) 终止被调用函数的执行，返回到调用函数中，继续执行调用函数中的语句。

关于 return 语句的注意事项：

(1) 如果返回值的类型与函数的类型不一致时将自动转换为函数的类型，而在转换时可能会造成数据的误差或错误。因此，应尽量使返回值的计算结果类型与函数的类型一致。

(2) 函数中可以有多条 return 语句，在程序的执行过程中一旦执行到某一个 return 语句时，则立即返回到主调函数，而不会再执行其他 return 语句。例如：

```
float fun1(int x)
{ int y;
  if(x>1000&&x<=1500)
      return(y * 0.05);
  else if(x>1500)
```

```
        return( y * 0.1) ;
    else
        return(0) ;
}
```

（3）如果函数的类型定义为 void 类型,则返回语句应使用没有返回值的“return;”语句。

（4）如果函数没有返回值,则函数中也可以省略 return 语句。此时函数的执行在遇到最后一个右花括号“}”时将终止函数的执行,并返回一个不确定的值。这种情况一般也将函数定义为 void 类型。

5. 函数的嵌套调用

前面已经提到,C 语言的函数定义不允许嵌套,但函数的调用可以嵌套。例如:在 A 函数中调用 B 函数,在 B 函数中调用 C 函数。对于 C 语言源程序来说,main 函数是程序执行的入口点,程序中所有的其他函数都是由 main 函数直接调用或间接调用的,上述嵌套调用关系如图 7.4 所示。

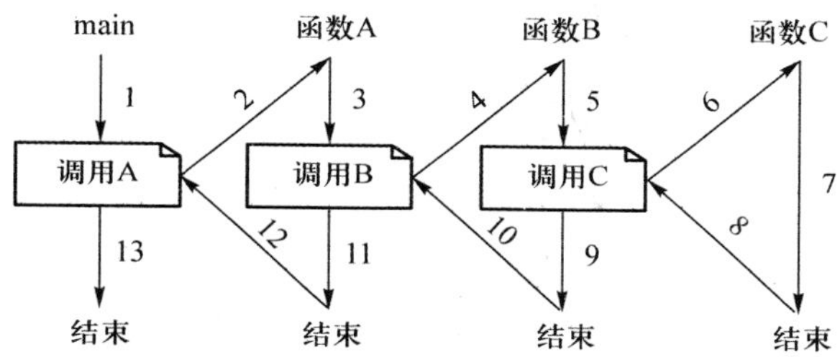

图 7.4 main 函数、A 函数、B 函数、C 函数的嵌套调用

【例 7.2】 使用函数计算 e 的值,计算公式为:

$$e = 1+\frac{1}{1!}+\frac{1}{2!}+\frac{1}{3!}+\cdots+\frac{1}{n!}$$

要求计算精度为 1e-6。

分析:本例的问题可以使用前面章节学到的知识进行程序设计,但在本章中将使用例 7.1 中定义的阶乘函数 factorial 来更清晰地解决此问题。

程序如下:

```
#include<stdio.h>
float factorial( int n) ;          /* 阶乘函数说明 */
float calculate( ) ;               /* 计算 e 的函数说明 */
main( )
{float e;
  e=calculate( ) ;                 /* 调用函数 calculate */
  printf( "e=%f\n" ,e) ;
}
float calculate( )
```

```
{float result=1,t;
 int i=1;
 t=1/factorial(i);              /* 调用函数 factorial 生成第二项 */
 while(t>=1e-6)                 /* 循环结束条件,控制计算精度 */
 {result=result+t;
  i++;
  t=1/factorial(i);             /* 调用函数 factorial 生成其余项 */
 }
 return(result);
}
float factorial(int n)
{int i;
 float fact=1;
 for(i=2;i<=n;i++)
     fact=fact * i;
 return fact;
}
```

运行结果如下:

e=2.718282

在上例中除了 main 函数,还有两个函数:calculate 函数和 factorial 函数,factorial 函数是求阶乘的函数,calculate 函数是计算 e 值的函数。其中 calculate 函数在循环中调用了 factorial 函数。

7.3　变量的存储类型及其作用域

7.3.1　变量的存储类型及相关概念

在 C 语言中变量不仅要求指定数据类型,同时也要求说明它的存储类型。如未指定存储类型则使用默认的存储类型。变量的数据类型已经在第二章介绍过了,而变量的存储类型是用来说明变量的存储方式、存储位置和存储期,它影响变量的作用域、生存期、可见性。

1. 与变量的存储类型相关的几个概念

(1) 变量的作用域

变量的作用域是指变量能够起作用的某个程序范围。

变量的作用域按照从大到小依次分为:程序级(工程级)、文件级、函数级、程序段级(复合语句级)。

(2) 变量的生存期(变量的存储期)

变量的生存期是指变量在内存中的存储期。

(3) 变量的可见性

如果在某个程序区域内可以使用某变量,则称该变量在该区域内为可见的,否则为不可见的。可见性与作用域是相关的概念,但需要注意,某变量不一定在其所有作用域内都是可见的。

(4) 内部变量和外部变量

在一个函数或复合语句内部定义的变量称为内部变量或局部变量,在函数外定义的变量称为外部变量或全局变量,在 7.3.2 小节中将详细介绍内部变量和外部变量。

(5) 变量的静态存储方式和动态存储方式

变量按照存储期可以分为静态存储方式和动态存储方式。所谓静态存储方式是指在程序运行期间变量始终占据一定的存储单元,直到程序结束。而动态存储方式是指程序运行期间根据需要临时性地为变量分配存储单元。

外部变量属于静态存储方式存储的变量,在程序运行期间始终占据存储单元。

内部变量中的用 static 关键字定义的变量也用静态存储方式存储,其余的内部变量均属于动态存储方式存储的变量。

2. 变量的存储类型标识符

变量的存储类型有以下几种:

(1) 自动存储类型,标识符为 auto。此类型为内部变量默认的存储类型,该标识符通常省略不写。

(2) 寄存器存储类型,标识符为 register。用此关键字定义的变量存储在 CPU 的寄存器内。

(3) 外部存储类型,标识符为 extern。如果引用其他文件中定义的外部变量或引用本文件中引用位置之后定义的外部变量必须使用此标识符加以说明。这里需要注意,extern 只能用于外部变量的说明而不能用于定义。

(4) 静态存储类型,标识符为 static。用此关键字定义的变量为静态存储变量。静态存储变量有外部静态变量和内部静态变量两种。

这里需要注意,不要把变量的静态存储方式与静态存储类型概念混淆。用静态存储类型标识符 static 定义的变量均属于静态存储方式存储的变量,但是非 static 定义的外部变量也属于静态存储方式存储的变量。

如图 7.5 所示是正在运行的程序的内存分配示意图,从示意图中可以看到不同存储类型变量的存放位置。

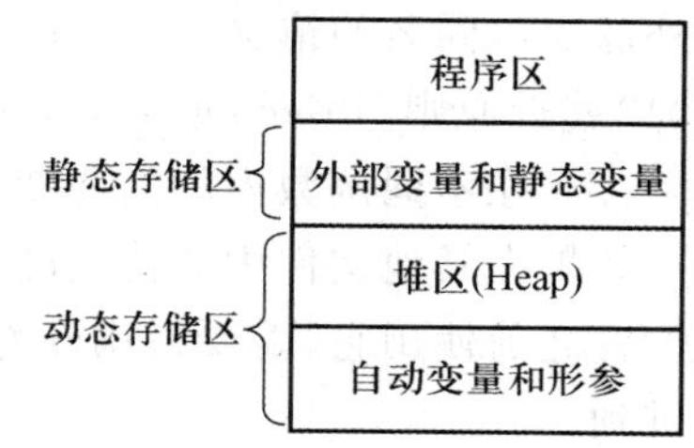

图 7.5 内存分配示意图

7.3.2 内部变量和外部变量

在前面已经提到内部变量和外部变量的概念,即:在一个函数或复合语句内部定义的变量称为内部变量或局部变量。在函数外定义的变量称为外部变量或全局变量。

内部变量的作用域是在定义它的函数或复合语句内。但是它的生存期是由其存储类型决定的。

外部变量的作用域可达到整个程序的所有文件。由多文件组成的程序中,如果在某个文件中定义了外部变量,则该程序其他文件中经引用说明后是可访问的。

外部变量的生存期是整个程序。外部变量是在编译阶段分配存储地址空间的，且在内存中的静态存储区为外部变量分配存储单元，在程序的整个执行期间外部变量所占用的这些存储单元是不释放的。外部变量的初始化仅执行一次，当没有初始化时，数值型外部变量置初值 0，字符型外部变量置空字符'\0'。

例如：

```
int a=1;                /*外部变量a*/
void fun1(int x)        /*形参x也是内部变量*/
{float y;               /*内部变量y*/
 double a;              /*内部变量a,与外部变量a同名*/
 …
}
int b;                  /*外部变量b*/
main()
{ … }
```

说明：

(1) 上例中有两个外部变量 a 和 b，但是 a 定义在程序最上方，所以在整个程序中都有效，而 b 仅在其后的程序中有效。

(2) 外部变量 a 已初始化，其值为 1，而外部变量 b 未初始化，则其值默认为 0。

(3) 形参 x、变量 y 和 a 均为函数 fun1 内部变量，未初始化前其值是不确定的，其作用范围为函数 fun1 的函数体。

(4) 内部变量 a 与外部变量 a 同名，这是 C 语言允许的，但在函数 fun1 中只有内部变量 a 有效，外部变量 a 在函数 fun1 中被屏蔽，它在函数 fun1 中是“不可见”的。即：如果发生内部变量和外部变量同名的情况，在函数或复合语句内的内部变量有效，而外部变量被屏蔽。这个原则也称为“就近原则(Principle of Proximity)”。

(5) 在不同函数内的内部变量可以同名，互相不受影响。

如果在其他文件中要使用已经定义好的外部变量，或者要在同一个文件中的外部变量的定义位置之前使用它，需要使用外部存储类型关键字 extern 进行说明，其说明形式及用法在后面将要讲到。

外部变量或全局变量能够起到在不同函数乃至不同文件中数据共享和传递的作用，它在使用中应尽量遵循以下原则：

(1) 外部变量的定义一般都集中放在文件中程序的顶部，在编译预处理命令和结构体类型定义之下。这样做的好处是代码清晰、不易遗漏。

(2) 外部变量作用域大，传递数据方便，但应尽量减少程序中外部变量的使用。在传递数据中尽量使用函数返回值或指针。

这是因为外部变量虽然使用方便，但是外部变量本身打破了函数的独立性，增大了程序的耦合度，与模块化程序设计原则不符；外部变量可被多处程序修改其值，增加了查找错误的难度；而且外部变量在程序运行中始终占用存储单元，不宜大量使用。

7.3.3　自动存储类型变量及其作用域

自动存储类型变量(自动变量)在函数或复合语句内定义,属于内部变量。实际上,函数或复合语句中的内部变量如未指定存储类型,则默认为自动存储类型 auto。

自动变量用关键字 auto 作为存储类型标识符,其定义形式如下:

[auto] <数据类型标识符> <变量名表>;

例如:

```
main()
{auto int x1,x2;
 auto double x3;
 …
 if(x1>x2)
 {auto int t;
  t=x1;
  x1=x2;
  x2=t;
 }
 …
}
```

在 main 函数内定义了自动存储类型的 int 数据类型变量 x1、x2 和 double 数据类型变量 x3,在复合语句内定义了自动存储类型的 int 数据类型变量 t。因为默认的存储类型为 auto,一般情况下 auto 都省略。上例可以简写为:

```
main()
{int x1,x2;
 double x3;
 …
 if(x1>x2)
 {int t;
  t=x1;
  x1=x2;
  x2=t;
 }
 …
}
```

自动存储类型变量有如下特点:

(1) 自动存储类型变量只能定义在函数内或复合语句内,所以自动变量只在定义它的函数或复合语句内有效,即"局部可见",属于内部变量的一种。

(2) 自动存储类型变量在未初始化前其值是不确定的。

(3) 自动变量的作用域是在定义该变量的函数或复合语句内,其作用域为函数级或程序段级。不同函数中可以声明相同名字的自动变量,而彼此间没有关系。

(4) 函数的形参也属于自动变量。

(5) 自动变量的生存期是函数或复合语句的执行期,当函数或复合语句执行时才为其分配存储单元;执行结束后,其所占的存储单元自动释放。

7.3.4 用 extern 说明的外部变量

定义在函数外的外部变量要想在其他文件中使用,或者要在同一个文件中外部变量的定义位置之前使用它,需要使用外部存储类型的关键字 extern 进行说明。其形式如下:

extern <数据类型标识符> <变量名表>;

【例 7.3】 在同一个文件中外部变量的定义位置之前使用它,需用 extern 进行说明。

```
void countplus( )
{extern int count;     /* 用 extern 对外部变量 count 进行说明 */
 count++;              /* 在定义位置之前使用外部变量 */
}
int count=0;           /* 外部变量定义 */
main( )
{countplus( );
 printf("The count number is %d\n",count);
}
```

在上例中,因为 countplus 函数中的语句“count++;”要使用外部变量 count,而 count 的定义在 countplus 函数之后,所以在使用前需用“extern int count;”来说明。

【例 7.4】 在其他文件中使用外部变量,需用 extern 进行说明。

文件 7-4-1.c 内容如下:

```
int count=0;               /* 外部变量定义 */
void countplus( )
{
 count++;
}
```

文件 7-4-2.c 内容如下:

```
extern int count;          /* 用 extern 对外部变量 count 进行说明 */
main( )
{countplus( );
 printf("The count number is %d\n",count);     /* 在该文件中外部变量 count */
}
```

在上例中外部变量 count 定义在 7-4-1.c 中,而 7-4-2.c 中使用了该变量,所以在使用前需用 extern 对该变量进行说明。

外部变量的特点如下：

(1) 外部变量的生存期是整个程序的执行期，而外部变量的作用域可达到整个程序，所以它是程序级的。外部变量在整个程序执行期间所占用存储单元并不释放，总是保留上次修改的值。

(2) 外部变量的初始化仅执行一次，当外部变量没有初始化时，数值型外部变量置初值 0，字符型外部变量置空字符'\0'。

7.3.5　静态存储类型变量及其作用域

静态存储类型变量有两种：一种是内部静态存储变量（内部静态变量或局部静态变量）；另一种是外部静态存储变量（外部静态变量或全局静态变量）。前者定义在函数或复合语句内，后者定义在函数之外。其定义形式如下：

static <数据类型标识符> <变量名表>;

例如：

```
static int x;          /* 定义 x 为外部静态变量 */
main( )
{static double y;      /* 定义 y 为内部静态变量 */
 …
}
```

1. 内部静态变量

内部静态变量的作用域是在定义它的函数或复合语句内，它的作用域与自动变量相同。

内部静态变量虽然在整个程序运行期间都存在，但它在其他函数或复合语句内不可以使用，而只能在定义它的函数或复合语句内使用。

内部静态变量有以下特点：

(1) 内部静态变量仅在第一次执行定义它的函数或复合语句时，进行一次初始化。当没有初始化时，数值型内部静态变量置初值 0，字符型内部静态变量置空字符'\0'。

(2) 内部静态变量的生存期是程序级的，在每次函数或复合语句执行结束后，所占用存储单元并不释放，总是保留上次函数或复合语句执行结束时的值。

【例 7.5】　考察程序中静态变量的值。

程序如下：

```
#include <stdio.h >
void func1(int n)
{int a=0;                          /* 自动变量 */
 static int b=0;                   /* 内部静态变量 */
 a+=n;
 b+=n;
 printf("a=%d   b=%d\n",a,b);
}
```

```
main( )
{int i;
 for(i=1;i<=4;i++)
    func1(i);
}
```

运行结果如下:

```
a=1   b=1
a=2   b=3
a=3   b=6
a=4   b=10
```

说明:

在第一次调用 func1 函数时,a,b 的初值均为 0。第一次调用结束时 a=1,b=1。由于 a 为自动变量,所以其内存空间在结束时释放,而 b 是内部静态变量,在函数调用结束后仍然保留存储单元,并保留其值 1。在第二次调用 func1 函数时,a 重新初始化为 0,而 b 不再进行初始化,其值为 1。所以,在第二次调用结束时 a=2,b=3。以此类推。

2. 外部静态变量

如果需要限定外部变量仅在一个文件中使用,这时就需要用关键字 static 来限定变量的作用域,这样的外部变量就称为外部静态变量。

外部静态变量有以下特点:

(1) 外部静态变量仅在程序开始运行时进行一次初始化,当没有初始化时,数值型外部静态变量置初值 0,字符型外部静态变量置空字符'\0'。

(2) 外部静态变量的生存期是程序级的,在程序运行期间所占用存储单元并不释放,总是保留上次修改的值。

(3) 外部静态变量的作用域是在定义它的文件中,从定义它开始到该文件结束,在程序的其他文件中或作用域之外是不能访问该变量的。外部静态变量的作用域是介于外部变量与自动变量之间,它比外部变量作用域小,比自动变量作用域大,是文件级的。

【例 7.6】 分析外部静态变量的应用。

```
static int a, b;
main()
{a=10;b=20;
 swap();
 printf("a=%d,b=%d\n",a,b);
}
swap()
{int temp;
 temp=a;a=b;b=temp;
}
```

运行结果如下:

a=20,b=10

该程序中定义了两个外部静态变量 a 和 b,它们的生存期是整个程序,但作用域仅是在定义它们的文件中,在程序的其他文件中是不能对它们进行访问的。

【例 7.7】 观察外部静态变量和外部变量的区别。

文件 7-7-1.c 如下:

```
#include <stdio.h >
static int x;      /* 定义外部静态变量 x */
int y;             /* 定义外部变量 y */
int func1( )
{
  return(x * x);
}
main( )
{x =2;
  y =3;
  printf("func1=%d, func2=%d\n", func1( ), func2( ));
}
```

文件 7-7-2.c 如下:

```
extern int y;      /* 说明外部变量 y */
int func2( )
{
  return(y * y);
}
```

运行结果如下:

func1=4, func2=9

该程序包含两个文件,共三个函数。main 和 func1 函数在文件 7-7-1.c 中,func2 函数在文件 7-7-2.c 中。文件 7-7-1.c 中有一个外部静态变量 x 和一个外部变量 y,其中 x 只能在文件 7-7-1.c中使用,而 y 可在文件 7-7-1.c 中直接使用,但在文件 7-7-2.c 中使用需用 extern 进行说明。

7.3.6 寄存器存储类型变量及其作用域

一般的变量都是存放在内存空间中,而存放在 CPU 寄存器内的变量称为寄存器存储类型变量(寄存器变量)。

寄存器变量使用存储类型标识符 register 来定义,它只能定义为内部变量,即定义在函数内或复合语句内。其定义形式如下:

register <数据类型标识符> <变量名表>;

例如:

```
main( )
{register int i;          /* 定义寄存器变量 i */
 long s=0;
 for (i=0;i<=1000;i++)
     s=s+i;
 printf("%ld",s);
}
```

寄存器变量的说明：

（1）寄存器变量也属于内部变量，其作用域为定义该变量的函数或复合语句。

（2）使用寄存器变量的目的是为了提高存取速度，缩短运算时间，所以一般把使用频繁的变量设为寄存器变量。

（3）由于 CPU 内寄存器数量有限，所以寄存器变量数量不宜设置过多。

（4）寄存器变量使用时需注意数据类型所占位数不能超过寄存器的位长，而有些编译系统在此方面有限制。常见的寄存器变量的数据类型为带符号与无符号的 char、short、int。

（5）不能对寄存器变量进行取地址操作。

例如：

```
register int x;
scanf("%d",&x);
```

由于 x 为寄存器变量，而寄存器没有地址，所以 scanf 函数中的 &x 是错误的。

7.3.7 各种存储类型变量小结

本节介绍了变量的存储类型、不同存储类型变量的作用域和生存期等相关概念。这些概念之间互相关联，而且在不同的情况下有所区别。下面通过表 7.1 来对这些概念进行小结。

表 7.1 各种存储类型变量小结

	存储类型	存储类标识符	作用域	存储方式	生存期
内部变量	自动变量	auto	函数或复合语句	动态	函数或复合语句执行期间
	寄存器变量	register	函数或复合语句	动态	函数或复合语句执行期间
	内部静态变量	static	函数或复合语句	静态	整个程序执行期间
外部变量	外部静态变量	static	所在文件	静态	整个程序执行期间
	外部变量	extern（用于说明）	整个程序	静态	整个程序执行期间

7.4 函数间的数据传递

被调函数通常要从主调函数接收一些数据进行处理，在处理结束后，主调函数往往需要得到处理结果。这种在主调函数和被调函数之间进行数据交换的过程称为函数间的数据传递。从主调函数传送信息给被调函数，称为数据传入；从被调函数传送信息给主调函数，称为数据传出。

函数间的数据传递可以通过几种不同的方式实现，每种方式有其各自的特点和适用性。在一次函数调用时，可以使用多种数据传递方式。

一般来说，数据传递可以分为 3 种形式：

(1) 参数传递，即实参与形参之间数据传递，在使用参数传递数据时，又可分为数据复制和地址复制两种方法，也称为值传递和地址传递。用数据复制方式传送的数据只能传入，不能传出。而用地址复制方式传送的数据可以传入也可以传出。

(2) 函数返回值方式，用于数据传出。

(3) 外部变量方式，可以将数据传入，也可以将数据传出。

7.4.1 用数据的复制方式传递数据

在函数调用过程中，用数据的复制方式传递数据就是把实际参数的值单向传递到形式参数中，这样就实现了数据的传入，这种单向传递数据的方式也称为值传递。使用值传递进行的函数调用又称为函数的传值调用。

传值调用时，实参可以是常量、已赋值的变量或表达式，它们有一个确定的值，被调用函数的形参只能是变量。调用时系统先计算实参的值，再将实参的值按位置顺序对应地赋给形参，即对形参进行初始化。

传值调用时，系统给形参分配一个存储单元，并将实参所在的存储单元中的数据复制到所对应形参的存储单元中。这样一来，在形参的存储单元内，就形成了一个被复制的实参副本。因为实参和形参分别占用不同的存储单元，所以在被调用函数体内，形参的改变不影响主调函数中的实参的值。因此，传值调用只能用于数据从主调函数到被调函数的传入，而不能用于数据传出。

使用实参变量和形参变量按值传递数据时应注意以下几点：

(1) 实参变量和形参变量可使用相同的名字，但它们是同名的不同变量。

(2) 由于调用期间实参变量和对应的形参变量占用的是不同的存储单元，且数据传递是单向的，形参变量从对应实参变量取得初始值后，若被调用函数执行过程中改变了形参变量的值，而这个值也不会影响调用函数中所对应的实参变量的值。

【例 7.8】 观察程序运行结果，分析函数传值调用的特点。

程序如下：

```
#include <stdio.h >
```

```
void func1(int x, int y);
main( )
{int a=10,b=15;
 printf("a=%d, b=%d\n",a,b);
 func1(a,b);                       /* 按值传递方式调用 func1 */
 printf("a=%d, b=%d\n",a,b);
}
void func1(int x, int y)
{x=x+10;
 y=y+10;
 printf("x=%d, y=%d\n",x,y);
}
```

运行结果如下：

```
a=10, b=15
x=20, y=25
a=10, b=15
```

分析:该程序中 func1 函数的功能是将 x 和 y 分别加 10。在 main 函数中调用 func1 函数时，以变量 a 和 b 作为实参。在调用过程中实参变量 a 和 b 的值赋给了形参变量 x 和 y。这里的 a、b 和 x、y 分别是 main 函数和 func1 函数的内部变量,它们各自占用独立的存储单元。在调用 func1 时,首先为内部变量 x 和 y 分配存储单元,然后将变量 a 和 b 存储单元的值分别复制到 x 和 y 的存储单元中,如图 7.6(a)所示。函数 fun1 中改变的是变量 x 和 y 的值,而并不改变变量 a 和 b 的值。调用结束后,变量 x 和 y 所占的存储单元被释放,变量 a 和 b 仍保持原来的值,如图 7.6(b)所示。

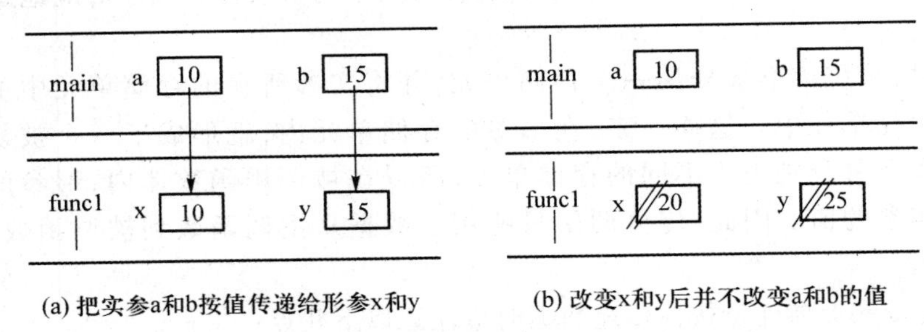

图 7.6　按值传递的实参与形参

使用数据复制方式传递数据的特点是:由于实参和形参占用不同的存储单元,所以形参的值在被调函数中无论如何变化,都不会影响调用函数中所对应实参的值。如变量 x 和 y 的值在 func1 函数中发生变化,但它们的变化对 main 函数中变量 a 和 b 的值无任何影响。

7.4.2 用地址的复制方式传递数据

在函数调用过程中,要求调用函数的实参用变量地址,被调用函数的对应形参用指针变量,即把地址的复制到形参指针中,用这种方式可实现数据的传入、传出,这种双向传递数据的方式也称为地址传递。使用地址传递进行的函数调用又称为函数的传址调用。

指针是一种用来存放某个变量地址值的变量。一个指针存放了哪个变量的地址值,则该指针就指向哪个变量。

传址调用方式中,将实参变量的地址值传送给形参指针后,就使形参指针指向了该实参变量。因此,传址调用方式不是把实参值传送给形参,而是让形参指针直接指向实参变量。被调用函数通过形参指针指向该变量的存放位置,直接对该地址中存放的变量的内容进行存取操作。如果在被调用函数中改变了该变量地址中的内容,实际上就改变了实参的值。

编写函数时,在下列情况中适合采用地址复制方式传递数据。

(1) 主调函数中的变量值需要由被调用函数改变。

(2) 被调用函数需要返回多个值。

(3) 主调函数和被调用函数间需要传递大量数据。

【例 7.9】 观察程序运行结果,分析函数传址调用的特点。

程序如下:

```
#include <stdio.h >
void func1(int * x, int * y);
main( )
{int a=10,b=15;
 printf("a=%d, b=%d\n",a,b);
 func1(&a,&b);                        /* 按地址传递方式调用 func1 */
 printf("a=%d, b=%d\n",a,b);
}
void func1(int * x, int * y)
{ * x= * x+10;
  * y= * y+10;
 printf(" * x=%d, * y=%d\n", * x, * y);
}
```

运行结果如下:

```
a=10, b=15
 * x=20, * y=25
a=20, b=25
```

分析:在 main 函数中调用 func1 函数时,以变量 a 和 b 的地址作为实参。在调用过程中实参变量 a 和 b 的地址赋给了形参指针变量 x 和 y。在调用 func1 时,首先为形参指针变量 x 和 y 分配存储单元,然后将变量 a 和 b 的地址分别复制到形参指针变量 x 和 y 中,使得指针 x 和 y 分别指向了变量 a 和 b,如图 7.7(a)所示。当函数 fun1 中改变了指针变量 x 和 y 所指存储单元的值时,实际上就是改变了变量 a 和 b 的值。调用结束后,指针变量 x 和 y 所占的存储单元被释放,变量 a 和 b 中存放的是改变后的值,如图 7.7(b)所示。

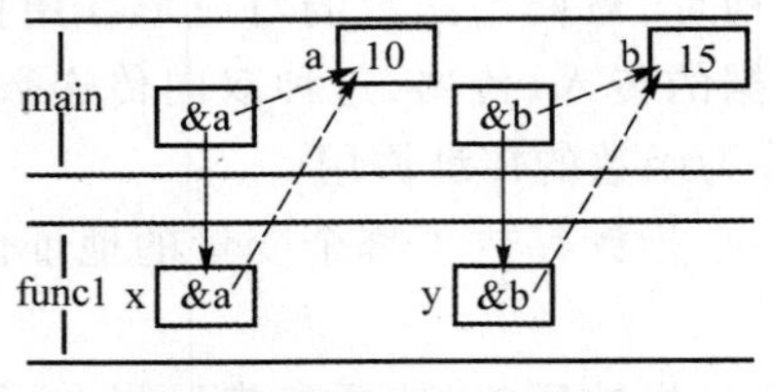

(a) 把实参按地址传递给形参x和y

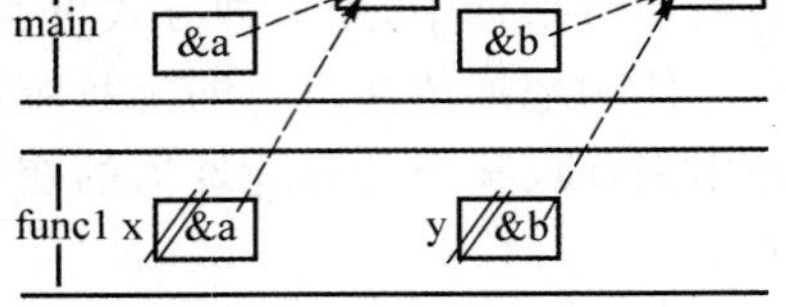

(b) 改变x和y所指存储单元的内容即改变a和b的值

图 7.7 按地址传递的实参与形参

【例 7.10】 分析下面程序中地址复制方式和数据复制方式传递数据的差异。

程序如下:

```
#include <stdio.h >
void swap1(int *x, int *y);
void swap2(int x, int y);
void main()
{int a,b,c,d;
 scanf("%d%d",&a,&b);
 c=a;
 d=b;
 swap1(&a,&b) ;                    /*按地址复制方式传递参数*/
 printf("swap1:%4d%4d\n",a,b);
 swap2(c,d);                       /*按数据复制方式传递参数*/
 printf("swap2:%4d%4d\n",c,d);
}
void swap1(int *x,int *y)
{int temp;
 temp = *x;
 *x = *y;
 *y =temp;
 return;
}
void swap2(int x,int y)
{int temp;
 temp =x;
 x =y;
 y =temp;
```

```
  return;
}
```

运行结果如下：

```
10 5 ↵
swap1:   5   10
swap2:  10    5
```

在上面的例子中 swap1 是按照地址复制的方式传递参数，swap2 是按照数据复制的方式传递参数。从运行结果可以看到，函数 swap1 对形参 x 和 y 这两个指针变量指向存储单元中的内容进行了交换，从而交换了实参 a 和 b 的值。而函数 swap2 并没有起到交换两个变量值的作用。

7.4.3 利用函数返回值传回数据

使用函数返回值是从被调函数向主调函数传送数据的一种常用方法。一般情况下，函数在执行时都有一个函数返回值，被调函数通过使用 return 语句向主调函数返回一个计算结果值。

使用 return 语句只能把一个返回值传递给主调函数。返回值可以是一个数值，也可以是一个指针。如果需要返回多个处理结果时可以采用指针的方式，这种情况将在 7.7 节中进行介绍。

【例 7.11】 使用函数计算 2^1、2^2、2^3、…、2^{10}。

```
main( )
{int i;
 for(i=1;i<=10;i++)
      printf("%d ",power(2,i));
}
int power(int x, int n)
{int i,p=1;
 for(i=1;i<=n;i++)
      p=p * x;
 return(p);
}
```

运行结果如下：

```
2 4 8 16 32 64 128 256 512 1024
```

函数 power 的功能是计算 x 的 n 次方。该函数用形参 x 和 n 接收实参 2 和 i 的值。函数 power 中计算结果 p 使用 return 语句传递给 main 函数。

7.4.4 利用外部变量传送数据

外部变量的作用域是整个程序，所以可以在各文件的函数中使用。利用外部变量的这个特点就可以实现在函数间传递数据。

【例 7.12】　编写一个函数计算

$$S=1\times2-2\times3+3\times4-4\times5+\cdots+(-1)^{n+1}\times n\times(n+1)$$

的值。其中 n 的值由键盘输入。

程序如下：

```
#include <stdio.h >
int n=0;
float s=0.0;                    /* n 和 s 是外部变量 */
void calculate( );              /* 函数 calculate 的说明 */
main( )
{ scanf( "%d" ,&n);
  calculate( );
  printf( "s=%f\n" ,s);
}
void calculate( )
{ int i;
  for(i=1;i<=n;i++)
  { if(i%2==0)
       s-=i * (i+1);
    else
       s+=i * (i+1);
  }
}
```

运行结果如下：

```
10 ↵
s=-60.000000
```

程序中的 n 和 s 定义在所有函数之外，是外部变量，所以它们的作用域为整个程序。在函数 main 中给变量 n 输入数值，在函数 calculate 中使用 n 的值计算 s，然后在函数 main 中输出 s 的值。外部变量 n 起到了传递数据给函数 calculate 的作用，而外部变量 s 起到了从函数 calculate 传递计算结果到 main 函数中的作用。

使用外部变量可以方便地实现数据的传入传出，但是同时也增加了函数之间的耦合度，降低了函数的独立性。所以，在模块化程序设计方法中不提倡大量使用外部变量，应尽量减少外部变量的使用。

7.5　数组与函数

数组是固定数量的按顺序存放的同类型变量的集合。在 C 语言程序中，数据经常存储在数组中。当需要在函数中处理这些数据时，通常采用以下 4 种方法：

（1）将数组定义在所有函数的外部，成为外部数组，这样一来在各个函数中就可以直接使用。这种方法的优点是使用方便，缺点是过多地使用了外部变量，并且降低了函数的独立性。

（2）将数组元素作为参数传递给函数，在函数内部中处理。在这种情况下，数组元素作为实参，而对应的形参是普通变量。这种方法不适用于函数需要处理的数组元素很多的情况。

（3）将数组名作为实参传递给函数，所对应的函数形参也是数组形式。这种方法实际上是采用传地址的方式，把整个数组的地址作为参数传递给被调函数。这种方法适用于需要在函数中处理多个数组元素的情况，在函数处理数组中经常采用。本节重点介绍这种方式。

（4）将数组首地址作为实参传递给函数的形参指针变量。这种方式也属于传地址的方式，这种方式与将数组名作为实参传递本质上是一样的。

7.5.1 向函数传递一维数组

【例 7.13】 从键盘输入 10 个学生的成绩并统计其中不及格的人数。要求学生成绩存入数组中，并编写函数统计不及格人数，由主函数采用传递数组名的方式把数组交给该函数处理。

```
#include "stdio.h"
int count(int s[ ],int n)   /*一维数组名作为实参传递,形参数组可以不说明长度*/
{ int i,cnt=0;
  for(i=0;i<n;i++)
     if(s[i]<60)
        cnt++;
  return(cnt);
}
main( )
{ int score[10], i,c;
  for(i=0;i<10;i++)                     /*输入学生成绩*/
     scanf("%d",&score[i]);
  c=count(score,10);                    /*函数调用,并将数组名作为实参*/
  printf("The number of failed students is:%d",c);
}
```

运行结果如下：

```
62 78 99 45 73 66 57 85 51 77 ↵
The number of failed students is:3
```

在上例中需要注意以下几点：

（1）在函数调用处，作为实参只需要写出数组名即可，不能带[ ]。

例如：c=count(score,10);

不能写成 c=count(score[ ],10); 或 c=count(score[10],10);

（2）作为形参的一维数组在说明和定义时不必指出它的元素个数，因为本质上传递过来的是一个数组的首地址，因而没有数组长度说明也是可以的。而函数 count 的第二个参数 n，是用来指出函数所需要处理的数组元素个数。

(3) 将数组名作为实参传递给函数时,用于接收数组地址的形参除了使用上述的数组形式外,还可以使用指针形式。例如,函数 count 可以定义如下:

```
int count(int *s,int n)
{… }
```

7.5.2　向函数传递二维数组

【例 7.14】　从键盘输入 5 个学生的两门课成绩,找出最高的总分。要求学生两门课的成绩存入二维数组中,并编写函数找出最高的总分,由主函数采用传递数组的方式把数组交给该函数处理。

```
#include "stdio.h"
#define N 5
int max_score(int s[][2],int n)    /*传递二维数组需给出第二维大小*/
{int i,max=0,m=0;
 for(i=0;i<n;i++)
  {m=s[i][0]+s[i][1];
   if(m>max)
        max=m;
  }
 return(max);
}
main()
{int score[N][2];
 int i,c;
 for(i=0;i<N;i++)           /*输入学生的两门课程成绩*/
   scanf("%d%d",&score[i][0],&score[i][1]);
 c=max_score(score,N);  /*将二维数组名作为实参传递,求学生的最高总分*/
 printf("The max score is:%d",c);
}
```

运行结果如下:

```
56 77 ↵
60 67 ↵
85 72 ↵
75 90 ↵
82 81 ↵
The max score is:165
```

在传递二维数组时需要注意的是,必须在函数定义中指定数组第二维的大小,否则编译系统将无法判断二维数组每维的长度。例 7.14 中函数 max_score 中的函数首部不可写为：

int max_score(int s[][],int n)或 int max_score(int s[N][],int n)

7.6 字符串与函数

在 C 程序中,经常使用函数进行字符串的处理。由于 C 语言使用字符数组处理字符串,所以处理字符串的函数与一般处理数组的函数在方法上是相同的,可以把字符数组名作为参数传递给函数。

另外,可以先定义一个字符指针变量,将字符串数组的第一个元素的地址赋给该指针变量。所以将字符串传递给函数时,也经常采用地址传送方式把字符串的首地址传递给函数。这时,函数形式参数是一个字符指针变量。

字符串的结束标志为'\0',此前的字符为该字符串的有效字符。对字符串处理时通常使用循环的方法,对有效字符进行处理。

【例 7.15】 编写一个函数,将给定字符串中的小写英文字母转换为大写英文字母。

```
#include <stdio.h>
void convert(char *str1);                    /* 函数说明 */
void main()
{char str[20];
 printf("Please input a string:");
 gets(str);
 convert(str);                               /* 用数组名 str 作为实参进行函数调用 */
 printf("The result string is:%s",str);
}
void convert(char *str1)
{char *p;
 p=str1;
 while(*p!='\0')                             /* 当达到字符串结束标志时结束循环 */
 {if(*p>='a'&&*p<='z')                       /* 判断是否为小写字母 */
      *p-='a'-'A';
  p++;
 }
}
```

运行结果如下：

```
Please input a string:C Language ↵
The result string is:C LANGUAGE
```

7.7 指针型函数

在有返回值的函数中,返回值可以是一个数值,也可以是一个指针。通常把返回值为指针的函数称为指针型函数。指针型函数可以用来返回多个处理结果。

指针型函数的定义形式如下:

```
<存储类型标识符> <数据类型标识符> * <函数名>(<形参类型说明表>)
{
  [说明语句]
  [执行语句]
}
```

【例 7.16】 利用指针型函数重编例 7.15 程序。

```
#include <stdio.h>
char * convert(char * str1);                    /* 函数说明 */
void main()
{char str[20], * ps;
 printf("Please input a string:");
 gets(str);
 ps=convert(str);                               /* 用数组名 str 作为实参进行函数调用 */
 printf("The result string is:%s",ps);
}
char * convert(char * str1)
{char * p;
 p=str1;
 while( * p!='\0')                              /* 当达到字符串结束标志时结束循环 */
 {if( * p>='a'&& * p<='z')                      /* 判断是否为小写字母 */
      * p-='a'-'A';
   p++;
 }
 return(str1);
}
```

当把 convert 函数定义为指针型函数后,可以用指针返回处理的字符串。

【例 7.17】 编写一个函数,给定一个字符串,从指定位置开始截取右侧的子字符串,并用子字符串代替原字符串。

```
#include <stdio.h>
char * right(char * str1,int k);                      /* 函数说明 */
void main()
```

```
{char str[20];
 int n;
 printf("Please input a string:");
 gets(str);
 printf("Please input n:");
 scanf("%d",&n);
 /* 从第 n 个字符开始向右截取 str 中的剩余字符串 */
 printf("The result string is:%s",right(str,n));
}
char *right(char *str1,int k)
{char *p, *q;
 p=str1;
 q=str1+k-1;
 while(*q!='\0')
 { *p=*q;
   p++;
   q++;
 }
 *p='\0';
 return(str1);                       /* 将处理后的字符串以指针形式返回 */
}
```

运行结果如下：

```
Please input a string:Welcome to Turbo C ↵
Please input n:12 ↵
Turbo C
```

在上例中定义了指针型函数 right，该函数能将参数中的 str1 字符串中第 k 个字符开始向右的剩余字符串截取出来，用其代替原字符串并以指针形式返回。

7.8 递归函数和递归调用

7.8.1 递归调用的概念

前面提到，C 语言函数可以嵌套调用，即在一个函数内部调用其他函数。实际上，C 语言中的函数不仅可以调用其他函数，还可以调用其自身。

函数中直接或间接调用函数自身，称为函数的递归调用。在函数定义中直接或间接调用自身的函数称为递归函数。

例如：

```
int fun1(float a)
{
  …
  c=fun1(b);
  …
}
```

上面的函数定义中出现了对自身的调用，称为直接递归调用。

如果函数 fun1 中调用了函数 fun2，而函数 fun2 中又调用了函数 fun1，这种形式称为间接递归调用。间接递归有可能涉及多个函数，这样就更加复杂。

在实际问题中，经常可以发现一些大的问题处理中包含与大问题相似的小问题处理。

例如，数学中的阶乘计算递归公式如下：

$$n!=\begin{cases}1 & \text{当 } n=0,1 \text{ 时}\\ n\times(n-1)! & \text{当 } n>1 \text{ 时}\end{cases}$$

类似这样的问题，如果使用递归调用的阶乘函数来处理，将能够使得程序结构清晰。

【例 7.18】　使用递归函数求阶乘。

```
long factorial(int n)
{long f;
  if(n==0||n==1)
      f=1;
  else
      f=n*(factorial(n-1));
  return(f);
}
main()
{
  printf("5!=%ld\n",factorial(5));
}
```

运行结果如下：

```
5!=120
```

使用递归函数时需要注意：

(1) 使用递归函数调用自身时，每一次调用都应使问题进一步简化，这样才能逐步求解。

(2) 递归调用不能是无休止的，必须有一个递归结束条件。如上面阶乘的函数中的

```
if(n==0||n==1)
      f=1;
```

就是最后结束递归调用的条件。

7.8.2 递归调用过程

大致来说,整个递归调用可以分为递推和回归两个阶段。

(1) 递推阶段

在这个阶段中,复杂问题逐步递推为相似的简单问题,随着函数自身被不断调用,最终到达递归调用终止条件,最简单的问题得到解决。

在这个阶段中,每一次调用都没有终止,是一个调用“层数”不断加深的过程。

以上面阶乘的递归为例,假如 factorial 函数第一次被调用时实参为 5,则 factorial(5)、factorial(4)、factorial(3)、factorial(2)、factorial(1)被不断调用,直到以实参 1 调用 factorial 函数时,进一步递归调用被终止,返回 1 的阶乘值 1。

(2) 回归阶段

在这个阶段中,从最后的调用开始,逐层把求解结果返回,直至最初的一次调用。

以上面阶乘的递归调用为例,factorial(1)、factorial(2)、factorial(3)、factorial(4)、factorial(5)被不断返回求解结果,直至最终返回给主调函数为 5 的阶乘值。

递推阶段和回归阶段如图 7.8 所示。

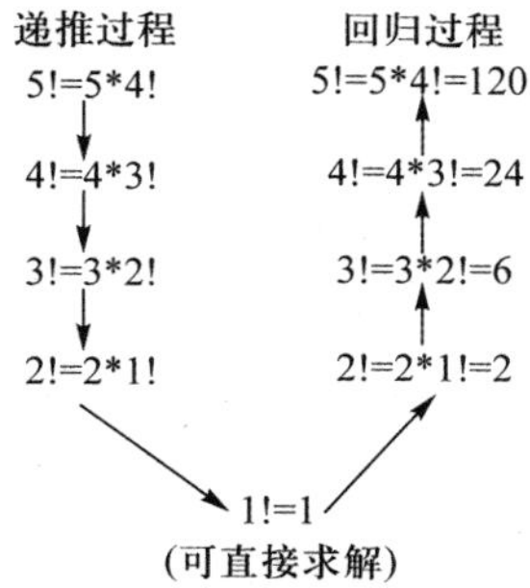

图 7.8 递推过程和回归过程

7.8.3 递归调用举例

【例 7.19】 用递归的方法对数组按选择法从大到小排序。

分析:对一个长度为 n 的数组用选择法从大到小排序,可以分成两步:

(1) 在当前数组中找出最大的数与当前第一位数进行交换。

(2) 在剩余的数中继续进行选择法排序,直到只剩一个数为止。

```
#include <stdio.h>
#define N 5
void sort(int *p,int n);
void maxfirst(int *p,int n);
```

```
void main()
{int i,a[N];
 for(i=0;i<N;i++)
        scanf("%d",&a[i]);
 sort(a,N);
 for(i=0;i<N;i++)
        printf("%5d",a[i]);
 printf("\n");
}
void sort(int *p,int n)          /*选择法排序*/
{if(n==1)                        /*当数组只有一个数时终止递归调用*/
     return;
 maxfirst(p,n);                  /*调用函数 maxfirst 将 p 数组内最大的数放在第一位*/
 sort(p+1,n-1);                  /*对剩余的数进行选择排序*/
}
void maxfirst(int *p,int n)      /*将 p 数组内最大的数放在第一位*/
{int i,maxi,t;
 maxi=0;
 for(i=0;i<n;i++)
       if(*(p+i)>(*p+maxi))
            maxi=i;
 t=*p;
 *p=*(p+maxi);
 *(p+maxi)=t;
}
```

运行结果如下:

```
4 5 0 1 10↵
   10    5    4    1    0
```

在实际应用中,使用递归函数解决类似于递归问题或迭代问题的优点是程序结构清晰、比较直观,便于编写和阅读。但是递归函数每递归调用一次,都需要一定的系统开销,内存堆栈也被占用一部分,执行效率不如循环结构,调用次数过多甚至导致内存不足。所以,数值计算中的迭代问题和需要很多次递归调用的问题不适于用递归函数,若能用循环方法解决时最好不使用递归函数。但对于那些本身具有递归特性的问题则特别适合于用递归函数来处理,比较典型的例子如汉诺塔问题。

7.9 指向函数的指针

7.9.1 函数指针的概念

前面讲过,指针变量中存放的是存储单元地址,指向某个存储单元。而函数指针就是指向函数的指针,也就是指向函数第一条指令所占存储单元,即指向函数执行的入口地址。

函数指针与前面讲到的变量指针的不同之处在于,变量指针指向的存储单元中存放的是数据,而函数指针指向存储单元中则是程序指令。

实际上函数名就是该函数第一条指令所占存储单元地址,也就是函数执行的入口地址。

例如,在程序中定义了以下函数:

```
float fun1( )
{…}
```

则函数名 fun1 就是该函数执行的入口地址。

函数指针指向某个函数后,就可以通过函数指针进行函数调用。这样就大大增加了函数调用的灵活性。可以多次给一个函数指针赋值,指向同类型的不同函数,并使用该指针实现对不同函数的调用。

还可以把函数指针作为函数的参数进行传递,起到在函数间传递函数的作用。这种传递不是传递数据,而是传递函数的执行入口地址。

7.9.2 函数指针的定义

函数指针的定义形式为:

<存储类型标识符> <数据类型标识符>(* <函数指针名>)(形参类型表)[=函数名];

例如:

```
float ( * pfun)(int, int)= fun1;
```

上面语句定义了一个函数指针 pfun,它指向一个返回值类型为 float,并具有两个 int 类型参数的函数。该指针被初始化为指向一个函数名为 fun1 的函数。

函数指针定义和使用时需注意:

(1) 存储类型标识符用来说明函数指针的存储类型,而数据类型标识符用来说明指针所指向函数的返回值数据类型。

(2) 定义形式中的“(* <函数指针名>)”中的圆括号不可省略。圆括号用于强制“函数指针名”先与“ * ”号结合,说明它是一个指针变量,然后该指针变量再与后面的“(形参类型表)”结合,表示该指针变量指向一个函数。

例如:“float (* pfun)(int, int);” 不能写为“float * pfun(int, int);”。后者是一个指针型函数的说明,而不是一个函数指针的定义。

(3) 定义形式中的“(形参类型表)”不可省略。

例如:“float (* pfun)(int, int);”不能写为“float (* pfun);”。后者是一个指向 float 类型变量的指针。

(4) 与数据指针的使用类似,函数指针只有指向确定的函数后才能使用。

将函数指针指向确定的函数的方法有两种,一种是在定义语句中对函数指针进行初始化。另一种是先定义函数指针,然后用赋值语句把一个函数名赋值给该函数指针,以指向确定的函数。例如前面的定义和初始化也可以写为:

```
float ( * pfun)(int, int);
pfun=fun1;
```

使函数指针指向某函数时,该函数必须事先已经定义或说明。

(5) 函数指针的数据类型应与其指向的函数的数据类型相同,形参类型表也应与所指函数的形参类型说明表一致。

(6) 当函数指针指向了确定的函数时,可以用函数指针代替函数名调用该函数。

例如:

```
float x;
float ( * pfun)(int, int)= fun1;
x=( * pfun)(2,3);
```

语句“x=(* pfun)(2,3);”即为对函数 fun1 的一次调用,参数分别为 2 和 3。

(7) 对函数指针进行加减操作是无意义的。

例如:

```
float ( * pfun)(int, int)= fun1;
pfun++;
```

这样的语句是无意义的。

7.9.3 函数指针的应用举例

【例 7.20】 分析下列程序的执行结果。

程序如下:

```
#include <stdio.h >
float average(float x1, float x2);                  /* average 函数说明 */
float sum(float x1, float x2);                      /* sum 函数说明 */
void main( )
{float ( * pfun)(float, float)= average;
  /* 定义函数指针 pfun 并对其进行初始化,使其指向 average 函数 */
  float x,m,n;
  scanf("%f%f",&m,&n);
  x=( * pfun)(m,n);    /* 用函数指针 pfun 代替函数名调用,也可写成 x=pfun(m,n); */
  printf("The average of m and n is:%f\n", x);
```

```
  pfun=sum;             /* 用赋值的方式使 pfun 指向 sum 函数 */
  x=(*pfun)(m,n);
  printf("The sum of m and n is:%f\n", x);
}
float average(float x1, float x2)
{
  return((x1+x2)/2);
}
float sum(float x1, float x2)
{
  return(x1+x2);
}
```

运行结果如下：

```
10 4 ↵
The average of m and n is:7.000000
The sum of m and n is:14.000000
```

【例 7.21】 分析下列程序的执行结果。

程序如下：

```
#include <stdio.h>
int max(int x, int y)
{int m;
  m=x>y?x:y;
  return(m);
}
int min(int x,int y)
{int m;
  m=x<y?x:y;
  return(m);
}
int choice(int x,int y,int (*fun)())   /* 第 3 个参数是一个函数指针 */
{int result;
  result=(*fun)(x,y);
  return(result);
}
main()
{int x,y;
  printf("enter x,y=");
  scanf("%d%d",&x,&y);
```

```
  printf("max=%d\n",choice(x,y,max));
  printf("min=%d\n",choice(x,y,min));
}
```

运行结果如下：

```
enter x,y=5 10 ↵
max=10
min=5
```

在该例中，函数 choice 在主函数中被调用了两次，分别将函数名 max 和 min 作为参数传递给函数 choice，然后在 choice 中用函数指针形式对函数 max 和 min 进行了调用。

7.10　内部函数和外部函数

在默认情况下，函数可以被同一文件中的其他函数所调用，也可以被其他文件中的函数所调用。但是，也可以指定函数只能被本文件中的函数所调用。

只能被本文件中函数所调用的函数称为“内部函数”，可以被本文件及其他文件中函数所调用的函数称为“外部函数”。

函数的作用域有程序级的、有文件级的，外部函数是程序级的，内部函数是文件级的。

7.10.1　内部函数

内部函数的定义形式为：

```
static <数据类型标识符><函数名>(<形参类型说明表>)
{
  [说明语句]
  [执行语句]
}
```

例如：

```
static float average(float a, float b)
{float c;
  c=(a+b)/2;
  return(c);
}
```

内部函数又称为静态函数，只能被本文件中的函数所调用，调用方式与普通函数无异。有了内部函数，就不必考虑在不同文件中函数名是否相同，就是使用了相同的函数名，由于作用域不同，在程序中也是不会混淆的。函数本质上是全局的，内部函数的定义实际上限制了函数作用域。

7.10.2 外部函数

外部函数的定义形式为：

```
[extern] <数据类型标识符><函数名>(<形参类型说明表>)
{
  [说明语句]
  [执行语句]
}
```

其中 extern 为默认关键字，可以省略。也就是说，前面章节中定义的不带 extern 关键字的函数均为外部函数，可以被其他文件中的函数所调用。

在某文件中如果要使用其他文件中的外部函数，需要用 extern 关键字来进行说明，以便告诉编译系统这个函数是其他文件中的。其说明格式为：

```
extern <数据类型标识符><函数名>(<形参类型说明表>);
```

【例 7.22】 外部函数 average 的使用。

file1.c 中有如下函数定义：

```
extern float average(float a, float b)
{float c;
 c=(a+b)/2;
 return(c);
}
```

file2.c 内容如下：

```
extern float average(float a, float b);   /* 说明外部函数 average */
main()
{float x=10.4,y=30.6;
 float z=0.0;
 z=average(x,y);
 printf("The Average of x and y is %.1f\n",z);
}
```

运行结果如下：

```
The Average of x and y is 20.5
```

上例中函数 average 为 file1.c 中的外部函数，file2.c 中的 main 函数调用了 file1.c 中的 average，在调用前用 extern 关键字进行了外部函数说明：

```
extern float average(float a, float b);
```

本章习题

1. 函数的返回值作用是什么？当被调用函数需要传递多个运算结果给主调函数时，有哪些方法可以达到此目的？

2. 写出下面程序的运行结果。

```
#include "stdio.h"
void func1(int a,int b);
void func2(int *p1,int *p2);
int a=10;
main()
{int a=3,b=3;
 func1(a,b);
 printf("%4d%4d\n",a,b);
 func2(&a,&b);
 printf("%4d%4d\n",a,b);
}
void func1(int a,int b)
{a+=2;
 b+=a;
}
void func2(int *p1,int *p2)
{a+=2;
  *p2+=a;
}
```

3. 编写一个计算两个数的平方和的函数。要求从主函数中输入两个数，调用这个函数求得这两数平方和，并在主函数中输出。

4. 编写函数求出圆锥体的体积。要求从主函数中输入圆锥体的半径和高度，调用上述函数求出该圆锥体的体积并输出。

5. 计算 1!+3!+5!+…+n!，n 为奇数。其中，求阶乘功能用函数实现，在主函数中从键盘输入 n 的值。

6. 请用递归算法编程，求斐波那契数列的第 n 项的值。求 n 阶斐波那契数列的公式如下：

$$F(n)=\begin{cases}1 & \text{当 } n=0 \text{ 时}\\ 1 & \text{当 } n=1 \text{ 时}\\ F(n-2)+F(n-1) & \text{当 } n>1 \text{ 时}\end{cases}$$

7. 编写两个函数，分别求两个整数的最大公约数和最小公倍数。这两个整数由键盘输入。

8. 编写一个程序，将 101 至 201 之间的所有素数都打印输出。其中将判断一个整数是否为素数写成函数，如果是素数，则返回 1，否则返回 0。

9. 编写一个函数 fsum(n)，返回组成整数 n 的数字之和，n 为 1 至 9 999 之间的整数。

10. 给出下列程序的运行结果。

(1)
```
#include <stdio.h>
func(int a)
```

```
{static int x=10;
 int y=1;
 x+=a;
 a++;
 y++;
 return(x+y+a);
}
main( )
{int i=3;
 while (i<8)
    printf("%4d",func(i++));
}
```

(2)
```
int fun(int n)
{static int f1=0;
 if (n==1)
    f1=1;
 else
    {fun(n-1);
     f1=f1+n;
    }
  return(f1);
}
main()
{int x;
 x=fun(6);
 printf("%d\n",x);
}
```

(3)
```
# include <stdio.h>
int k=1;
main( )
{int i=4;
 fun(i);
 printf("%d, %d\n", i, k);
}
fun(int m)
{m+=k; k+=m;
  {char k='B';
   printf("%d, %d\n", m , k);
```

```
    }
}
```

(4)
```
#include <stdio.h>
main( )
{int a[ ] = {5,6,7,8},i;
 func(a);
 for (i=0;i<4;i++)
    printf(" %d ", a[i]);
}
func(int b[ ])
{int j;
 for (j=0; j<4; j++)
      b[j] = 2 * j;
}
```

11. 编写一个函数,该函数的功能是删除一个字符串中的某指定字符,要求字符串和指定字符均由参数传入该函数。用户在主函数中输入未处理的字符串和指定字符,然后调用该函数,最后输出处理后的字符串。

12. 编写一个字符串转换函数,由实参传来一个字符串,将其中的大写字母转换为小写字母,小写字母转换为大写字母,其余类型字符不变。在主函数中输入未处理字符串,然后调用该函数,最后输出处理后的字符串。

13. 编写一个可以将两个字符串交叉排列成第 3 个字符串的函数。如"abcde"与"123"交叉排列成"a1b2c3de"。要求该函数的两个参数为两个要连接的字符串,并将结果字符串作为函数返回值返回。

14. 编写函数计算 3×3 矩阵的主对角线各元素与副对角线各元素之和。要求矩阵以一维数组的形式作为该函数的参数传入,矩阵各元素在主函数中输入,并在主函数中调用该函数,然后输出计算结果。

15. 验证关于偶数的哥德巴赫猜想对 4~1 000 内所有偶数均成立。关于偶数的哥德巴赫猜想:任何一个大于 2 的偶数都可写成两个素数之和。其中,判断一个数是否为素数的功能用函数实现,是素数返回值为 1,否则为 0。判断一个偶数是否满足哥德巴赫猜想也用函数实现,满足哥德巴赫猜想返回值为 1,否则为 0。

第八章 编译预处理

在前面各章中我们已经使用了一些以“#”符号开头的命令。例如,#define、#include 等,这些命令的作用是告诉编译系统,在正式编译源程序之前,先进行这些命令的处理工作,故称为“编译预处理”命令。我们之所以把“编译预处理”称为命令,是因为它不是 C 语言本身的组成部分,所以更谈不上是 C 程序语句。编译预处理命令以“#”符号开头,一条编译预处理命令占用一行,其结尾不使用分号“;”作为结束符。在书写时,它一般从一行的首列位置开始,新版本允许在“#”号前可以有空格和制表符,但不允许有其他字符。C 语言的编译预处理命令为模块化的程序设计、程序移植、程序调试等提供了方便,并有效地提高了程序的开发效率。

C 语言提供的编译预处理命令有以下 3 种:宏定义、文件包含、条件编译。

8.1 宏定义

所谓“宏”就是将一个标识符定义成一串符号,这个定义称为“宏定义”,而宏定义中的标识符称为“宏名”。

宏定义分为带参数的和不带参数的两种形式。

8.1.1 不带参数的宏定义

不带参数的宏定义一般形式为:

#define <宏名> <字符串>

为了区别于一般的变量名、数组名等,“宏名”通常习惯用大写字母组成,“字符串”是任意字符组成的一个字符序列。宏定义表示用一个指定的名字来代表一个字符串。当定义了宏名后,源程序中就可以引用这个宏名,这种引用称为“宏引用”或“宏调用”。在编译源程序时,先把源程序中在该命令之后的所有引用的宏名替换成对应的字符串,然后再编译源程序。2.2.5 节讲述的符号常量实际上是简单形式的宏定义。例如:

```
#define   PI   3.1415926
```

定义了符号常量 PI,它的作用是用指定的宏名 PI 来代替常数 3.1415926,在编译预处理时,把程序中在该命令以后出现的所有 PI 都用 3.1415926 代替。使用宏名代表常量比直接使用常数意义更明确。

#define 命令行通常放在源程序开头部分,也可以放在源程序中任何位置,但必须出现在使用符号常量的函数之前。

【例 8.1】 宏定义使用举例。

程序如下：

```
#define  M  2
#define  N  3
main( )
{int a[M][N],b[N][M],i,j;
 for (i=0;i<M;i++)
   for (j=0;j<N;j++)
     scanf("%d",&a[i][j]);
 for (i=0;i<N;i++)
   for (j=0;j<M;j++)
     b[i][j]=a[j][i];
 for(i=0;i<N;i++)
  {for (j=0;j<M;j++)
     printf("%3d",b[i][j]);
   printf ("\n");
  }
}
```

在这个矩阵转置程序中，M、N 多次出现，为了便于具有不同行、列的矩阵进行转置，我们把 M、N 定义成宏名，此时只要修改宏定义，就可实现各种矩阵的转置，而不必逐个修改程序中涉及的 M 和 N 的值。使用宏定义时应注意以下问题。

(1) 在定义的字符串中可以出现已经定义过的另一个宏名，这称为嵌套宏定义。例如，给定三角形的三条边 a、b、c，计算三角形的面积 area，程序如下：

```
#define  A  3
#define  B  4
#define  C  5
#define  S  (A+B+C)/2
   ⋮
area=sqrt(S*(S-A)*(S-B)*(S-C));
```

计算三角形面积的赋值语句进行宏替换的过程是先将宏名 S 替换成“(A+B+C)/2”，然后再将其中的宏名 A、B、C 分别替换成 3、4、5，最后替换的结果是：

```
area=sqrt((3+4+5)/2*((3+4+5)/2-3)*((3+4+5)/2-4)*((3+4+5)/2-5));
```

(2) 在宏定义的字符串中如果出现运算符，为保证替换结果正确，可在适当的位置加上括号。

例如，假定计算 s=(3+4+5)/2 的宏定义和宏引用写成：

```
#define  SUM  3+4+5
   ⋮
s=SUM/2;
```

经编译预处理后,赋值语句被替换成:

s=3+4+5/2;

显然,该替换结果不正确,为使替换结果与运算表达式的原意一致,宏定义应改写成

```
#define  SUM  (3+4+5)
```

这样,经编译预处理后赋值语句的替换结果为:

s=(3+4+5)/2;

才是正确的。

(3) C 语言规定,在字符串常量中出现的与宏名相同的字符串不作为宏名处理。例如,

```
#define  S  (3+4+5)/2
printf("S=%d\n",S);
```

编译预处理时并不替换"S=%d\n"中的 S,所以输出语句的替换结果为:

```
printf("S=%d\n",(3+4+5)/2);
```

(4) 宏名的作用域是从定义它的宏定义#define 开始直到该宏定义所在的源文件结束,但也可以用编译预处理命令#undef 结束宏定义的作用域。例如:

```
#define  PI  3.1415926
main( )
{…}
#undef  PI
max( )
{…}
```

宏名 PI 的作用范围是从定义点#define 命令开始直到#undef 命令为止。

(5) 如果宏定义中的字符串过长,在一行中放不下时,可在该行末尾加续行符"\",后随一个换行符,该字符串的其余部分写在下一行。在编译预处理时,把续行符和换行符去掉,两行合为一个字符串。例如:

```
#define  STR  "In this part there is a short passage \
with five questions or incomplete statements."
      ⋮
printf(STR);
```

则输出语句的执行结果为:

In this part there is a short passage with five questions or incomplete statements.

【例 8.2】 用宏定义简化程序的书写。

程序如下:

```
#define  FORMAT  "%d,%d,%d,%d"
main( )
{int a,b,c,d;
 scanf(FORMAT,&a,&b,&c,&d);
 printf(FORMAT,a,b,c,d);
}
```

8.1.2　带参数的宏定义

利用#define 不仅可定义符号常量，还可以定义带参数的宏。带参数的宏定义其一般形式为：

```
#define <宏名>(<参数表>) <字符串>
```

其中的宏名通常由大写字母组成，宏名后面括号里的参数称为形参，各个形参之间以逗号分隔。字符串中包含了在括号中指定的形参。

例如，计算外圆和内圆半径分别为 r_2 和 r_1 的环形面积，则面积计算的宏定义和宏调用如下：

```
#define PI   3.1415926
#define  S(r2,r1)   PI * (r2 * r2-r1 * r1)
       ⋮
area=S(5,3);
```

上面定义了环形面积 S，r2、r1 为外圆和内圆的半径。面积计算中用到了宏调用 S(5,3)，它用 5、3 分别代替宏定义中的形参 r2、r1，因此赋值语句展开后为：

```
area=3.1415926 * (5 * 5-3 * 3);
```

编译预处理时，如果程序中有带实参的宏调用，就按#define 命令行中指定的字符串进行替换，如果字符串中包含宏定义中的形参，则用程序语句中相应的实参代替形参，字符串中的非形参字符保留，这样就得到了替换结果。

宏调用中的实参可以是常量、变量和表达式，如果实参是表达式，则在宏定义时，字符串中对应的形参要注意加括号。如对上述计算环形面积的宏定义进行如下调用：

```
area=S(5+4,4+3);
```

则计算环形面积赋值语句的替换结果为：

```
area=3.1415926 * (5+4 * 5+4-4+3 * 4+3);
```

按照上面的替换结果去计算外圆和内圆半径分别为 5+4 和 4+3 的环形面积显然是错误的。原因在于宏替换的结果出现了运算顺序上的错误。正确的宏定义应为：

```
#define   S(r2,r1)    3.1415926 * ((r2) * (r2)-(r1) * (r1))
```

这样在宏调用时，不论实参是常量、变量，还是表达式都不会使宏替换的结果出现运算上的错误。按照这个宏定义进行前述的宏调用，其替换结果为：

```
area=3.1415926 * ((5+4) * (5+4)-(4+3) * (4+3));
```

显然是正确的。

另外，假如宏调用的结果还与其他的操作数进行运算，为保证运算结果正确，还应在宏定义中的整个字符串外加括号。例如，求两个数中大者的宏定义如下：

```
#define   MAX(a,b)   (a)>(b)?(a):(b)
```

如果程序中的宏调用为：

```
MAX(p+q,s+t)+1
```

经编译预处理后，上式被替换为：

```
(p+q)>(s+t)?(p+q):(s+t)+1
```

虽然宏定义字符串中的形参加了括号,但整个字符串的外面没有加括号,宏展开之后,由于加运算符(+)的优先级高于条件运算符(?:),使得条件表达式在条件不成立时运算结果为(s+t)+1,而不是(s+t),显然替换结果与原意不符。为此建议,在定义带参数的宏时,除了将字符串中的形参加括号外,还应把整个字符串用括号括起来。如:

```
#define  MAX(a,b) ((a)>(b)?(a):(b))          /*求两个数中较大者*/
#define  ISODD(a) (((a)%2==1)?1:0)           /*判断 a 是否是奇数*/
#define  S(r) (3.1415926*(r)*(r))            /*求半径为 r 的圆面积*/
```

【例 8.3】 从键盘输入 10 个整数,找出其中的奇数并求和。

程序如下:

```
#define  ISODD(a) (((a)%2==1)?1:0)
main( )
{int a,i,sum=0;
 for (i=1;i<=10;i++)
 {scanf("%d",&a);
  if (ISODD(a))
        sum=sum+a;
 }
 printf("sum=%d\n",sum);
}
```

虽然带参数的宏与函数在引用时都要求在宏名和函数名后写参数,也要求实参与形参的数目相等。但是,二者有如下不同:

(1) 函数调用时要进行控制的转移,即把控制转移给被调用函数,当被调函数执行结束后,又要把控制返回给调用函数。而对带参数宏的调用不存在控制的来回转移。

(2) 函数有一定的数据类型,且函数值的数据类型是不变的。而带参数的宏定义一般是一个算术表达式,表达式结果的数据类型随使用实参类型的不同而不同。

(3) 函数定义和调用时对形参和实参都有数据类型要求,而带参数的宏定义的实参可以是任意数据类型。

(4) 函数调用时要进行参数传递,而带参数的宏的使用不存在这种过程。

(5) 使用函数定义可缩短程序占用的内存空间,而使用带参数的宏恰恰相反,每次宏调用实际上是进行宏展开,使程序占用的内存空间增大。

(6) 因为函数调用要进行控制的转移,所以使用函数比使用带参数的宏执行效率低。

8.2 文件包含

以#include 开头的编译预处理命令称为文件包含命令。在前面各章中使用系统函数时,已经使用了文件包含命令。如:

```
#include  "stdio.h"
```

```
#include  "math.h"
```

#include 命令的作用是把该命令所指的另一个源文件包含到当前所在的源程序文件中，被包含的文件名应使用双引号或尖括号括起来，因此，文件包含命令有如下两种形式：

```
#include  "包含文件名"
#include  <包含文件名>
```

当文件名用双引号括住时，系统先从源程序文件所在的当前目录寻找要包含的文件，若找不到，则按系统规定的路径搜索包含文件；当文件名用尖括号括住时，则仅按系统规定的路径搜索包含文件。

在程序设计中，文件包含是很有用的。当一个大型 C 程序分成若干个源程序文件时，可以将各个源程序文件共同使用的符号常量定义、带参数的宏定义、外部说明等集中在一起，单独组成一个包含文件（也称头文件，头文件的扩展名通常用.h 表示），然后在每个需要这些定义和说明的源程序文件的开头写上包含这个头文件的#include 命令行。编译预处理时，就用包含文件（头文件）的内容代替各个源程序文件中的#include 命令行。

例如，在各个源程序文件中要使用下列预处理命令行：

```
#include  "stdio.h"
#include  "math.h"
#define  BUFSIZE  512
#define  TRUE  1
#define  FALSE  0
#define  NULL  0
#define  TAB  '\t'
#define  LF  '\n'
```

我们可以把这些预处理命令行放在一个包含文件中，假定这个包含文件取名为 const.h，于是在每个源程序文件的开头都可以用命令行

```
#include  "const.h"
```

把这些预处理命令行包含到各个源程序文件中。这样做的好处是：一方面可以避免在每个源程序文件中为输入同样的内容而做的重复劳动，另一方面可以避免因输入或修改失误而造成的不

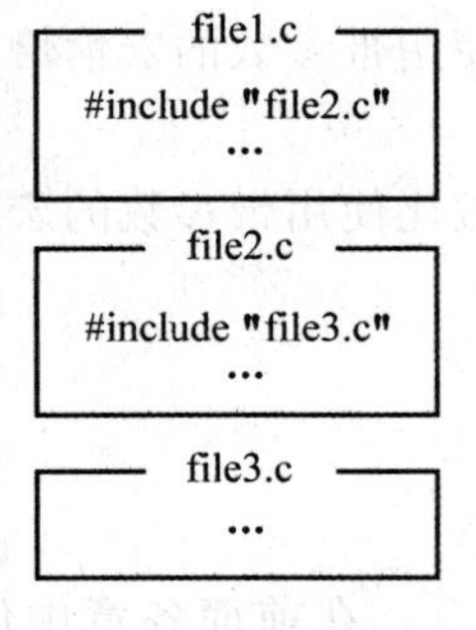

图 8.1 文件包含示意

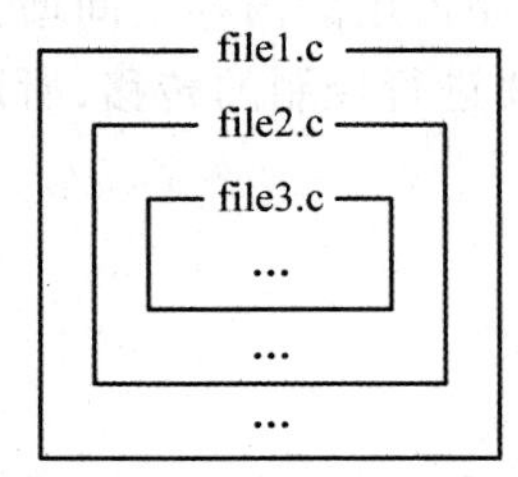

图 8.2 编译后文件包含示意

一致性。

使用#include 命令时应注意：

（1）文件包含可以嵌套。就是说，在一个被包含的文件中还可以包含有#include 命令行。如图 8.1 所示的 3 个文件，经编译预处理后，结果如图 8.2 所示。

（2）一个#include 命令只能指定一个被包含的文件，如果需要包含 n 个文件，就需要 n 个#include命令。

【例 8.4】 对任意给定的三个数，按从小到大的顺序排序输出（要求用多源程序文件处理）。

为解决该问题，编写了下列 3 个源程序文件：file1.c、file2.c、file3.c。

源程序文件 file1.c 的内容如下：

```
swap(int *qt1,int *qt2)
{int temp;
 temp=*qt1;
 *qt1=*qt2;
 *qt2=temp;
}
```

源程序文件 file2.c 的内容如下：

```
sort(int *q1,int *q2,int *q3)
{if (*q1>*q2) swap(q1,q2);
 if (*q1>*q3) swap(q1,q3);
 if (*q2>*q3) swap(q2,q3);
}
```

源程序文件 file3.c 的内容如下：

```
#include "file1.c"
#include "file2.c"
main( )
{int a,b,c,*p1,*p2,*p3;
 scanf("%d,%d,%d",&a,&b,&c);
 p1=&a; p2=&b; p3=&c;
 sort(p1,p2,p3);
 printf("%d,%d,%d\n",a,b,c);
}
```

当编译运行源程序文件 file3.c 时，该源程序文件中的编译预处理命令

```
#include "file1.c"
#include "file2.c"
```

用包含文件 file1.c 和 file2.c 的内容替代了这两个#include 命令，使得文件 file3.c 成为解决该问题的正确程序。

8.3 条件编译

在一般情况下,源程序中的全部程序行都要参加编译。条件编译可以按照一定的条件来控制源程序中的某些程序行是否参加本次编译,即满足给定的条件时编译某些程序行,不满足条件时编译另一些程序行。利用条件编译预处理功能,能够方便地编写可移植的程序以及逐段调试程序。

条件编译命令有 3 种形式,分别说明如下。

1. #if、#else、#elif 和#endif 命令

格式 1:#if 条件
```
        程序段 1
    #else
        程序段 2
    #endif
```

其中的条件是常量表达式。

功能是:当常量表达式的值为非 0 时,则条件成立,编译"程序段 1",不编译"程序段 2";否则,编译"程序段 2",不编译"程序段 1"。

该条件编译命令中的#else 以及后面的程序段 2 可以省略,省略后的命令格式如下:

格式 2:#if 条件
```
        程序段 1
    #endif
```

功能是:当常量表达式的值为非 0 时,则条件成立,编译"程序段 1";否则,不编译"程序段 1"。

【例 8.5】 编写一个程序,对输入的 20 个正整数,利用条件编译使该程序可以求这 20 个数中的奇数和,也可以求其偶数和。

程序如下:
```
#define  FLAG  1
main( )
{int a[20],i,sum=0;
 for (i=0;i<20;i++)
     scanf("%d",&a[i]);
 #if FLAG
     for (i=0;i<20;i++)
        if (a[i]%2==1)
          sum=sum+a[i];
     printf("sum of odd:%d\n",sum);
 #else
      for (i=0;i<20;i++)
```

```
        if (a[i]%2==0)
            sum=sum+a[i];
    printf("sum of even:%d\n",sum);
  #endif
}
```

上述程序在编译预处理时,由于开始定义符号常量 FLAG 的值为 1,经过宏替换和条件编译后,使得被编译的程序清单如下:

```
main()
{int a[20],i,sum=0;
 for (i=0;i<20;i++)
   scanf("%d",&a[i]);
 for (i=0;i<20;i++)
   if (a[i]%2==1)
       sum=sum+a[i];
 printf("sum of odd:%d\n",sum);
}
```

显然这是一个求 20 个整数中奇数和的程序。

如果将程序开始的宏定义命令"#define FLAG 1"中的 1 改为 0,再编译这个程序,预编译后的程序清单将是一个求 20 个整数中偶数和的程序。

格式 3:

```
#if   条件 1
      程序段 1
#elif 条件 2
      程序段 2
#elif 条件 3
      程序段 3
        ⋮
#elif 条件 n
      程序段 n
[#else
      程序段 n+1]
#endif
```

该格式的条件编译与程序控制结构中的 if/else if 结构在嵌套形式和功能上几乎都是一样的,这里不再赘述。方括号中的#else 和程序段 n+1 是可选项。

例如,下面这段程序是用 COUNTRY 的值来决定货币符号。

```
#define   US   0
#define   ENGLAND   1
#define   FRANCE   2
#define   CHINA   3
```

```
#define   COUNTRY   US
#if   COUNTRY == US
      char currency[ ] = "dollar" ;
#elif   COUNTRY == ENGLAND
      char currency[ ] = "pound" ;
#elif   COUNTRY == FRANCE
      char currency[ ] = "franc" ;
#else
      char currency[ ] = "renminbi" ;
#endif
main( )
{
  printf( "%s\n" ,currency) ;
}
```

2. #ifdef、#else、#endif 命令

格式 1:#ifdef　宏名

　　　　　程序段 1

　　　　#else

　　　　　程序段 2

　　#endif

其中的宏名是标识符。这个宏名可以在前面已定义,也可以在前面没有定义。

功能是:如果宏名在此前已用#define 命令定义过且没有被#undef 命令撤销,则编译"程序段 1",不编译"程序段 2";否则只编译"程序段 2",而不编译"程序段 1"。

该命令中的#else 以及后面的程序段 2 可以省略。省略后的命令格式如下:

格式 2:#ifdef　宏名

　　　　　程序段 1

　　#endif

功能是:如果宏名在此前已用#define 命令定义过且没有被#undef 命令撤销,则编译"程序段 1",否则不编译"程序段 1"。

例如,在解决二叉树遍历问题的非递归算法中要设置栈,栈空间的大小可以用以下的条件编译来处理。

```
#ifdef DEEPTH
      #define STACK 100
#else
      #define STACK 150
#endif
```

如果在该条件编译命令前加上如下任一个定义行:

```
#define DEEPTH   1
```

```
#define DEEPTH
```

则编译下面的命令行：

```
#define STACK 100
```

否则，编译下面的命令行：

```
#define STACK 150
```

3. #ifndef、#else、#endif 命令

格式 1：

```
#ifndef  宏名
         程序段 1
#else
         程序段 2
#endif
```

其中的宏名是标识符。这个宏名可以在前面已定义，也可以在前面没有定义。

功能是：如果宏名在此前没有用#define 命令定义过，或虽定义过但又被#undef 命令撤销了定义，则编译“程序段 1”，不编译“程序段 2”；否则只编译“程序段 2”，而不编译“程序段 1”。例如：

```
#ifndef  UNPRN
    printf("%s,%f",name,score);
#else
    printf("name:%s,score:%f",name,score);
#endif
```

如果在该条件编译命令前没有定义 UNPRN，则编译

```
printf("%s,%f",name,score);
```

如果在该条件编译命令前用以下任一命令行

```
#define UNPRN 1
#define UNPRN
```

定义了 UNPRN，则编译

```
printf("name:%s,score:%f",name,score);
```

该命令中的#else 以及后面的程序段 2 可以省略。省略后的命令格式如下：

格式 2：

```
#ifndef  宏名
         程序段 1
#endif
```

功能是：如果宏名在此前没有用#define 命令定义过，或虽定义过但又被#undef 命令撤销了定义，则编译“程序段 1”，否则不编译“程序段 1”。

本章习题

1. 若有如下定义

```
#define  SQ(x) ((x)*(x))
```

```
#define   CUBE(x) (SQ(x) * (x))
#define   FIFTH(x) (SQ(x) * CUBE(x))
```

问：下面的表达式将替换成什么？

n+SQ(n)+CUBE(n)+FIFTH(n)

2. 带参数的宏与函数有何异同？

3. 什么是文件包含？文件包含有何用处？

4. 阅读下列程序，写出运行结果。

```
#define   PR(ar) printf("%3d",ar)
main( )
{int i,a[ ]={1,3,5,7,9,11,13,15}, * p=a+5;
 for (i=3;i;i--)
     switch(i)
     {case 1:
      case 2: PR( * p++);break;
      case 3: PR( * --p);
     }
}
```

5. 阅读下列程序，写出运行结果。

```
#define   PR(n) printf("%3d,%c",n,(n-4)%5?' ':'\n')
main( )
{int i;
 for (i=65;i<91;i++)
     PR(i);
 printf("\n");
}
```

6. 三角形面积为

$$area=\sqrt{s(s-a)(s-b)(s-c)}$$

其中 $s=\frac{1}{2}(a+b+c)$，a、b、c 为三角形的三条边。定义两个带参数的宏定义，一个用来求 s，另一个用来求 area。编写程序，在主函数中用带实参数的宏名来求面积 area。

7. 输入 10 个整数，请分别显示出偶数和奇数。要求用带参数的宏实现判断一个数是偶数或奇数，若是奇数，则宏的值为 1，否则为 0。

8. 编一个程序，输入 20 个整数，利用条件编译使该程序可以求最大值，也可以求最小值。

9. 设计一个求两个数中最大数的带参宏，再利用上述的带参宏设计一个求 3 个数中最大数的带参宏。在主函数中输入 3 个数 x、y、z，求其中两个数(x-3,y+3)和 3 个数(x-3,y,z+3)的最大数。

10. 定义一个带参数的宏，完成两个参数 a、b 的比较，若 a>b，则交换 a、b 的值，否则 a、b 的值不变。在主函数中输入 3 个数 x、y、z，将这 3 个数按从小到大的顺序排序并输出。

第九章
结构体、联合体及枚举类型

C 语言具有丰富的数据类型,前面介绍了 C 语言中的几种基本数据类型,如整型、实型、字符型等,也介绍了一种简单的构造数据类型——数组,数组要求其各元素必须具有相同的数据类型。但在解决实际问题时仅有这些数据类型是不够用的,本章将学习更为复杂、具有更强表现能力的数据类型:结构体、联合体及枚举类型等,其中结构体类型应用最为广泛,结构体结合结构体指针可以构成复杂的数据结构,例如链表、树、栈、队列等。本章只介绍链表的建立及基本操作,为后续课程的学习奠定基础。

9.1 结构体类型与结构体变量的定义

数组的使用可以解决程序中需要处理的大量同类型数据的问题,而在实际程序设计过程中,有时需要将若干具有不同数据类型的数据组织起来,作为一个整体的数据集合进行处理。例如一个学生的数据信息,包括:学号、姓名、性别、年龄、出生日期及各科成绩等,这些数据信息分别具有长整型、字符型、实型等不同的类型。因为这些不同类型的数据属于同一学生的信息,所以不应定义为相互独立的数据,而应将它们组织成一个整体的数据集合。C 语言提供的另一构造数据类型就可以描述这样的数据集合,它就是结构体(Structure)类型。结构体类型是由数量固定、类型可不同(或相同)的若干个数据变量组成的集合,组成结构体的每个数据都称为结构体成员。这个数据集合相当于其他高级语言中的“记录”,如表 9.1 中的每一行记录。结构体的使用就可以解决程序中数据类型不同的数据集合的处理问题,使得 C 语言具有更强的数据处理能力。

表 9.1　学生成绩管理表

学号	姓名	性别	年龄	出生日期	机械制图	高等数学
201001	李艳	女	18	1992-2-25	92.0	76.0
201002	吴海	男	19	1991-4-23	50.0	75.0
……						

结构体是一种“构造”而成的数据类型。C 语言并没有提供描述上述学生数据信息这种现成的结构体数据类型,用户必须根据需要在程序中定义所需的结构体类型。

9.1.1 结构体类型的定义

结构体类型定义的一般形式为：

```
struct <结构体名>
{
 <成员表列>
};
```

其中，struct 是定义结构体的关键字。<结构体名>由用户命名，但应符合标识符的命名规则，“struct <结构体名>”为结构体类型，用于定义该结构体类型的变量。<成员表列>是指该结构体中的各个成员，要求对其所有成员进行类型说明，各成员的类型定义与基本数据类型的变量定义相同。定义形式为：

```
<数据类型标识符> <成员名表>;
```

数据类型标识符可以是基本数据类型，也可以是构造数据类型及指针数据类型。成员名的命名应符合 C 语言标识符的命名规则，它可与程序中其他变量同名，互不干扰。

例如，定义一个学生数据信息的结构体类型。

```
struct student
{long num;
 char name[10];
 char sex;
 int age;
 float score[2];
};
```

以上定义了包括 num、name、sex、age、score 5 个成员的结构体数据类型 struct student，成员类型包括长整型、字符型、整型和实型等基本数据类型。如在上例定义的学生结构体类型中再加上一个出生日期成员，因为出生日期包含年、月、日 3 个数据，所以应将出生日期定义为结构体类型。定义如下：

```
struct date
{int day;
 int month;
 int year;
};
struct stu_info
{long num;
 char name[10];
 char sex;
 int age;
 struct date birthday;
```

```
  float score[2];
};
```

上面定义了两个结构体类型,一个是 struct date,另一个是 struct stu_info,其中结构体类型 struct stu_info 中的 birthday 成员是结构体类型 struct date 的变量,结构体中的成员定义为结构体类型变量,就构成了结构体嵌套。注意:struct date 结构体类型必须定义在 struct stu_info 结构体类型的前面,这样在定义 struct stu_info 结构体的 birthday 成员时,struct date 结构体类型已经定义了。关于结构体定义应注意以下几点。

(1) 结构体定义是向编译系统声明了一个结构体类型,它和 C 编译系统提供的基本类型(如 int、char、float 等)一样具有相同的作用,都可以用来定义变量的类型,区别在于结构体类型不是系统提供的,而是由用户自己定义的数据类型。编译时并不给定义的结构体类型分配存储空间,只有定义了该结构体类型的变量,才为该类型变量分配存储空间。

(2) 结构体类型定义也有作用域问题,可以在函数内部,也可以在函数外部。在函数内部定义的结构体类型,只在本函数内有效,即只能在本函数内部用该结构体类型定义相应的结构体变量;而在函数外部定义的结构体类型,从定义位置到源文件尾都有效,即从定义位置到源文件尾的所有函数都可以用该结构体类型定义结构体变量。一般情况下,定义结构体类型的位置是在源文件所有函数外部的开头位置,以便该源文件的所有函数都可以定义该结构体类型的变量。

(3) 结构体中各成员类型定义语句以";"结束,若类型相同可以共用一条类型定义语句。例如:

```
struct date
{
  int day,month,year;
};
```

注意不要忽略右花括号后面的分号,结构体类型的定义是以分号结束的。

9.1.2 结构体变量的定义

前面已经学习了如何定义结构体数据类型,现在就可以像使用 int、char、float 等基本数据类型一样用结构体类型定义结构体类型变量,结构体类型变量也必须先定义,后使用。

在 C 语言中,定义结构体变量通常采用以下 4 种方法。

1. 结构体类型与结构体变量分开定义

使用前面已经定义的结构体类型 struct student 来定义结构体变量。

其一般形式为:

struct<结构体名> <变量名表>;

例如:

```
struct student student1,student2;
```

struct student 与 int、char 等都是定义变量的类型,定义变量的方法完全相同,这里需要注意:关键字 struct 要与结构体名 student 一起使用,共同构成结构体类型名。

这是使用最多的一种方法,先定义结构体类型,再定义结构体类型的变量,可以根据实际需要在源文件的不同位置定义若干个结构体类型的变量，即可以在函数外部定义全局结构体变量，也可以在函数内部定义局部结构体变量。

2. 结构体类型与结构体变量同时定义

其一般形式为：

```
struct <结构体名>
{
  <成员表列>
}<变量名表>;
```

这也是使用比较多的一种定义结构体类型及结构体变量的方法，与第一种方法的区别在于：由于结构体类型与结构体变量同时定义，则结构体类型与结构体变量同时是全局级或者同时是局部级。经常用此方法将结构体类型与结构体变量定义为全局级，当然也可以根据需要在其他位置用“struct <结构体名>”继续定义该结构体类型的变量。例如：

```
struct student
{long num;
  char name[10];
  char sex;
  int age;
  float score[2];
}student1,student2;
```

定义结构体类型 struct student 的同时定义了两个结构体变量 student1、student2，变量之间用逗号分隔，最后仍以分号结尾。

3. 无名结构体与结构体变量同时定义

其一般形式为：

```
struct
{
  <成员表列>
}<变量名表>;
```

此方法省略了结构体名，称为无名结构体，适用于结构体类型与结构体变量同时定义，并且只进行一次结构体变量定义时使用。例如：

```
struct
{long num;
  char name[10];
  char sex;
  int age;
  float score[2];
}student1,student2;
```

这里省略了 student 结构体名，没有了完整的结构体类型名，所以不能在其他位置再定义此结构体类型的变量。

4. 使用 typedef 为已有结构体类型取“别名”,再用“别名”定义结构体变量

C 语言允许用户自己利用关键字 typedef 定义类型标识符,即为已有的数据类型取“别名”。此“别名”和该数据类型具有相同的地位和作用,可以用“别名”来定义变量。一般形式为:

typedef 已有类型标识符 新类型标识符;

作用:用新的类型标识符代替已有类型标识符,使用 typedef 有利于简化已定义的类型标识符,提高程序的通用性及可移植性。例如:

```
typedef int INTEGER;
```

上面语句是将 INTEGER 定义为 int 类型标识符的“别名”,以后就可以用 INTEGER 定义整型变量了。例如以下两个定义:

```
INTEGER a,b;
int a,b;
```

完全等价,都是定义了两个整型变量 a 和 b。那么,如何使用 typedef 为已有结构体类型取“别名”,再用“别名”定义结构体变量呢?

用 typedef 为已定义的结构体类型取“别名”,可以省略结构体名。例如:

```
typedef struct
{long num;
 char name[10];
 char sex;
 int age;
 float score[2];
}STU;
```

STU 相当于结构体类型名“struct <结构体名>”,之后就可以用新的结构体类型名 STU 定义结构体变量。例如:

```
STU student1,student2;
```

这里用 STU 定义了两个结构体变量 student1、student2,简化了结构体类型名,此方法类似于第一种方法,使用起来更加方便灵活。需要注意的是 typedef 语句不是创建了新的数据类型,而只是为已有的数据类型起“别名”。

9.1.3　结构体变量的存储形式

结构体变量与其他变量一样,编译系统会为其分配存储空间,为结构体变量分配的内存存储空间是连续的,在连续的存储空间中结构体各个成员按定义时的顺序依次存放。例如定义了如下的结构体变量 student1:

```
struct student student1;
```

其中 long 型变量占 4 个字节,char 型变量占 1 个字节,int 型变量占 2 个字节,float 型变量占 4 个字节,设结构体变量 student1 的起始地址是 4000,则 student1 中各成员在内存中的存储形式如图 9.1 所示。

一个结构体变量所占内存大小是各个成员所占字节数之和。student1 结构体变量所占字节

4000	4004	4014	4015	4017	4021
num	name	sex	age	score[0]	score[1]

图 9.1　结构体变量的存储形式

数为 25(=4+10+1+2+4+4),也可以用求字节运算符 sizeof 计算得出。例如:

sizeof(student1)的值为 25,表明 student1 结构体变量占 25 个字节。

sizeof(struct student)的值也为 25,表明 struct student 结构体类型占 25 个字节。

注意:在这里需要强调的是,结构体类型和结构体变量是两个不同的概念。结构体类型只是一种数据类型的结构描述,并不占用内存空间,只有在定义了结构体变量时,系统才会为结构体变量分配内存空间,这也是结构体类型与结构体变量的最大区别。

9.2　结构体变量的初始化与引用

9.2.1　结构体变量的初始化

初始化就是在定义变量的同时赋初值,结构体变量的初始化与数组初始化的形式相同。一般形式为:

struct<结构体名> <结构体变量名>={初值};

花括号内的初值是结构体变量的各个成员的初始值,各数据之间用逗号分隔。全部赋初值时花括号内的数据个数、顺序及类型要与各个成员一一对应。例如:

```
struct date
{
  int day,month,year;
};
struct stu_info
{long num;
  char name[10];
  char sex;
  int age;
  struct date birthday;
  float score[2];
};
struct stu_info stu1={201018,"liping",'f',20,{30,7,1992},86.0,88.5};
```

这里,结构体类型 struct stu_info 的 birthday 成员是一个具有 struct date 结构体类型的结构体变量。为了增强可读性,则对结构体变量的结构体类型成员赋初值时,可以用花括号将嵌套成员值括起来,当然初始化时花括号内嵌套的花括号可以省略。

若是部分赋初值，则没赋值的成员将自动初始化为0(数值型)或'\0'(字符型)。结构体类型与结构体变量一起定义时，也可以同时对结构体变量赋初值。例如：

```
struct student
{long num;
 char name[10];
 char sex;
 int age;
 float score[2];
} student1 = {201019,"zhaojun",'m'};
```

上例只对 num、name、sex 成员分别赋了相应类型的初始值，其他成员(数值型)自动初始化为0，当然也可在程序中通过赋值运算对结构体成员进行赋值。

对于全局或静态的结构体变量，在定义时没有初始化，其值被系统自动初始化为0或'\0'，程序中可以直接使用各个成员的值。对于局部动态的结构体变量，在函数内部定义而没有初始化时，其成员值为不确定的内容，若直接使用各个成员的值，可能产生错误的结果，所以在使用局部动态结构体变量各个成员的值时，一定要先赋值。

9.2.2 结构体变量的引用

定义了结构体变量后，在程序中就可以引用该结构体变量了。在引用结构体变量时，通常是通过分别引用结构体变量的各个成员来达到引用该结构体变量的目的。

结构体变量成员的引用方式有两种：

(1) 通过"."成员运算符引用

结构体变量名.成员名

(*结构体指针变量名).成员名

(2) 通过"->"指向运算符引用

结构体指针变量名->成员名

其中，"." 成员运算符和"->"指向运算符在所有运算符中，它们的优先级是最高的，与"()"、"[ ]"同级，结合性为左结合。

例如根据前面已经定义的结构体类型 struct student 及结构体变量 student1，访问结构体成员的方法如下：

```
student1.num            引用 student1 的 num 成员
student1.name           引用 student1 的 name 成员
student1.score[0]       引用 student1 的 score[0]成员
```

若有定义语句"struct student *ps=&student1;"，则通过结构体指针变量访问结构体成员的方法如下：

```
ps->num                 引用 student1 的 num 成员
ps->name                引用 student1 的 name 成员
ps->score[0]            引用 student1 的 score[0]成员
```

还可以如下引用：

(* ps).num　　　　　　　引用 student1 的 num 成员
(* ps).name　　　　　　引用 student1 的 name 成员
(* ps).score[0]　　　　引用 student1 的 score[0]成员

结构体成员可像同类型普通变量一样进行运算。

【例 9.1】 分析结构体变量的引用与输出。

程序如下：

```
struct student
{long num;
 char name[10];
 char sex;
 int age;
 float score[2];
} student1 = {201020,"wanghong",'f',19,87.5,82.0};
main( )
{struct student student2;
 student2.num = 201021;
 strcpy(student2.name,"liming");
 student2.sex = 'm';
 student2.age = 18;
 student2.score[0] = 78;
 student2.score[1] = 80;
 printf("%ld,%s,%c,%d,%.2f,%.2f\n",student1.num,student1.name,student1.sex,
        student1.age,student1.score[0],student1.score[1]);
 printf("%ld,%s,%c,%d,%.2f,%.2f\n",student2.num,student2.name,student2.sex,
        student2.age,student2.score[0],student2.score[1]);
}
```

运行结果如下：

```
201020,wanghong,f,19,87.50,82.00
201021,liming,m,18,78.00,80.00
```

该程序定义了一个外部结构体类型 struct student 和外部结构体变量 student1，通过初始化给 student1 的各个成员赋初始值；又在 main 函数内定义了一个局部结构体变量 student2，运用“.”成员运算符访问各个成员的方法，通过赋值运算给 student2 的各个成员赋值。因为成员 name 是字符数组，则必须用函数语句“strcpy(student2.name,"liming");”的形式来赋值；如果成员 name 是字符型指针变量，即如：char * name;形式定义时，也可以用赋值语句“student2.name = "liming";”的形式赋值。若成员是数组，则需要访问每一个数组元素成员，如例子中的 score 成员就是数组，访问下标为 0 的数组元素成员的方法为 student2.score[0]，访问下标为 1 的数组元素成员的方法为 student2.score[1]，依次类推。printf 输出函数也是通过逐个输出结构体变量的各个成员的值，来完成输出整个结构体变量值的操作。注意:不能将结构体变量作为一个整体进行输入和输出。

如果定义的是结构体指针变量,则结构体可以通过指向运算符"->"引用结构体成员,指向运算符"->"是由减号和大于号组成。

【例 9.2】 分析结构体指针变量的引用、输入及输出。

程序如下:

```
#include <stdio.h>
struct student
{ long num;
  char name[10];
  char sex;
  int age;
  float score[2];
} student1;
struct student *ps=&student1;
main( )
{ float s;
  int i;
  printf("Please input num:");
  scanf("%ld",&ps->num);
  getchar();                              /*读取输入学号后的回车符*/
  printf("Please input name:");
  gets(ps->name);
  printf("Please input sex:");
  scanf("%c",&ps->sex);
  printf("Please input age:");
  scanf("%d",&ps->age);
  printf("Please input two score:");
  for(i=0;i<2;i++)
  { scanf("%f",&s);
    ps->score[i]=s;
  }
  printf("num\tname\t\tsex\tage\tscore1\tscore2\n");
  printf("%ld\t%s\t%c\t%d\t%.2f\t%.2f\n",ps->num,ps->name,ps->sex,ps->age,
       ps->score[0],ps->score[1]);
}
```

运行情况如下:

```
Please input num:201019 ↵
Please input name:zhao jun ↵
```

```
Please input sex:m ↵
Please input age:19 ↵
Please input two score: 87.5 76 ↵
num     name       sex   age   score1   score2
201019  zhao jun   m     19    87.50    76.00
```

程序中定义了一个结构体指针变量 ps,指向了结构体变量 student1,则结构体指针变量 ps 可以运用指向运算符"->"访问各个成员。程序中没有初始化 student1 的各个成员值,而是使用输入函数 scanf 输入各个成员数据。

访问结构体变量成员,即可以用结构体变量结合成员运算符"."的方式,也可以通过结构体指针变量结合指向运算符"->"的方式。程序中的输入语句:

```
scanf("%d",&ps->age);
```

完全等价于如下语句:

```
scanf("%d",&(*ps).age);
```

也等价于:

```
scanf("%d",&student1.age);
```

另外,需要注意的是,通过 scanf 或 gets 函数给 name 成员输入字符串时,该成员应定义为字符数组"char name[10];",不要定义为字符指针变量"char *name;"。因为字符指针变量在没有明确的指向时,不能用 scanf 或 gets 函数输入数据,但可通过初始化的方式或赋值的方式进行赋值。

【例 9.3】　结构体变量中指针成员的输入及输出。

程序如下:

```
struct stud
{int num;
 char *name;
}stud1;
main( )
{scanf("%d%s",&stud1.num,stud1.name);
 printf("%d%s\n",stud1.num,stud1.name);
}
```

运行情况如下:

若输入:1001 lihong ↵

运行结果为:

```
1001(null)
Null pointer assignment
```

上例定义了外部的结构体类型 struct stud 及结构体变量 stud1,其外部结构体变量 stud1 的成员 num 系统自动初始化为 0,而成员 name 指针变量系统自动初始化为 NULL(指针值为空),所以运行结果不正确。倘若定义的结构体变量是局部的,那么成员 name 就没有明确的指向,这种情况下,用 scanf 函数直接输入数据将非常危险,有可能会造成系统崩溃,所以要小心使用指针成

员。考虑到安全性,可以在主函数中 scanf 语句前添加如下两条语句:

```
char string[10];
stud1.name=string;
```

定义一个字符数组,系统将为数组分配空闲的存储空间,然后使指针成员 name 指向该存储空间起始地址,就可以用 scanf 函数输入字符串了,这样做是安全的。

在引用结构体变量时,还需要注意以下几点:

(1) 如果是结构体嵌套,即结构体成员的类型是另一个结构体类型,则在引用结构体类型成员时,需要用若干个"."或"->"运算符,一层一层地运算,一直引用到最底层的成员。例如:

```
struct date
{
 int day,month,year;
};
struct stu_info
{long num;
 char name[10];
 char sex;
 int age;
 struct date birthday;
 float score[2];
}stu1,*ps=&stu1;
```

这里 struct stu_info 结构体类型的 birthday 成员是 struct date 结构体类型变量,构成了结构体嵌套,这样引用 birthday 成员的成员时,需要两级成员的运算。例如:

```
stu1.birthday.day
stu1.birthday.month
stu1.birthday.year
```

若使用指针变量 ps 访问成员,则如下:

```
ps->birthday.day
ps->birthday.month
ps->birthday.year
```

则在程序中可以对每个成员进行赋值、输入及输出等各种操作。例如:

```
stu1.birthday.year=2007
scanf("%d",&stu1.birthday.month);
printf("%d\n",ps->birthday.day);
```

(2) 程序中还可以将结构体变量的值按整体一次性赋给相同结构体类型的其他变量。例如:

```
struct stud
{int num;
 char *name;
```

```
};
struct stud stud1 = {1001, "lihong"};
struct stud stud2;
stud2 = stud1;
```

由此可见,结构体变量的整体引用可以通过引用结构体变量名来实现,使用赋值语句可以一次性整体把数据赋值给同类型的其他结构体变量,这里变量 stud1、stud2 具有相同的结构体类型。

(3) 结构体成员可以像基本数据类型变量一样进行各种合法运算。例如:

```
struct student student1, * ps = &student1;
sum = ps->score[0] + student1.score[1];
( * ps).age++;
```

由于"()"运算符与"." 运算符属于同级运算,优先级最高,结合性为左结合,因此"(* ps).age++;"是对 age 成员本身进行的自加运算。

9.3　结构体数组

一个结构体变量只能存放一组成员数据,若需要存放多组成员数据时,就要定义结构体数组,结构体数组和基本类型数组性质相同,只是每个数组元素都是一个结构体类型的变量。结构体数组结合循环可以有效地访问数组各个元素的各个成员,使程序简洁、高效。

9.3.1　结构体数组的定义

结构体数组和结构体变量定义的方式一样。例如:

```
struct student
{long num;
 char name[10];
 char sex;
 int age;
 float score[2];
};
struct student student[30];
```

这里结构体名和数组名可以同名,系统不会混淆。结构体类型和结构体数组也可以同时定义。例如:

```
struct student
{long num;
 char name[10];
 char sex;
```

```
  int age;
  float score[2];
} student[30];
```

这两种方式都是定义了一个 struct student 结构体类型数组,包含 30 个数组元素。每个数组元素都是 struct student 结构体类型变量,存放一名学生的相关数据,包括:学号、姓名、性别、年龄、课程成绩等数据,具有 30 个结构体数组元素的数组就可以存放 30 个学生的相关数据信息。当然也可以定义无名结构体数组,或用 typedef 为结构体类型取的"别名"来定义结构体数组。

9.3.2 结构体数组的初始化

定义结构体数组的同时可以给每一个数组元素的各个成员赋初值,即结构体数组的初始化,它的作用在于把成批的数据传递给结构体数组中的各个元素。结构体类型的一维数组初始化方法和基本类型二维数组的初始化方法相似。例如:

```
struct student
{ long num;
  char name[10];
  char sex;
  int age;
  float score[2];
} student[3] = {{201011,"zhangsan",'m',19,76,89},{201012,"lisi",'m',20,86,82},
               {201013,"wangwu",'m',19,79,85}};
```

这里定义了一个具有 3 个结构体类型元素的数组,初始化时以一个数组元素为单位,将每个数组元素的成员值依次放在一对花括号里,以区分各个数组元素,各数组元素之间用","分隔。

假设前面已经定义了结构体类型,则分开定义结构体数组时,初始化形式如下:

```
struct student student[] = {{201011,"zhangsan",'m',19,76,89},
                            {201012,"lisi",'m',20,86,82},
                            {201013,"wangwu",'m',19,79,85}};
```

也可以在定义无名结构体数组时初始化各数组元素的值。

9.3.3 结构体数组的存储形式

结构体数组和基本类型的数组一样,编译系统可为它分配连续的存储空间,各数组元素在连续的存储空间中依次存放,各个成员也会依次存放在每个数组元素所占的空间里。每个数组元素所占的空间的大小是该结构体类型各个成员的所占空间大小之和。

例如:

```
struct student
{ long num;
  char name[10];
```

```
  char sex;
  int age;
  float score[2];
}student[10];
```

结构体数组名 student 表示该数组所占存储空间的起始地址,结构示意图如图 9.2 所示。

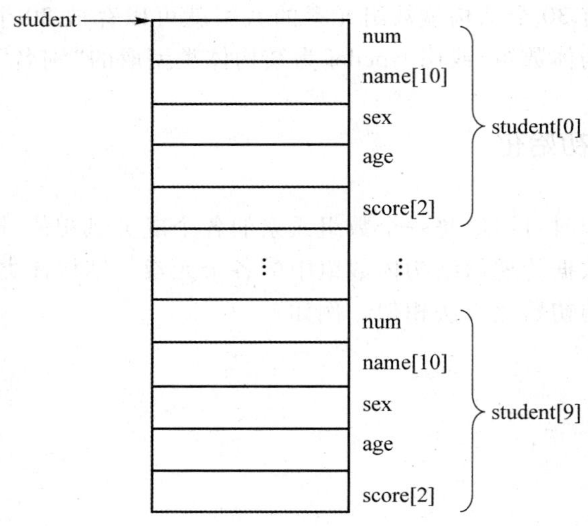

图 9.2 结构体数组存储空间示意图

9.3.4 结构体数组元素的引用

结构体数组元素的引用,实际上是引用每个数组元素的各个成员。结构体数组元素和基本类型数组元素一样,都是通过数组名和下标来引用数组元素。数组元素和变量的概念是一样的,因此对结构体数组元素的引用和对结构体变量的引用形式也是一样的,也要逐层引用,只能对最底层的成员进行操作。

一般引用的形式为:

数组名[下标].成员名

“[]”运算符和“.”运算符优先级相同,结合性是左结合,所以先进行“[]”运算,即先取结构体数组元素,再进行“.”运算取成员,相当于“(数组名[下标]).成员名”。如对上面已定义的结构体数组 student 而言,可以进行如下的引用:

```
student[0].num      /* 引用第一个学生(下标为 0 的数组元素)的学号成员 */
student[1].name     /* 引用第二个学生(下标为 1 的数组元素)的姓名成员 */
```

若结构体数组元素的成员本身也是数组,则引用形式为:

数组名[下标].数组成员名[下标]

例如:

```
student[2].score[0]     /* 引用第三个学生(下标为 2 的数组元素)的第一个成绩成员 */
```

9.3.5 结构体数组应用举例

结构体数组适合于处理一组具有相同结构体类型的数据，下面举例说明其应用。

【例 9.4】 计算 5 个学生的某一门课的平均成绩并统计出不及格的人数，再打印出不及格学生的学号、姓名、性别、成绩等数据信息。

程序如下：

```
#include<stdio.h>
struct stu
{long num;
 char name[10];
 char sex;
 float score;
}student[5]={{201001,"Liyan",'F',92},{201002,"Wuhai",'M', 50},
             {201003,"Wuwei ",'F',75},{201004,"Sunqi",'M',80},
             {201005,"Liuyu",'F',55}};
main( )
{int i,count=0;
 float aver,sum=0.0;
 for(i=0;i<5;i++)
 {sum=sum+student[i].score;
  if(student[i].score<60)
     count++;
 }
 printf("sum=%.2f\n",sum);
 aver=sum/5;
 printf("aver=%.2f\ncount=%d\n",aver, count);
 printf("num\tname\tsex\tscore\n");
 for(i=0;i<5;i++)
   if(student[i].score<60)
       printf("%ld\t%s\t%c\t%.2f\n",student[i].num,student[i].name,student[i].sex,
           student[i].score);
}
```

运行结果如下：

```
sum=352.00
aver=70.40
count=2
num        name    sex    score
```

201002　　Wuhai　M　　50.00

201005　　Liuyu　F　　55.00

程序分析：根据题意，程序中定义了一个具有 5 个数组元素的结构体数组，每个数组元素包括学号、姓名、性别、成绩等数据成员。程序中对结构体数组进行了初始化，结构体数组元素成员的引用形式为 student[i].成员名，i 的取值从 0 到 4，结合循环，可以方便地引用每个数组元素的各个成员，从而有效地进行输入、输出及各种合法的运算（求和、比较等）。'\t'为水平制表符，可以表格形式输出数据。

【例 9.5】　有 5 个学生，每个学生的数据包括学号、姓名、2 门课的成绩及总分，要求计算每个学生的总成绩，并将 5 个学生的数据按总成绩降序打印。

程序如下：

```
#define N 5
struct stutotal
{long num;
 char name[10];
 int score[2];
 int total;
}student[N];
main( )
{int i,j;
 struct stutotal temp;
 printf("Please input %d students' information :\n",N);
 printf("num\tname\tscore1\tscore2\n") ;
 for(i=0;i<N;i++)
 {scanf("%ld%s%d%d",&student[i].num,student[i].name,&student[i].score[0],
        &student[i].score[1]);
  student[i].total=student[i].score[0]+student[i].score[1];
 }
 for(i=0;i<N-1;i++)
 for(j=0;j<N-1-i;j++)
   if(student[j].total<student[j+1].total)   /* 比较总成绩成员的值，进行整体交换 */
   {temp=student[j];
    student[j]=student[j+1];
    student[j+1]=temp;
   }
 printf("\n");
 printf("output %d students' information ,after sort\n",N);
 printf("num\tname\tscore1\tscore2\ttotal\n") ;
 for(i=0;i<N;i++)
```

```
    printf("%ld\t%s\t%d\t%d\t%d\n", student[i].num, student[i].name, student[i].score[0],
            student[i].score[1],student[i].total);
}
```

运行情况如下：

```
Please input 5 students' information:
num      name    score1  score2
201001   liyan   92      76 ↵
201002   wuhai   50      75 ↵
201003   wuwei   75      67 ↵
201004   sunqi   80      78 ↵
201005   liuyu   55      65 ↵
output 5 students' information ,after sort
num      name    score1  score2  total
201001   liyan   92      76      168
201004   sunqi   80      78      158
201003   wuwei   75      67      142
201002   wuhai   50      75      125
201005   liuyu   55      65      120
```

程序中采用冒泡法对学生按总成绩从高到低进行排序，总成绩低的学生其所有数据信息都要整体向后移动，所以这里定义了一个结构体类型变量 temp，通过整体访问结构体数组元素的方式，用赋值语句交换两个数组元素的值。其代码如下：

```
if(student[j].total<student[j+1].total)
{temp=student[j]; student[j]=student[j+1]; student[j+1]=temp;}
```

等价于以下语句：

```
if(student[j].total<student[j+1].total)
{char name[10]; /* 在复合语句内定义 name、temp 中间变量用于交换结构体成员 */
 int temp;          /* 交换学号 */
 temp=student[j].num; student[j].num=student[j+1].num; student[j+1].num=temp;
 /* 交换姓名，因为 name 成员是数组，不能用赋值语句交换 */
 strcpy(name,student[j].name); strcpy(student[j].name,student[j+1].name);
 strcpy(student[j+1].name,name);
 /* 交换第一门课成绩 */
 temp=student[j].score[0]; student[j].score[0]=student[j+1].score[0];
 student[j+1].score[0]=temp;
 /* 交换第二门课成绩 */
 temp=student[j].score[1]; student[j].score[1]=student[j+1].score[1];
 student[j+1].score[1]=temp;
 /* 交换总成绩 */
```

```
temp=student[j].total; student[j].total=student[j+1].total; student[j+1].total=temp;
}
```

显然,整体交换两个结构体数组元素比分别交换两个结构体数组元素中各个成员的值更简洁、有效。

9.4　指向结构体类型数据的指针

前面在9.2.2结构体变量的引用一节中,我们简单地介绍了指向结构体类型数据的指针的定义及引用,这里做更详细的介绍。

定义了结构体类型变量后,系统会为它分配存储空间,存放结构体类型的数据。在程序中可以通过变量名直接访问存储空间的内容,也可以通过指向该存储空间的指针间接访问其内容,这就需要定义一个指向结构体类型数据的指针,即结构体指针。结构体指针是一个指针变量,其目标变量是一个结构体类型变量,结构体指针变量内容是分配给结构体变量的连续空间的首地址。

9.4.1　结构体指针变量的定义、赋值及存储形式

定义指向结构体类型指针变量和定义基本数据类型指针变量的方式是一样的。一般形式为:

<结构体类型名> <*结构体指针名>;

结构体类型名可以是“struct <结构体名>”形式,也可以是用typedef定义的结构体类型的别名。例如:

```
struct stutotal  *pa;
```

这里struct stutotal结构体类型必须是前面已经定义的数据类型,当然,也可以在定义结构体类型的同时定义结构体指针变量。例如:

```
struct stutotal
{long num;
 char name[10];
 int score[2];
 int total;
}student[10],a,*pa;
```

上面定义了结构体类型数组student、结构体变量a和结构体类型的指针变量pa,如上所述,指向结构体类型数据的指针称为结构体指针,它是一个指针变量。

这里要强调的是,指针变量pa只能指向相同结构体类型的变量,不能指向不同结构体类型的变量。结构体指针变量定义后,必须要先赋值后使用,所赋的值应是一个地址值。

给结构体指针变量赋值可分为以下3种情况:

(1) 将结构体变量地址赋给结构体指针变量

当结构体指针变量指向一个结构体变量时,指针变量中的值就是所指向的结构变量的首地址。例如:

```
struct stutotal a, * pa=&a;
```

系统会先给结构体变量 a 分配连续存放各成员的存储空间,再使结构体指针 pa 指向结构体变量 a 的连续存储空间的首地址,结构如图 9.3 所示。

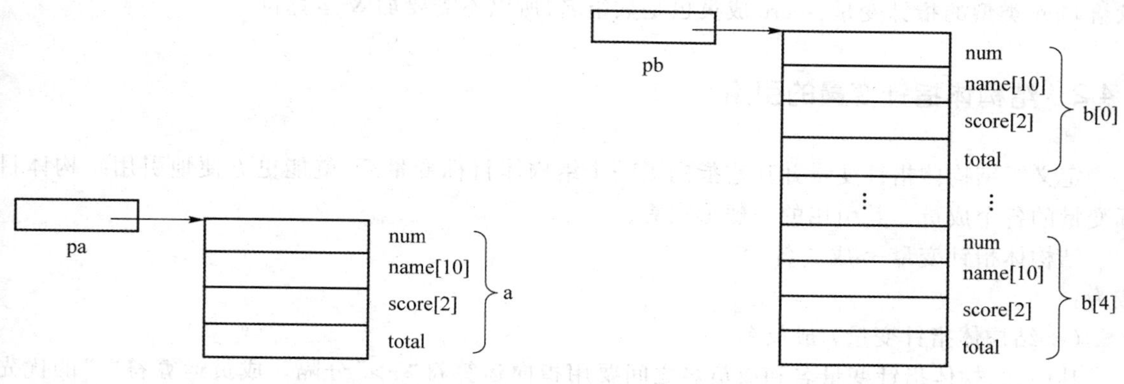

图 9.3　结构体变量 a 的存储空间　　图 9.4　结构体数组的连续存储空间

(2) 将结构体数组的首地址赋给结构体指针变量

当结构体指针指向一个结构体数组时,指针变量中的值就是所指向的结构体数组的首地址。例如:

```
struct stutotal b[5], * pb=b;
```

结构体数组名 b 是数组的首地址,等价于 &b[0],即结构体指针 pb 指向结构体数组所占连续存储空间的首地址,结构示意图如图 9.4 所示。

当前 pb 指向结构体数组的第一个数组元素,如果结构体指针变量 pb 自加 1 运算,则 pb 会指向结构体数组的第二个数组元素。结构体指针自加 1 所移动的字节数是数组元素各成员所占字节数之和。

(3) 用相同结构体类型的指针变量直接赋值

可以把相同结构体类型的指针变量的值赋给另一指针变量。例如:

```
struct stutotal a, * pc , * pa=&a;
pc=pa;
```

结构体指针 pa 的内容是结构体变量 a 的首地址,将 pa 的内容赋给相同结构体类型指针变量 pc,这样 pc 也指向了具有相同结构体类型的变量 a。现在有两个指针 pa 和 pc 都指向了结构体变量 a,结构体变量 a 的内容就可以通过 pa 或 pc 指针进行访问,结构示意图如图 9.5 所示。

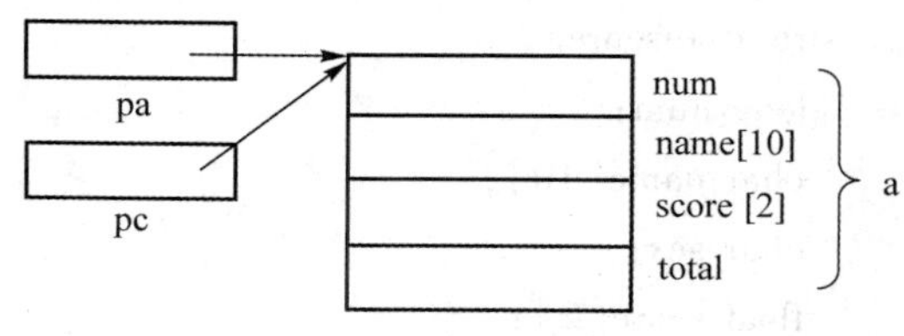

图 9.5　结构体变量 a 的存储空间

如果要定义指向成员的指针变量,一定要定

义和成员数据类型相同的指针变量。例如：

```
int * pt=&a.total;          /* int 类型指针变量 pt 指向结构体变量 a 的 total 成员 */
char * pn=a.name;           /* char 类型指针变量 pn 指向结构体变量 a 的 name 成员 */
int * ps=a.score;           /* int 类型指针变量 ps 指向结构体变量 a 的 score 成员 */
```

其中，total 成员是 int 数据类型的简单变量，变量前要加 & 运算符再赋给 int 类型的指针变量；name 成员是 char 数据类型的字符数组，数组名表示数组首地址，不需要加 & 运算符就可以赋给 char 类型的指针变量；score 成员也是数组名，所以不需要加 & 运算符。

9.4.2 结构体指针变量的引用

定义了结构体指针变量并让它指向了一个结构体目标变量后，就能更方便地引用结构体目标变量的各个成员。其引用的一般形式为：

结构体指针变量->成员名

或为：

(*结构体指针变量).成员名

其中，结构体指针变量名和成员名之间要用指向运算符“->”分隔。成员运算符“.”的优先级高于目标运算符“*”，所以引用形式“(*结构体指针变量).成员名”中的一对小括号不能省略，“(*结构体指针变量)”的含义是先取结构体指针指向的目标变量内容，再通过“.成员名”引用所指向的结构体变量的成员，完全等价于“结构体变量.成员名”引用形式。若省略了一对小括号，表达式就变成了“*结构体指针变量.成员名”形式，等价于“*(结构体指针变量.成员名)”表达式，这种形式是不合法的。以上两种通过结构体指针变量间接引用结构体变量成员的形式，与通过结构体变量直接引用结构体变量成员的形式是完全等价的。例如：

```
struct stutotal a, * pa=&a;
```

则以下引用成员的方法都是合法的：

```
pa->num
(* pa).num
a.num
```

这 3 种形式是完全等价的。

【例 9.6】 通过结构体指针引用结构体变量成员。

程序如下：

```
#include<stdio.h>
struct stuscore
{ long num;
  char name[10];
  char sex;
  float score[2];
} student1={201003,"wuwei",'F',75.0,67.0}, * ps;
main( )
```

```
{ps=&student1;        /* 给结构指针变量赋值 */
 printf("No=%ld,Name=%s,Sex=%c,",ps->num,ps->name,ps->sex);
 printf("Score1=%.2f,Score2=%.2f\n",ps->score[0],ps->score[1]);
 printf("No=%ld,Name=%s,Sex=%c,",(*ps).num,(*ps).name,(*ps).sex);
 printf("Score1=%.2f,Score2=%.2f\n",(*ps).score[0],(*ps).score[1]);
 printf("No=%ld,Name=%s,Sex=%c,",student1.num, student1.name,student1.sex);
 printf("Score1=%.2f,Score2=%.2f\n",student1.score[0], student1.score[1]);
}
```

运行结果如下：

```
No=201003,Name=wuwei,Sex=F,Score1=75.00,Score2=67.00
No=201003,Name=wuwei,Sex=F,Score1=75.00,Score2=67.00
No=201003,Name=wuwei,Sex=F,Score1=75.00,Score2=67.00
```

程序中的 student1.name、(*ps).name 和 ps->name 这 3 种引用结构成员的形式是完全等效的。

结构体指针变量和基本类型指针变量一样可以进行赋值运算、关系运算和部分的算术运算。

【例 9.7】 用结构体指针变量输出结构体数组各元素中各成员的值。

程序如下：

```
#include<stdio.h>
struct stuscore
{long num;
 char name[10];
 char sex;
 float score[2];
}student[5]={{201001,"Liyan",'F',92,76},{201002,"Wuhai",'M', 50,75},
             {201003,"Wuwei",'F',75,67},{201004,"Sunqi",'M',80,78},
             {201005,"Liuyu",'F',55,65}};
main()
{struct stuscore *ps=student;
 printf("Num\tName\tSex\tScore1\tScore2\n");
 for(;ps<=student+4;ps++)
    printf("%ld\t%s\t%c\t%.2f\t%.2f\n",ps->num,ps->name,ps->sex,ps->score[0],
           ps->score[1]);
}
```

运行结果如下：

```
Num     Name    Sex     Score1  Score2
201001  Liyan   F       92.00   76.00
201002  Wuhai   M       50.00   75.00
201003  Wuwei   F       75.00   67.00
```

```
201004    Sunqi   M      80.00    78.00
201005    Liuyu   F      55.00    65.00
```

此例中定义了一个结构体指针变量 ps，通过初始化语句“struct stuscore * ps = student;”，使 ps 指向了结构体数组 student 的首地址。条件表达式“ps<=student+4”用于控制循环次数，使 ps 的值不要超过第 5 个数组元素的地址，循环变量增量表达式“ps++”在有效循环次数内使 ps 每次自加 1，增量为结构体类型中成员所占字节数之和，即指向下一个结构体数组元素的地址，当 ps 值增到大于 student+4 值时结束循环。通过结构体指针加减运算就可以轻松指向每一个结构体数组元素，进而访问其每一个成员。

在使用“->”和“.”运算符引用结构体成员时，要注意与同级运算符及不同级运算符进行混合运算时的优先次序。

分析下面几种运算：

ps->num：引用 ps 指向的结构体数组元素中 num 成员的值。

ps->num++：等价于(ps->num)++，“->”级别高于“++”，“++”在这里是后增运算符；即先引用 ps 指向的结构体数组元素中 num 成员的值，之后成员 num 的值加 1。

++ps->num：等价于++(ps->num)，“->”级别高于“++”，“++”在这里是先增运算符；即 ps 指向的结构体数组元素中 num 成员值先自加 1 后，再引用它的值。

(++ps)->num：不等价于++ps->num，“->”和“()”级别相同，运算时从左向右(左结合性)运算，“++”在这里是先增运算符；即 ps 指针先自加 1，指向下一个结构体数组元素，再引用该结构体数组元素中 num 成员的值。

(ps++)->num：“->”和“()”级别相同，运算时从左向右(左结合性)运算，“++”在这里是后增运算符；即先引用 ps 指向的结构体数组元素中 num 成员的值，之后 ps 指针再自加 1，指向下一个结构体数组元素。

因此，为了明确混合运算中各运算符的运算次序，最好使用小括号将优先运算的内容括起来，以使表达式的运算更清晰，可读性更强。

【例 9.8】 分析下列结构体指针运算，并写出运算结果。

程序如下：

```
#include <stdio.h>
struct stuscore
{ long num;
  char name[10];
  char sex;
  float score[2];
} student[5] = { {201001,"Liyan",'F',92,76}, {201002,"Wuhai",'M', 50,75},
                 {201003,"Wuwei",'F',75,67}, {201004,"Sunqi",'M',80,78},
                 {201005,"Liuyu",'F',55,65} };
main()
{ struct stuscore * ps=student;
  printf("ps->num=%ld\n",ps->num);
```

```
    printf("ps->num++=%ld\n",ps->num++);
    printf("++ps->num=%ld\n",++ps->num);
    printf("(++ps)->num=%ld\n",(++ps)->num);
    printf("(ps++)->num=%ld\n",(ps++)->num);
    printf("( * ps).num=%ld\n",( * ps).num);
}
```

运行结果如下：

```
ps->num=201001
ps->num++=201001
++ps->num=201003
(++ps)->num=201002
(ps++)->num=201002
( * ps).num=201003
```

该例中结构体指针 ps 首先指向结构体数组 student 的首地址，即数组元素 student[0]的地址。"ps->num"是取数组元素 student[0]的 num 成员值 201001；"ps->num++"是先输出数组元素 student[0]的 num 成员值 201001 后，再使数组元素 student[0]的 num 成员值自加 1 为 201002；"++ps->num"是使数组元素 student[0]的 num 成员值自加 1 为 201003 后，再输出数组元素 student[0]的 num 成员值 201003；"(++ps)->num"是先使指针变量 ps 自加 1，即指向数组元素 student[1]的地址，再输出数组元素 student[1]的 num 成员值 201002；"(ps++)->num"是先输出数组元素 student[1]的 num 成员值 201002，再使指针变量 ps 自加 1，即指向数组元素 student[2]的地址；"(* ps).num"是取数组元素 student[2]的 num 成员值 201003。

9.5 结构体在函数间的传递

C 语言是典型的模块化程序设计语言，模块化就是将一个复杂的问题分解成多个容易解决的小问题，每个小问题用一个模块去求解，致使复杂问题得以实现，使程序更清晰、可读。在解决结构体类型数据的复杂问题时，我们同样要编写自顶向下逐步细化的模块化的程序。

解决问题的每一个模块都是用函数来实现的。函数间传递的数据不但可以是基本类型、数组、指针等类型的数据，而且还可以是结构体类型的数据，即结构体类型可以作为函数参数的类型，实现函数间传递结构体类型的数据。同样结构体在函数间的传递方式与在函数一章中介绍的参数传递方式一样，可以是单向的值传递，也可以是双向的地址传递。具体来讲，结构体数据在函数间的传递方式有 3 种：传递结构体的单个成员值、传递结构体变量（或结构体数组元素）、传递结构体指针或结构体数组。

9.5.1 传递结构体的单个成员值

传递结构体的单个成员值，就是用结构体的单个成员值作为主调函数的实参，要求被调函数形参变量的数据类型与实参（结构体的单个成员）数据类型一致，传递的是结构体中单个成员的值，这种传递方式和基本类型变量作为函数实参一样，都是单向的值传递。因为实参和形参占据不同的存储空间，所以将实参的值传给形参后，形参的值在被调函数内无论怎么改变，也不会影响实参的值。

【例 9.9】 从 5 名学生信息中按学号查找学生信息并显示查找结果。

程序如下：

```
#include <stdio.h>
struct stuscore
{long num;
 char name[10];
 char sex;
 float score[2];
};
main()
{struct stuscore student[5]={{201001,"Liyan",'F',92,76},{201002,"Wuhai",'M',50,75},
                            {201003,"Wuwei",'F',75,67},{201004,"Sunqi",'M',80,78},
                            {201005,"Liuyu",'F',55,65}};
 long no;
 int i,find=0;
 printf("Please input the number you want to search: ");
 scanf("%ld",&no);
 for(i=0;i<5;i++)
 {find=searchnum(student[i].num,no);
  if(find==1) break;
 }
 if(find==1)
 {printf("Num\tName\tSex\tScore1\tScore2\n");
  printf("%ld\t%s\t%c\t%.2f\t%.2f\n",student[i].num,student[i].name,
        student[i].sex,student[i].score[0], student[i].score[1]);
 }
 else
  printf("Not found!\n");
}
int searchnum(long num,long no)
{int find=0;
 if(num==no)
    find=1;
 return find;
```

```
}
```

运行情况如下：

```
Please input the number you want to search:201003 ↵
Num        Name   Sex  Score1  Score2
201003     Wuwei  F    75.00   67.00
Please input the number you want to search:201007 ↵
Not found!
```

程序分析：在 main 函数中对 searchnum 函数进行调用，调用语句中的实参是结构体数组元素的 num 成员和变量 no，num 成员和变量 no 均是 long 类型变量，作为函数参数的 num 成员和变量 no 的传递方式都是单向的值传递，接收 num 成员值的形参一定要定义为和 num 成员类型相同的变量。searchnum 函数的功能是确定输入的学号和学生信息集合中某一个学号的匹配情况，将是否匹配的标志变量 find(int 类型)的值返回到 main 函数中，main 函数再根据返回值分析输出匹配与否的相应信息。

9.5.2 传递结构体变量（或结构体数组元素）

传递结构体变量(或结构体数组元素)，就是用结构体变量(或结构体数组元素)作为主调函数的实参，要求被调函数的形参变量与实参(结构体变量或结构体数组元素)具有相同的结构体类型，传递的是结构体类型变量的值，这种传递方式是单向的值传递。因为系统另外给形参分配了与实参结构体类型长度相同的存储空间，所以将实参的值传给形参后，形参的值在被调函数内无论怎么改变，也不会影响实参的值。

【例 9.10】 求每个学生的总成绩，并打印输出学生信息。

程序如下：

```
#define N 5
struct stutotal
{long num;
 char name[10];
 int score[2];
 int total;
};
main( )
{struct stutotal student[N]={{201001,"Liyan",92,76},{201002,"Wuhai",50,75},
                             {201003,"Wuwei",75,67},{201004,"Sunqi",80,78},
                             {201005,"Liuyu",55,65}};
 int sum(struct stutotal s);
 int i;
 for(i=0;i<N;i++)
     student[i].total=sum(student[i]);
```

```
  printf("Num\tName\tScore1\tScore2\tTotal\n");
  for(i=0;i<N;i++)
      printf("%ld\t%s\t%d\t%d\t%d\n",student[i].num,student[i].name,
             student[i].score[0], student[i].score[1],student[i].total);
}
int sum(struct stutotal s)
{s.total=s.score[0]+ s.score[1];
  return s.total;
}
```

运行结果如下：

```
Num       Name    Score1   Score2   Total
201001    Liyan   92       76       168
201002    Wuhai   50       75       125
201003    Wuwei   75       67       142
201004    Sunqi   80       78       158
201005    Liuyu   55       65       120
```

程序分析：在 main 函数中对 sum 函数进行调用，调用语句中的实参是结构体数组元素 student[i]，每一个数组元素都是结构体变量，将结构体类型数据作为整体传给了 sum 函数，传递方式是单向的值传递，而函数的形参要定义为和数组元素具有相同结构体类型的变量，即形参定义为“struct stutotal s”。sum 函数的功能是接收某一学生信息，进而计算某一结构体学生的总成绩，虽然在 sum 函数内将计算的总成绩赋值给了形参 s 的 total 成员，但是必须再将形参 s 的 total 成员值返回 main 函数赋给结构体数组元素 student[i]的 total 成员，如果 sum 函数没有 return 语句将带不回来任何结果。这种值传递方式其实参和形参各占不同的存储空间，只是将实参的值传递给形参，形参值的改变不会影响实参的值。因为结构体类型通常占据较多的存储空间，值传递方式会增加内存开销，运行效率也不高，所以程序中经常使用下面介绍的双向地址传递方式，不用增加内存开销，运行效率也高。

9.5.3 传递结构体指针或结构体数组

传递结构体指针或结构体数组，就是用结构体指针或结构体数组作为主调函数的实参，要求被调函数的形参定义为与实参类型一致的结构体指针或结构体数组，传递给形参的是结构体类型数据的首地址，这样形参就指向了实参占据的存储空间，这种传递方式是双向的地址传递。实参和形参实际上共用同一段存储空间，当在被调函数内改变形参的值，则实参的值也会随之改变。

【例 9.11】 用结构体指针作为函数参数求每个学生的总成绩，并打印输出学生信息。

程序如下：

```
#define N 5
struct stutotal
```

```
{long num;
 char name[10];
 int score[2];
 int total;
};
main( )
{struct stutotal student[N] = {{201001,"Liyan",92,76},{201002,"Wuhai",50,75},
                               {201003,"Wuwei",75,67},{201004,"Sunqi",80,78},
                               {201005,"Liuyu",55,65}};
 int sum(struct stutotal * s);
 int i;
 for(i=0;i<N;i++)
    sum(&student[i]);
 printf("Num\tName\tScore1\tScore2\tTotal\n");
 for(i=0;i<N;i++)
    printf("%ld\t%s\t%d\t%d\t%d\n",student[i].num,student[i].name,
           student[i].score[0], student[i].score[1],student[i].total);
}
int sum(struct stutotal * s)
{
 s->total=s->score[0]+ s->score[1];
}
```

运行结果如下:

```
Num      Name    Score1   Score2   Total
201001   Liyan   92       76       168
201002   Wuhai   50       75       125
201003   Wuwei   75       67       142
201004   Sunqi   80       78       158
201005   Liuyu   55       65       120
```

程序分析:在 main 函数中对 sum 函数进行调用,调用语句中的实参是结构体数组元素 student[i]的地址,要将结构体类型的地址值传递给 sum 函数,那么 sum 函数的形参要定义为相同结构体类型的指针变量,即形参定义为"struct stutotal ＊s"。sum 函数的功能是用形参 s 接收某一结构体学生信息的地址,进而在 sum 函数内将计算的某一学生的总成绩赋值给形参 s 的 total 成员。sum 函数虽然没有 return 语句,但已经将总成绩带回到了 main 函数。这种传递方式是双向的地址传递,实际上是形参 s 指向了实参结构体数组元素 student[i]所占存储空间的起始地址,sum 函数是通过形参 s 改变了 student[i]所占存储空间中 total 成员的值,在 main 函数中就可以通过结构体数组元素 student[i]引用改变后的 total 成员的值并输出。这种传递方式并没有在被调函数内另外再开辟结构体类型长度的存储空间,不用增加内存开销,运行效率也高。

【例 9.12】 用结构体数组作为函数参数实现按学生总成绩降序排序并输出。

程序如下：

```
#define N 5
struct stutotal
{long num;
 char name[10];
 int score[2];
 int total;
};
main( )
{void sort(struct stutotal *ps);
 struct stutotal student[N];
 int i,j;
 printf("Please input %d students' information:\n",N);
 printf("num\tname\tscore1\tscore2\n");
 for(i=0;i<N;i++)
    scanf("%ld%s%d%d", &student[i]. num, student[i].name, &student[i].score[0],
          &student[i].score[1]);
 sort(student);
 printf("\n");
 printf("output %d students' information ,after sort\n",N);
 printf("num\tname\tscore1\tscore2\ttotal\n") ;
 for(i=0;i<N;i++)
    printf("%ld\t%s\t%d\t%d\t%d\n", student[i].num, student[i].name,
          student[i].score[0], student[i].score[1],student[i].total);
}
void sort(struct stutotal *ps)
{struct stutotal temp;
 int i,j;
 for (i=0;i<N;i++)
    (ps+i)->total= (ps+i)->score[0]+ (ps+i)->score[1];
 for (i=0;i<N-1;i++)
    for (j=0;j<N-1-i;j++)
      if((ps+j)->total<(ps+j+1)->total)  /*比较总成绩 total 的值,进行整体交换*/
      {temp= *(ps+j);
       *(ps+j)= *(ps+j+1);
       *(ps+j+1)= temp;
```

```
    }
}
```

运行情况如下：

```
Please input 5 students' information:
num       name    score1   score2
201001    liyan   92       76↵
201002    wuhai   50       75↵
201003    wuwei   75       67↵
201004    sunqi   80       78↵
201005    liuyu   55       65↵
output 5 students' information ,after sort
num       name    score1   score2   total
201001    liyan   92       76       168
201004    sunqi   80       78       158
201003    wuwei   75       67       142
201002    wuhai   50       75       125
201005    liuyu   55       65       120
```

程序分析：在 main 函数中，函数调用语句"sort(student);"中的实参是结构体数组名 student，数组名 student 表示结构体数组的首地址，那么 sort 函数中的形参一定要定义为与实参类型一致的结构体指针或数组，此例中形参定义为指针，即"struct stutotal ＊ps"。这种传递方式是双向的地址传递，实际上是形参 ps 指向了实参数组 student 所占存储空间的起始地址。sort 函数的功能是通过指针 ps 将学生信息按总成绩降序排序，所以调用 sort 函数以后，ps 指向的 student 数组里的内容已经按总成绩降序排序，在 main 函数中通过 student 数组名输出的是已排好序的全部学生信息。虽然函数 sort 没有返回值，但通过双向地址传递方式向 main 函数带回了已排序的结果。

9.6　结构体类型函数和结构体指针类型函数

结构体类型可以作为函数返回值的类型，当被调函数执行后，通过返回语句带回一个结构体类型数据到主调函数中。当函数以结构体类型作为返回值时，该函数称为结构体类型函数；结构体指针也可以作为函数返回值，这样的函数称为结构体指针类型函数。

9.6.1　结构体类型函数

结构体类型函数是指函数返回值的类型是结构体类型，在主调函数中需定义与被调函数返回值相同的结构体类型的变量来接收返回值。需强调的是：对结构体类型的返回值不能直接进行运算或输出操作，而是赋给某一相同结构体类型的变量，再通过该结构体变量引用各成员值进行输出等各种操作。

结构体类型函数定义的一般形式为：

```
struct<结构体名> 函数名(<形式参数说明表>)
{
  <函数体>
}
```

结构体类型函数说明的一般形式为：

struct<结构体名> 函数名(<形式参数说明表>);

在主调函数中对结构体类型函数调用的一般形式为：

结构体变量=函数名(<实参列表>);

【例 9.13】　查找并输出最高分学生信息。

程序如下：

```
#include<stdio.h>
struct stu
{long num;
  char name[10];
  char sex;
  float score;
}student[5]={{201001,"Liyan",'F',92},{201002,"Wuhai",'M',50},
             {201003,"Wuwei",'F',75},{201004,"Sunqi",'M',80},
             {201005,"Liuyu",'F',55}};
main()
{struct stu max;
  struct stu maximum(struct stu *ps);
  max=maximum(student);
  printf("output the highest score student's information,after search:\n");
  printf("Num\tName\tSex\tScore\t\n");
  printf("%ld\t%s\t%c\t%.2f\n", max.num, max.name, max.sex, max.score);
}
struct stu maximum(struct stu *ps)
{int i,j;
  float max;
  j=0;max=ps->score;
  for (i=1;i<5;i++)
     if((ps+i)->score>max)
     {max=(ps+i)->score;
      j=i;
     }
  return *(ps+j);
```

```
}
```

运行结果如下：

```
output the highest score student's information,after search:
Num       Name   Sex   Score
201001    Liyan  F     92.00
```

程序分析：maximum 函数的返回值是结构体类型，该函数功能是找到最高分的学生，并通过返回值将结构体数组中最高分学生信息所在的数组元素带回到 main 函数，接收学生信息的变量是具有相同结构体类型的变量。

9.6.2 结构体指针类型函数

结构体指针类型函数是指函数返回值的类型是结构体指针类型，在主调函数中需定义与被调函数返回值相同的结构体类型的指针变量来接收返回值。需强调的是：对结构体指针类型的返回值不能直接进行运算或输出操作，而是赋给某一相同结构体类型的指针变量，再通过该结构体指针变量间接引用各成员值进行各种操作。

结构体指针类型函数定义的一般形式为：

```
struct<结构体名> * 函数名(<形式参数说明表>)
{
  <函数体>
}
```

结构体类型函数说明的一般形式为：

```
struct<结构体名> * 函数名(<形式参数说明表>);
```

在主调函数中对结构体指针类型函数调用的一般形式为：

```
结构体指针变量=函数名(<实参列表>);
```

【例 9.14】 用结构体指针类型函数实现例 9.13 查找并输出最高分学生信息。

程序如下：

```
#include<stdio.h>
struct stu
{ long num;
  char name[10];
  char sex;
  float score;
} student[5] = { {201001,"Liyan",'F',92}, {201002,"Wuhai",'M', 50},
                 {201003,"Wuwei",'F',75}, {201004,"Sunqi",'M',80},
                 {201005,"Liuyu",'F',55} };
main()
{ struct stu *max;
  struct stu *maximum(struct stu *ps);
```

```
    max=maximum(student);
    printf("output the highest score student's information,after search:\n");
    printf("Num\tName\tSex\tScore\t\n");
    printf("%ld\t%s\t%c\t%.2f\n", max->num, max->name, max->sex, max->score);
  }
  struct stu *maximum(struct stu *ps)
  {int i,j;
   float max;
   j=0;max=ps->score;
   for(i=1;i<5;i++)
       if((ps+i)->score>max)
       {max=(ps+i)->score;
        j=i;
       }
   return(ps+j);
  }
```

运行结果如下：

```
output the highest score student's information,after search:
Num          Name    Sex      Score
201001       Liyan   F        92.00
```

程序分析：maximum 函数的返回值类型是“struct stu *”，即该函数的返回值是结构体指针类型，ps 是结构体指针，ps+j 是最高分学生信息所在数组元素的地址，用 return 语句返回到 main 函数，并将其赋给结构体指针 max，通过 max 指针引用成员可输出最高分学生信息。

9.7 结构体嵌套

9.7.1 结构体嵌套的定义

前面已经讲到，结构体成员既可以是基本类型，也可以是结构体类型。也就是说，结构体的成员也可以是结构体类型，这就叫结构体嵌套。

例如 9.1.1 节定义的带有 birthday 成员的 struct stu_info 结构体就是结构体类型嵌套，该结构体类型也可以如下定义：

```
struct stu_info
{long num;
  char name[10];
  char sex;
```

```
    int age;
    struct date
    {
      int day,month,year;
    }birthday;
    float score[2];
  };
```

这种把 struct date 结构体类型的定义放在 struct stu _ info 结构体中的定义方式与 9.1.1 节介绍的分开定义的效果是一样的。

9.7.2 嵌套结构体类型变量的引用

对于嵌套结构体类型变量的引用,需要用若干个成员运算符,一层一层地找到最底层的成员,程序中通常是对最底层成员进行输入输出及其他运算操作。

【例 9.15】 输入若干个学生数据信息,并以表格形式输出学生信息。每个学生的信息包括学号、姓名、性别、入学日期、毕业日期及 3 门课的成绩等。

程序如下:

```
#include<stdio.h>
#define N 5
struct date
{
  int day,month,year;
};
struct stu_eg
{long num;
  char name[10];
  char sex;
  struct date entrance;
  struct date graduate;
  int score[3];
}s[N];
main( )
{int i,j;
  for(i=0;i<N;i++)
  {printf("input number:");
    scanf("%ld",&s[i].num);
    printf("input name:");
    scanf("%s",s[i].name);
```

```
    getchar();
    printf("input sex:");
    scanf("%c",&s[i].sex);
    printf("Input date of entrance:");
    scanf("%d-%d-%d",&s[i].entrance.year,&s[i].entrance.month,
          &s[i].entrance.day);
    printf("Input date of graduation:");
    scanf("%d-%d-%d",&s[i].graduate.year,&s[i].graduate.month,
          &s[i].graduate.day);
    printf("Input 3 score :");
    for(j=0;j<3;j++)
       scanf("%d",&s[i].score[j]);
    getchar();
  }
  printf("number\tname\tsex\tentrance\tgraduate\tscore1\tscore2\tscore3\n");
  for(i=0;i<N;i++)
  {printf("%ld\t%s\t%c\t",s[i].num,s[i].name,s[i].sex);
    printf("%d-%d-%d\t",s[i].entrance.year ,s[i].entrance.month,
          s[i].entrance.day);
    printf("%d-%d-%d\t",s[i].graduate.year ,s[i].graduate.month,
          s[i].graduate.day);
    for(j=0;j<3;j++)
        printf ("%d\t",s[i].score[j]);
    printf("\n");
  }
}
```

运行情况如下：

```
input number:201001 ↵
input name:Liyan ↵
input sex:f ↵
input date of entrance:2010-9-1 ↵
input date of graduation:2014-7-1 ↵
input 3 score :92 76 70 ↵
……
number    name    sex    entrance    graduate    score1    score2    score3
201001    Liyan   f      2010-9-1    2014-7-1    92        76        70
……
```

struct stu_eg 结构体类型中定义了 struct date 结构体类型的 entrance 和 graduate 成员，利用

struct stu _ eg 结构体类型定义了结构体数组 s,则在引用数组元素的结构体成员 entrance 和 graduate 的成员时,应该逐层引用,直到最底层的成员。例如:

```
s[i].entrance.year
s[i].graduate.year
```

若是定义了一个 struct stu _ eg 结构体类型的指针 ps,让它指向 s 数组的起始地址,那么引用最底层成员的形式如下:

```
ps->entrance.day
ps->graduate.day
```

嵌套结构体的成员类型定义应注意:

(1) 在定义嵌套结构体时,其成员类型只能是已经定义的其他结构体类型,不可以是自身结构体类型。因为自身结构体类型定义还没有结束,所占的内存字节数无法确定,系统不能为其分配存储空间。

下面的嵌套结构体类型定义是不合法的。

```
struct s _ data
{int data;
 structs _ data info;
};
```

(2) 在定义嵌套结构体时,虽然其成员类型必须是已经定义的其他结构体类型,但也可以是自身结构体指针类型。因为编译系统为指向不同数据类型指针变量分配的存储空间字节数是固定的,这样系统就可以为此嵌套结构体类型分配确定的存储空间。包含指向自身结构体指针类型成员的嵌套结构体类型定义如下:

```
struct <结构体名>
{<成员表列>
 struct<结构体名> *指针变量名;
};
```

例如:

```
struct node
{int data;
 struct node *next;
};
```

上面定义了 struct node 结构体类型,其中包含指向自身结构体类型的结构体指针成员 next,这样定义的结构体类型是合法的,称为递归结构体类型,它是链表、树、栈和队列等结点的结构体类型,下一节只介绍最常用的数据结构——链表。

9.8 链表

前面讲到,在程序中如果需要存放一组相同的结构体类型数据,可以将这组结构体类型数据定义为结构体数组,但使用数组要求先定义数组长度,以便系统为它分配长度固定的连续的存储空间,各数组元素在连续的存储空间中依次存放。也就是说,逻辑上相邻的数组元素在内存中的物理位置也相邻,这种存储称为静态存储,即结构体数组是一种静态的数据结构。这种数据结构存在如下缺点:

(1) 结构体数组的内存分配不够灵活。数组的大小在程序运行过程中不能修改,是静态不变的,如果定义过小,则超出分配内存空间范围的数据无法正确存储;如果定义过大,又会造成内存空间的浪费。

(2) 插入和删除的操作很不方便。由于开辟连续存储空间,为保持逻辑上相邻的数组元素在物理位置上也相邻,除在数组的最后位置外,在其他位置进行插入和删除的操作都必须移动大量的数组元素,效率较低,而且插入操作有可能引起存储空间不足而造成溢出。

为了克服数组的上述缺点,可以采用链接方式的动态存储数据结构——链表,来很好地解决上述问题。链表具有如下优点:

(1) 链表是一种动态的数据结构,根据需要动态地分配及释放存储空间,可以很好地解决存储空间不足及浪费的问题。

(2) 链表的插入和删除操作方便,无论在哪个位置进行插入和删除操作,都无须移动大量的结点数据,执行效率高。

(3) 链表中逻辑上相邻的结点数据在内存中的物理位置不要求相邻。

综上可以看出,数组适合于插入和删除操作较少、存储空间固定的情况。虽然有缺点,但数组可以方便地随机存取数组中任一数组元素,在具有相同数据个数的情况下,占用存储空间少于链表。而链表适合于插入和删除频繁、存储空间大小不能预先确定的情况。链表中的结点不一定占用连续的存储空间,所以需要增加额外的存储空间来表示结点间的逻辑关系。

从链接方式上可将链表分为单链表、循环链表和双链表。链接方式的动态存储是最常用的存储方法之一,它可以表示各种复杂的数据结构,这里将详细地介绍单链表的概念及基本运算。

9.8.1　单链表的基本概念

链表中的各结点存放在一组任意的存储单元内,这组存储单元可以是连续的,也可以是不连续的,因此,链表结点的逻辑次序和物理次序不一定相同。为了能正确表示结点间的逻辑关系,每个结点都包含两部分内容:一是数据部分,存放需要处理的数据;二是指针部分,存放后继结点的地址,这部分也可以称为链(指针)。各个结点正是通过指针按逻辑顺序链接在一起的,所以称为链表。如果链表中每个结点只有一个链,则称这种链表为单链表。单链表中各个结点具有相同的结构体类型,每个结点分为两个域:数据域和指针域。单链表中的结点结构如图 9.6 所示。

data	next

图 9.6　结点结构

其中 data 域是数据域,用来存放数据,它可以由多个不同数据类型成员组成;next 域是指针域(或链域),是结点结构体类型指针,用来存放该结点的直接后继结点的地址。结点的结构体类型定义如下:

```
typedef struct node
{int data;
```

```
    struct node  * next;
} linklist;
```

上面在定义 struct node 结构体类型的同时,用 typedef 关键字为 struct node 结构体类型定义了别名 linklist,使用别名 linklist 可代替 struct node 定义结构体类型变量。其中 next 是 struct node 结构体类型指针成员变量,存放的是直接后继结点的地址,即直接指向后继结点。显然,单链表中每个结点的存储地址都存放在其直接前趋结点的 next 指针域中,而第一个结点无前驱结点,故应设置头指针 head 指向第一个结点。同时,最后一个结点无后继结点,故最后一个结点的 next 指针域应置为空,即 NULL。单链表的结构如图 9.7 所示。

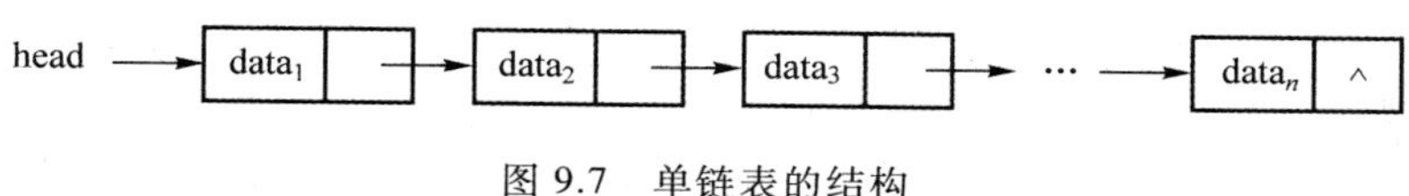

图 9.7　单链表的结构

图 9.7 所示的单链表直接用箭头给出了结点间的逻辑顺序,箭头表示链域的指向,最后一个结点中的"^"表示 NULL,即链表的结束标志。头指针 head 的定义如下:

```
linklist * head;
```

单链表由头指针唯一确定,对链表的所有操作,如链表的建立及结点的查找、插入和删除等都是通过头指针进行的。

9.8.2 动态存储分配的内存管理函数

链表是动态的数据结构,在程序运行时其结点的个数是可变的,当需要结点时就动态产生并分配空间,当结点不再需要时,则释放结点所占的空间。为有效地利用内存资源,C 语言为用户提供了一些内存管理函数,用于动态分配、回收存储空间。常用的动态存储分配的内存管理函数如下。

(1) 分配内存空间函数 malloc

函数原型:void * malloc(unsigned int size);

功能:在内存的动态存储区中分配一块长度为 size 大小的连续存储空间,若分配成功,则函数返回长度为 size 大小的连续存储空间的首地址;若分配不成功,即内存不能提供足够的连续空间,则函数返回 NULL(空指针)。

调用形式:

(<数据类型标识符> *)malloc(size);

malloc 函数返回值的类型是 void * (空类型指针),用"(<数据类型标识符> *)"表示把函数返回值强制转换成该类型指针。例如:

```
linklist  * p;
p=(linklist  * )malloc(sizeof(linklist));
```

这里用 linklist 定义了结构体指针变量 p,使其可以指向一个结点结构体类型存储空间;malloc 函数分配一个 linklist 类型结点所需存储空间,空间的大小用 sizeof 计算;(linklist *)

是将 malloc 函数返回值强制转换为 linklist 结点结构体类型指针，并将返回值赋给指针变量 p，使 p 指向了刚开辟的结构体类型存储空间的首地址，可以通过指针 p 使用 p->data 和 p->next 访问结点数据的两个成员。需要注意的是，指针变量 p 和 malloc 函数返回值的类型应该一致。

(2) 分配 num 个同长度内存空间函数 calloc

函数原型：void *calloc(unsigned int num,unsigned int size);

功能：在内存的动态存储区中分配一段 num 个长度为 size 大小的连续存储空间，若分配成功，则函数返回长度为 num * size 大小的连续存储空间的首地址；若分配不成功，即内存不能提供足够的连续空间，则函数返回 NULL(空指针)。

调用形式：

(<数据类型标识符> *)calloc(num,size);

其中，num 为需要分配空间的个数，size 为每个空间需要的字节数，calloc 函数分配的连续空间总字节数是 num * size，其余与 malloc 函数的含义相同。例如：

```
linklist *p;
p=(linklist *)calloc(5,sizeof(linklist));
```

calloc 函数分配了 5 * sizeof(linklist) 大小的连续存储空间，并将首地址强制转换为 linklist * 类型赋给了指针变量 p。连续存储空间里可以存储 5 个 linklist 结构体类型数据，p 指向了连续存储空间的首地址，可通过 p 访问连续空间中的每个结构体类型数据。

(3) 释放内存空间函数 free

函数原型：void free (void *p);

功能：释放 p 指向的内存存储空间，函数没有返回值。p 可以是任意类型的指针变量，p 所指向的存储空间只能是由动态存储分配函数如 malloc、calloc 所分配的空间，动态内存使用后应及时释放，使系统可以重新分配，以便有效利用内存资源。

调用形式：

free (p);

例如：

```
linklist *p;
p=(linklist *)malloc(sizeof(linklist));
……
free(p);
```

p 指向了由 malloc 函数分配的结点结构体类型存储空间的首地址，使用之后不再需要时，用 free 函数释放 p 指向的存储空间，将存储空间归还系统。

注意：使用以上函数时需要在程序中包含头文件<stdlib.h>，下面利用这些函数实现单链表的操作。

9.8.3 单链表上的基本运算

单链表上的基本运算包括建立链表、查找结点、插入结点、删除结点及输出链表等，首先讨论如何建立单链表。

1. 建立单链表

单链表是从空链表开始,根据需要一个结点一个结点地增加,并逐渐链接起来。下面通过例子说明建立单链表的过程。

【例 9.16】 建立一个若干名学生信息的单链表,每个学生的信息包括学号、姓名。

算法分析:根据题意,学生信息结构体类型定义如下:

```
typedef struct stu_list
{long num;
  char name[10];
  struct stu_list *next;
}linklist;
```

为了使生成的链表结点的次序和输入的顺序一致,即输入时按学号的大小升序排列,这里将采用尾接法建立链表,该方法是将新结点链接到当前链表的尾部。根据尾接法的算法,在建立单链表的过程中,会用到三个指针:头指针 head 指向链表的头结点,尾指针 r 始终指向链表的尾结点,指针 p 指向生成的新结点。具体算法如下:

(1) 从空链表开始,即“head=r=NULL;”,头指针和尾指针初始值为空。

(2) 分配第一个结点存储单元,使 p 指向此存储单元,并输入第一个结点学生信息。

(3) 判断学号是否为 0,若学号为 0 则结束循环,表示链表建立完成,执行第 6 步;若学号不为 0 则进入建立链表的循环,执行第 4 步。

(4) 循环体内将新结点接在链表的尾部时,要区分两种情况:一是空链表,接入第一个结点的操作为“head=p;r=p;”,即 head 头指针和 r 尾指针都指向第一个结点,因为此时只有一个结点,它既是第一个结点,也是最后一个结点;二是非空链表,接入新结点的操作为“r->next=p;r=p;”,接入的过程是:首先是尾结点的指针域 r->next 指向新的结点 p,再使尾指针 r 指向新的结点 p,这样新的结点就成为单链表的尾结点。

(5) 分配一个新结点存储单元,使 p 指向此存储单元,并输入一个新结点学生信息,转到第 3 步。

(6) 退出循环后,处理链表尾结点时也要区分空链表和非空链表两种情况:若读入的第一个学号是 0,则 head 指向的是空链表,尾指针 r 亦为空,尾结点不存在;否则链表 head 非空,尾指针 r 指向最后一个结点,应将尾结点的指针域置为空,即“if(r!=NULL) r->next=NULL;”。

(7) 建立操作完成后,函数返回单链表头指针 head。

该算法的结构示意图如图 9.8 和图 9.9 所示。

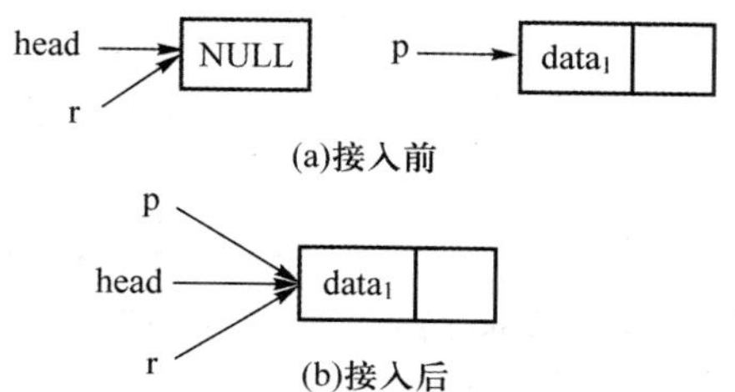

图 9.8 在空单链表中接入第一个结点的结构示意图

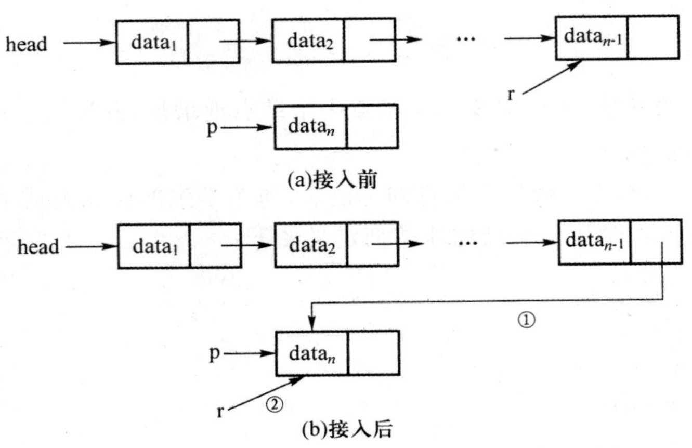

图 9.9　在非空单链表中接入新结点的结构示意图

程序如下：

```
#include<stdio.h>
#include<stdlib.h>
typedef struct stu _ list                          /* 定义学生信息结构体类型 */
{long num;
  char name[10];
  struct stu _ list  * next;
}linklist;
linklist  * creatlist()                            /* 用尾接法建立单链表,函数返回单链表头指针 */
{int i;
  linklist  * head, * p, * r;
  head=r=NULL;                                     /* 头指针和尾指针初始值为空 */
  p=(linklist * )malloc(sizeof(linklist));         /* 生成第一个结点 */
  printf("Please input number,name:");
  scanf("%ld",&p->num);                            /* 输入第一个结点学生信息 */
  getchar();                                       /* 读取输入学号后的回车符 */
  gets(p->name);
  while(p->num!=0)                                 /* 学号为 0 退出循环 */
  {if (head==NULL)                                 /* 是空表时,第一个结点接入空表 */
      head=p;
    else                                           /* 是非空表时,新结点接入尾结点之后 */
      r->next=p;
    r=p;                                           /* 尾指针指向新的尾结点 */
    p=(linklist * )malloc(sizeof(linklist));       /* 生成新结点 */
    printf("Please input number,name:");
```

```
    scanf("%ld",&p->num);              /* 输入新结点学生信息 */
    getchar();                         /* 读取输入学号后的回车符 */
    gets(p->name);
   }
  if(r!=NULL) r->next=NULL;            /* 非空表时,使尾结点的指针域置为空 */
  free(p);                             /* 释放输入学号为 0 的结点存储空间 */
  return (head);                       /* 返回单链表头指针 */
}
```

2. 输出单链表

依次输出单链表中各结点的数据,只要理解了单链表的建立过程,那么输出单链表就很简单了。下面通过例子说明输出单链表的过程。

【例 9.17】 输出例 9.16 所建立的学生信息单链表的数据内容。

具体算法如下:

(1) 定义单链表输出函数需要一个结构体类型的指针变量 head 作为形参,接收从主调函数传过来的单链表头指针。

(2) 设一个结构体指针变量 p,执行"p=head;",使 p 指向链表头。

(3) 如果 head 值为 NULL,则输出空表信息(empty linklist!)并结束程序;否则执行第 4 步,即从 head 所指的第一个结点出发顺序输出各个结点。

(4) 如果"p!=NULL",输出 p 指向的结点数据,然后通过赋值语句"p=p->next"使 p 指向下一个结点,再输出 p 指向的结点数据,直到"p==NULL"为止。

该算法的结构示意图如图 9.10 所示。

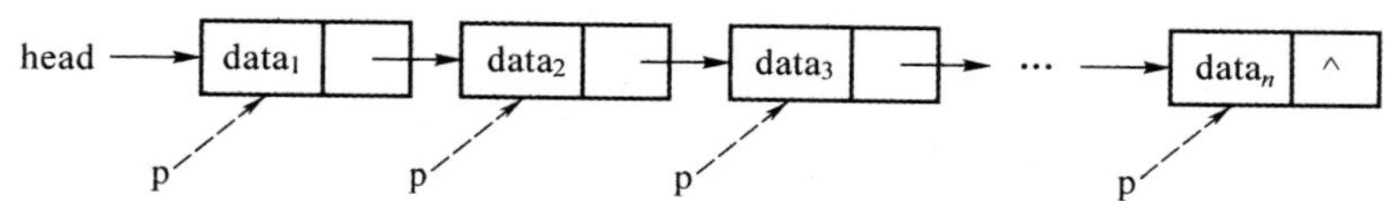

图 9.10 输出单链表时指针 p 依次向后移动的结构示意图

程序如下:

```
void outputlist(linklist *head)
{linklist *p;
  p=head;
  if(head==NULL)
     printf("Empty linklist!\n");
  else
   {printf("Output students' information:\n");
    printf("number\tname\n");
    while(p!=NULL)
     {printf("%ld\t%s\n",p->num,p->name);        /* 输出 p 指向的结点数据 */
      p=p->next;                                 /* 使 p 指向下一个结点 */
```

```
        }
      }
    }
```

3. 查找单链表结点

查找单链表结点是根据输入，在单链表中依次查找是否有与输入的数据相同的结点。下面通过例子说明查找单链表结点的过程。

【例 9.18】 从例 9.16 所建立的学生信息单链表中，查找指定学号的学生信息。

算法分析：查找单链表结点的函数是从单链表的第一个结点出发顺序比较各个结点，在查找过程中不需要输出值，仅需要判断是否有与输入的学号相同的结点，如果有则返回其在链表中的地址，如果无则返回 NULL。函数中需要定义一个结构体类型的指针变量 head 作为形参，接收从主调函数传来的单链表头指针；还需要定义一个 long 类型变量 num，接收从主调函数传来的需要查找的学生学号。具体算法如下：

（1）函数内首先判断 head 值是否为 NULL，如果是则返回 NULL 指针，查找结束；如果不是则执行第 2 步。

（2）定义一个结构体指针变量 p，通过赋值语句"p=head;"，使 p 指向链表头。

（3）如果"p!=NULL"，则比较 p 指向结点的 num 成员值和需要查找的 num 值是否相等，相等则表示查找成功，返回 p 指针；不相等则需要继续查找，通过赋值语句"p=p->next;"使 p 指向下一个结点，反复执行第 3 步，直到"p==NULL"为止；如果没找到则返回 NULL 指针。

程序如下：

```
linklist  * findlist(linklist  * head,long num)
{linklist  * p;
 if(head==NULL)
   return NULL;
 p=head;
 while(p!=NULL)
     if(p->num==num)
         return p;
     else
         p=p->next;
  return NULL;
}
```

4. 插入单链表结点

插入单链表结点就是在已有的单链表中的某个位置插入新结点的操作，下面通过例子说明插入单链表结点的过程。

【例 9.19】 在例 9.16 所建立的学生信息单链表中，插入新结点学生信息。

算法分析：在建立单链表时，链表结点从头到尾是按学号由小到大升序排列的。要将一个结点学生信息插入到已经存在的有序链表中，首先需要确定新结点要插入的位置，这一查找插入位置的操作和前面的查找单链表结点的操作过程一致。当找到第一个比新结点中学号成员值大的结点位置时，则停止查找，这时要将新结点插入到该结点位置前面，即前插法操作。根据前插法的算法，在插入单链表结点的过程中，需要用到 4 个指针，头指针 head 指向链表的头结点，指针 s 指向新结点，指针 p 指向当前查找位置的结点，指针 q 始终指向指针 p 的前趋结点。具体算法如下：

（1）该函数需要定义两个结构体指针类型形参 head、s，指针 head 接收主调函数传过来的链表头指针，指针 s 接收主调函数传过来的新结点的地址。

（2）设两个结构体指针变量 p 和 q，通过赋值语句“p=head;”，使 p 指向链表头。

（3）首先判断 head 值是否为 NULL，如果是则将新结点插入到头指针后面，新结点同时也是尾结点，即“head=s;s->next=NULL;”，返回 head 头指针值，程序结束；如果 head 值不是 NULL 则执行第 4 步。

（4）如果当前结点的学号小于新结点的学号（p->num<s->num）且当前结点不是尾结点

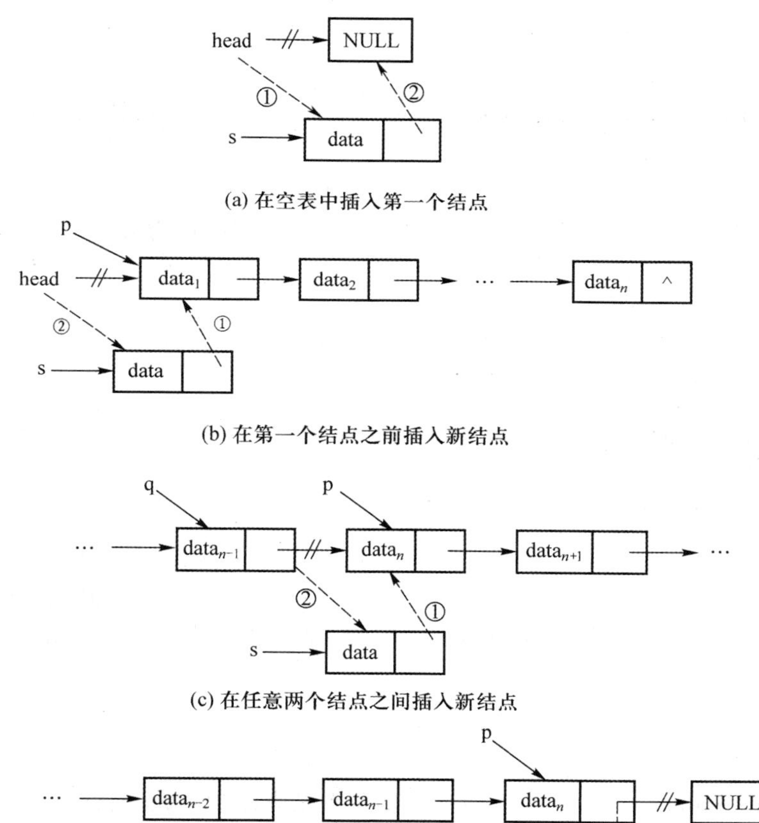

图 9.11 在单链表中插入新结点的结构示意图

(p->next!=NULL)时,此位置不是新结点的后继结点的位置,需要继续查找,应该使 q 指向 p 的位置(q=p;),p 则指向下一个结点的位置(p=p->next;),直到当前结点的学号大于等于新结点的学号,或当前结点已是尾结点时,循环结束。

(5) 如果当前结点的学号等于新结点的学号(p->num==s->num),则提示该学号已经存在,不做插入操作,返回 head 值,程序结束。

(6) 如果当前结点的学号大于新结点的学号(p->num>s->num),分两种情况处理:一种情况是当前结点是第一个结点(p==head)时,新结点需要插入到第一个结点前面,即执行"s->next=p;head=s;"操作;另一种情况是当前结点有前趋结点时,即新结点插入到任意两个结点之间的位置,则要借助于当前结点 p 的前趋结点 q 指针,即执行"s->next=p; q->next=s;"操作。

(7) 如果所有位置结点的学号都小于新结点的学号,需要将新结点插入到尾结点之后,作为单链表新的尾结点,即执行"p->next=s;s->next=NULL;"操作。

(8) 插入操作完成后,函数返回 head 指针。

该算法的结构示意图如图 9.11 所示。

程序如下:

```
linklist *insertlist(linklist *head,linklist *s)          /*前插法插入单链表结点*/
{linklist *q,*p;
 p=head;
 if(head==NULL)                        /*是空表时,插入新结点为第一个结点*/
 {head=s;
  s->next=NULL;
  return(head);
 }
 while(p->num<s->num&&p->next!=NULL) /*非空表时,查找新结点插入的位置*/
 {q=p;
  p=p->next;
 }
 if(p->num==s->num)                    /*当前位置结点的学号等于新结点的学号*/
 {printf("This student number already existed, The insertion is not successful\n");
   return(head);
 }
 else
   if(p->num>s->num)                   /*当前位置结点的学号大于新结点的学号*/
     if(p==head)          /*当前位置结点是第一个结点时,插入到第一个结点之前*/
     {s->next=p;
      head=s;
     }
     else          /*当前位置结点有前趋结点时,插入到当前结点和前趋结点之间*/
     {s->next=p;
```

```
        q->next=s;
      }
    else      /* 当所有位置结点的学号都小于新结点的学号,插入到尾结点之后 */
    { p->next=s;
      s->next=NULL;
    }
  return(head);
}
```

5. 删除单链表结点

删除单链表结点就是从单链表中删除某个结点的操作,下面通过例子说明删除单链表结点的过程。

【例 9.20】 在例 9.16 所建立的学生信息单链表中,删除某一结点学生信息。

算法分析:在建立单链表时,链表结点从头到尾是按学号由小到大升序排列的。下面要将一个结点学生信息从已经存在的有序链表中删除,首先需要确定该删除结点所在的位置,这一查找删除位置的操作和前面的查找单链表结点的操作过程一致。当找到需要删除结点所在的位置时,则停止查找,这时要进行删除结点的操作。在删除单链表结点的过程中,需要用到 3 个指针,头指针 head 指向链表的头结点,指针 p 指向当前查找位置的结点,指针 q 始终指向指针 p 的前趋结点。具体算法如下:

(1) 该函数需要定义两个形参 head、num,结构体类型指针 head 接收主调函数传过来的链表头指针,long 类型变量 num 接收主调函数传过来的需要删除结点的学号。

(2) 设两个结构体指针变量 p 和 q,通过赋值语句"p=head;",使 p 指向链表头。

(3) 首先判断 head 值是否为 NULL,如果是则提示"是空表",不能进行删除操作,返回 NULL 指针,程序结束;如果不是则执行第 4 步。

(4) 如果链表当前结点的学号不是需要删除的学号(p->num!=num)且当前结点不是尾结点(p->next!=NULL)时,需要继续查找,应该使 q 指向 p 的位置(q=p;),p 则指向下一个结点的位置(p=p->next;),直到当前结点的学号等于要删除的学号,或当前结点已是尾结点时,循环结束。

(5) 如果当前结点的学号是需要删除的学号(p->num==num),分两种情况处理:一种情况是删除结点是第一个结点(p==head)时,head 指针应该指向 p 结点的后继结点,即第二个结点(head=p->next;);另一种情况是当前结点有前趋结点时,则要借助于当前结点 p 的前趋结点 q 指针,使 p 的后继结点直接成为 q 的后继结点(q->next=p->next;);这两种情况删除的结点都需要用 free(p) 函数释放 p 所指的存储空间,使系统及时回收内存空间,以便再分配使用。

(6) 如果顺序查找整个单链表都没有找到要删除的学号时,提示"学号未找到,删除不成功!"。

(7) 删除操作完成后,函数返回 head 指针。

该算法的结构示意图如图 9.12 所示。

程序如下:

```
linklist *deletelist(linklist *head,long num)      /* 删除单链表结点 */
{linklist *q, *p;
```

```
  p=head;
  if(head==NULL)                          /* 是空表时,没有结点可以删除 */
  {printf("LinkList is NULL, The deletion is not successful!\n");
   return(head);
  }
  while(p->num!=num&&p->next!=NULL)   /* 非空表时,查找要删除结点的位置 */
  {q=p;
   p=p->next;
  }
  if(p->num==num)                     /* 当前结点的学号是需要删除的学号 */
  {if(p==head)                        /* 当要删除的结点是第一个结点时 */
       head=p->next;
   else                               /* 当要删除的结点不是第一个结点时 */
       q->next=p->next;
   free(p);                           /* 释放已删除结点的存储空间 */
   printf("This student number is found! The deletion is successful\n");
  }
  else                                /* 查找整个单链表,没有找到要删除的学号时 */
     printf("This student number is not found! The deletion is not successful\n");
  return(head);
}
```

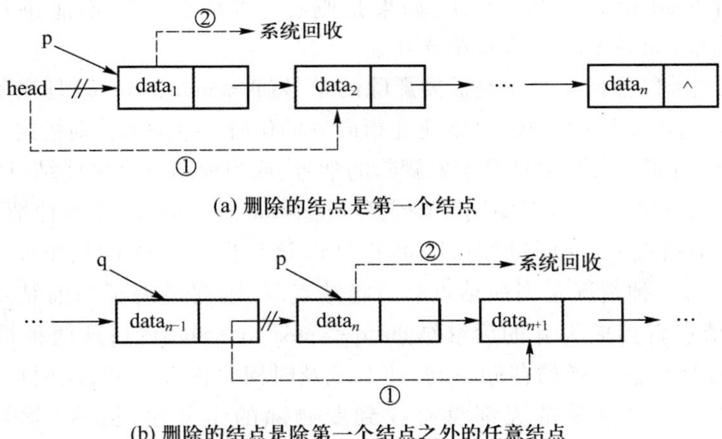

(a) 删除的结点是第一个结点

(b) 删除的结点是除第一个结点之外的任意结点

图 9.12　在单链表中删除结点的结构示意图

从【例 9.16】到【例 9.20】定义了建立链表、输出链表、查找链表结点、插入链表结点、删除链表结点等函数,现将这些函数组织在一个程序文件中,用 main 函数实现对这些函数的调用执行。main 函数(其位置在以上各函数之后)程序如下:

```
main( )
{ linklist  * head, * p,stud;
  long num;
  printf("Please input node information of the linklist:\n");
  head=creatlist( );        /* 调用 creatlist 函数建立单链表并返回头指针赋给 head */
  outputlist(head);         /* 调用 outputlist 函数输出单链表 */
  printf("Input the search number:");
  scanf("%ld",&num);                  /* 输入待查找结点的学号 */
  p=findlist(head,num);               /* 调用 findlist 函数查找结点 */
  if(p!=NULL)                         /* 输出查找结果 */
  { printf("This number is found!\n");
    printf("number=%ld,name=%s\n",p->num,p->name);
  }
  else
    printf("This number is not found!\n");
  printf("Input the inserted number and name: ");
  scanf("%ld",&stud.num);             /* 输入要插入结点的学号、姓名 */
  getchar( );                         /* 读取输入学号后的回车符 */
  gets(stud.name);
  if(stud.num!=0)                     /* 插入结点的学号不为 0 时 */
  { head=insertlist(head,&stud);      /* 调用 insertlist 函数插入输入的结点 */
    printf("The insertion is successful\n");
  }
  else
    printf("This student number is 0, The insertion is not successful\n");
  outputlist(head);
  printf("Input the deleted number: ");
  scanf("%ld",&num);                  /* 输入要待删结点的学号 */
  head=deletelist(head,num);          /* 调用 deletelist 函数删除一个结点 */
  outputlist(head);
}
```

以上程序只能查找、插入及删除一个结点，请读者考虑如何实现查找、插入及删除若干个结点的操作。

9.9 位字段结构体

C 语言既具有高级语言的特点，又具有低级语言的功能，它是为开发系统软件而设计的。在系统软件开发过程中，经常要处理二进制位的问题，如置位、位清零、移位等。这一节介绍的位字段结构体和前面章节学习过的位运算符及地址等都是直接对硬件进行的操作，可实现汇编语言（低级语言）的功能，从而生成的目标代码执行效率高。

9.9.1　位字段结构体的概念

位字段结构体是一种特殊的结构体类型，其成员数据是以二进制位为单位的形式存储的，而前面介绍的一般结构体中的成员数据都是以字节为单位的形式存储的。在实际应用中，有些信息不必非要用一个或多个字节来存储，例如程序设计过程中常用到的标志状态变量的值经常用0或1表示。这样的值只需1个二进制位存储即可，若将其定义为int或char类型变量来存储，就会浪费存储空间，这时就可以采用位字段结构体来解决以节省存储空间。

在结构体中，若成员是以二进制位为单位的形式存储的，那么称这样的结构体为位字段结构体，其中成员称为位字段。

9.9.2　位字段结构体的定义

为了节省空间，通常在一个字节中要存放几个信息，这样在定义位字段结构体时，每个成员（信息）需要分配几个二进制位的存储空间都需要明确定义。位字段结构体类型定义形式与一般结构体类型相似，也是用关键字struct来定义。

位字段结构体定义的一般形式为：

```
struct <位字段结构体名>
{
  <位字段成员表列>
};
```

其中，<位字段成员表列>是指该位字段结构体中的各个成员，要求对该位字段结构体中所有位字段成员项的所占存储空间的长度进行说明。位字段成员定义的一般形式为：

```
unsigned/int <成员名>: <二进制位数>;
```

位字段成员必须定义为unsigned或int类型，区别在于int类型最高位为符号位。成员名要符合标识符命名规则，冒号后面的二进制位数是定义其成员所占存储空间的二进制位长度。例如：

```
struct bit_data
{unsigned n1: 1;
  unsigned n2: 2;
  unsigned n3: 3;
  unsigned n4: 2;
};
```

位字段结构体struct bit_data的定义中，位字段成员n1、n2、n3、n4分别占用1、2、3、2个二进制位，它们共占用8个二进制位，即位字段结构体类型struct bit_data总共占一个字节的存储空间。如果不采用位字段成员的形式定义该结构体，即便将成员 n1、n2、n3、n4 都定义为占字节数最少的 char 类型，结构体 struct bit _ data 也要占 4 个字节的存储空间。因此，结构体成员在取值范围内定义为位字段成员，可以有效地节省存储空间。这里需要注意的是位字段成员所占存储空间的二进制位长度不能超过一个字长，以机器字长是 16 位（2 个字节）为例，位字段成员所占存储空间的二进制位长度定义不能超过 16 位。另外，位字段成员不能定义成数组。

9.9.3 位字段结构体变量的定义和引用

位字段结构体类型定义之后，就可以定义位字段结构体类型的变量了。位字段结构体变量的定义和一般结构体变量的定义相同，既可以对位字段结构体类型进行定义的同时定义位字段结构体变量，也可以分开定义。例如：

```
struct bit _ data data1;
```

位字段结构体变量的引用也是通过引用位字段结构体变量的成员来完成的，即通过“.”或“->”运算符引用位字段结构体变量的成员。例如：

```
data1.n1
data1.n3
```

使用位字段结构体时，应注意以下几点：

（1）对位字段成员赋值时，要注意其能存放数的范围，避免出现溢出现象。通常二进制位长度为 n 的 unsigned 类型的位字段成员，其取值范围为 $0\sim2^n-1$。例如：

```
data1.n3 = 8;
```

就产生溢出了，因为位字段成员 n3 占 3 个二进制位，只能表示 0~7 范围的数，超出此范围就会溢出。

（2）输出位字段成员值时，可以用格式说明符%d、%u、%x 和%o，以整数形式输出。但位字段成员值不能用 scanf 直接输入，也不能用指针指向位字段成员。

（3）位字段成员可以进行各种合法运算和操作。在进行数值运算时，系统会自动将位字段成员转换为整型数据。下面的表达式是合法的：

```
x = data1.n1+data2.n2/2;
```

（4）在位字段结构体中可以定义长度为 0 的无名位字段，作用是强制将下一个位字段成员从新的存储单元（通常为下一个字节）开始分配存储空间。例如：

```
struct a _ data
{unsigned a1: 1;
 unsigned a2: 2;
 unsigned : 0;
 unsigned a3: 4;
};
```

位字段结构体 struct a _ data 中，成员 a1、a2 占第一个字节的 3 位，该字节的其余 5 位还没有占满，由于第 3 个长度为 0 的无名位字段成员的作用，成员 a3 从第二个字节开始，占用 4 位。若没有第 3 个长度为 0 的无名位字段成员，成员 a1、a2、a3 会连续占一个字节的 7 位。

(5) 在位字段结构体中可以定义长度不为 0 的无名位字段成员,能够分隔相邻两个位字段成员,使其不占连续存储空间。例如:

```
struct b _ data
{unsigned b1: 1;
 unsigned b2: 2;
 unsigned : 2;
 unsigned b3: 3;
};
```

位字段结构体 struct b _ data 中,成员 b1、b2 占第一个字节的连续 3 位,第 3 个无名位字段成员占 2 位,成员 b3 占用 3 位。第 3 个无名位字段成员的存储空间是不能使用的,只表示成员 b2 和 b3 之间有 2 个二进制位的空闲存储空间。

(6) 在位字段结构体类型定义中可以同时定义位字段成员、基本类型成员及构造类型成员等。例如:

```
struct c _ data
{unsigned c1: 1;
 unsigned c2: 2;
 unsigned c3: 3;
 unsigned c4: 2;
 int c;
};
```

9.10　联合体

联合体又称为共用体,是与结构体相类似的一种构造数据类型,而且也是由数量固定、类型可不同(或相同)的若干个数据变量组成的集合。但是,联合体和结构体有本质上的区别:结构体的各个成员占据着不同的存储单元,结构体所占存储空间的大小是各个成员所占空间之和;而联合体的各个成员占据着相同的存储单元,且各个成员的起始地址是一致的,为联合体所分配的存储空间大小是各成员中所占存储空间最大的成员的空间大小。所以某一时刻只能有一个联合体成员的值有效,其值保存在各成员共享的存储单元内,其他成员的值都将丢失。在实际应用中,有时不需要所有成员的值同时有效,只取其一时,为节省存储空间可以定义成联合体类型。

9.10.1　联合体类型的定义

联合体是一种"构造"而成的数据类型,其类型定义形式与结构体类型相似,联合体用关键字 union 来定义,组成联合体的每个数据都称为联合体成员。

联合体类型定义的一般形式为:

union <联合体名>

```
{
  &lt;成员表列&gt;
};
```

其中,union 是定义联合体的关键字。<联合体名>由用户命名,但应符合标识符的命名规则,“union <联合体名>”为联合体类型,用于定义该联合体类型的变量。<成员表列>是指该联合体中的各个成员,要求对该联合体的所有成员项的类型进行说明,对成员类型没有限制,可以是基本数据类型,也可以是构造数据类型及指针数据类型。例如,定义一个学生数据信息的联合体类型:

```
union student
{long num;
  int score1;
  int score2;
};
```

以上定义了一个联合体数据类型 union student,它包括了 num、score1、score2 三个成员,成员类型为长整型和基本整型。该联合体类型所占存储空间的大小为 4 个字节(长整型占 4 个字节存储单元,基本整型占 2 个字节存储单元),即各成员中所占存储空间最大的成员的空间大小。

9.10.2 联合体变量的定义

联合体数据类型定义之后,就可以定义联合体数据类型的变量了。联合体变量的定义和结构体变量的定义相同,既可以对联合体类型进行定义的同时定义联合体变量,也可以分开定义。可以采用以下方法来定义一个联合体变量。

1. 联合体类型与联合体变量分开定义

前面已经定义了一个联合体类型 union student,可以用它来定义联合体变量。

这种方法的一般形式为:

```
union <联合体名> <变量名表>;
```

例如:

```
union student student1, * ps;
```

union student 联合体类型与 int 整数类型、char 字符类型等意义相同,关键字 union 要与联合体名 student 一起使用,共同构成联合体类型名。

2. 联合体类型与联合体变量同时定义

其一般形式为:

```
union <联合体名>
{
  <成员表列>
}<变量名表>;
```

例如:

```
union student
```

```
{long num;
 int score1;
 int score2;
}student1, * ps;
```

定义联合体类型 union student 的同时定义了联合体变量 student1 和联合体指针变量 ps，变量之间用逗号分隔，最后仍以分号结尾。

3. 无名联合体与联合体变量同时定义

其一般形式为：

```
union
{
 <成员表列>
}<变量名表>;
```

此方法省略了联合体名，适用于只进行一次联合体变量定义的情况，不能继续在其他位置定义此联合体类型的其他变量。例如：

```
union
{long num;
 int score1;
 int score2;
}student1, * ps;
```

9.10.3　联合体变量的引用

只有定义了联合体变量才能引用它，而且联合体变量的引用和结构体变量的引用方法是一样的，一般不能直接对联合体变量进行操作，而是通过对联合体变量成员的操作来完成其引用。

联合体变量成员的引用方式有两种：

(1) 通过"."成员运算符引用

联合体变量名.成员名

(* 联合体指针变量名).成员名

(2) 通过"->"指向运算符引用

联合体指针变量名->成员名

例如，前面定义了联合体变量 student1 和联合体指针变量 ps，设有"ps = &student1"语句，则引用成员的方式如下：

student1.num	引用 student1 的 num 成员
student1.score1	引用 student1 的 score1 成员
student1.score2	引用 student1 的 score2 成员
ps->num	引用 ps 指针的 num 成员
ps->score1	引用 ps 指针的 score1 成员
ps->score2	引用 ps 指针的 score2 成员

对联合体变量的操作是通过对联合体变量的成员的操作来完成的,联合体变量的成员可以进行各种合法运算和操作,因此,给联合体变量赋值是通过对联合体变量成员的赋值来实现的。例如:

```
student1.num = 201001;
student1.score1 = 92;
student1.score2 = 76;
ps->num = 201001;
ps->score1 = 92;
ps->score2 = 76;
```

联合体变量的特点是:编译时给联合体变量分配的存储空间是其最大成员所占存储空间的大小(上例是 4 个字节),所有成员共用这同一个存储空间,即所有成员的起始地址是相同的。虽然通过赋值语句给各个成员依次赋了值,但是联合体变量的存储空间里只能存放最后一次赋给成员的数值,即 76,先前给其他成员赋的数值都被覆盖了,变为无效。

【例 9.21】 联合体变量成员共享存储空间。

程序如下:

```
#include<stdio.h>
union student
{long num;
 int score1;
 int score2;
}student1;
union student *ps=&student1;
main( )
{printf("Please input num:");
 scanf("%ld",&ps->num);
 printf("Please input two score:");
 scanf("%d%d",&ps->score1,&ps->score2);
 printf("num\tscore1\tscore2\n");
 printf("%ld\t%d\t%d\n",ps->num,ps->score1,ps->score2);
 printf("size=%d\n",sizeof(union student));
}
```

运行情况如下:

```
Please input num:201001 ↵
Please input two score: 92 76 ↵
num       score1   score2
196684    76       76
size=4
```

从程序的运行结果可以看出,只有 ps->score2 的值是有效的,也是正确的,其他成员值都无效。这是因为所有成员共用起始地址相同的同一个存储单元的结果，联合体变量的存储空间里只存放了最后一次输入的成员数据，之前输入的其他成员数据都被覆盖了，所以输出的前两项成员数据不正确。程序中给联合体变量分配的存储空间是其最大成员所占存储空间的大小(4 个字节)，而不是各个成员所占存储空间大小之和(=4+2+2)。

另外，联合体变量的初始化操作不同于结构体变量的初始化，因为联合体变量所有成员共用同一个存储空间，所以不能同时对联合体变量的多个成员赋初值，如下初始化语句是不合法的。

```
union student
{long num;
 int score1;
 int score2;
}student1={201001,92,76};
```

而只能对第一个成员赋初值，即如下初始化语句是合法的：

```
union student
{long num;
 int score1;
 int score2;
}student1={201001};
```

其他成员的数据可以根据需要通过赋值语句赋值或输入函数输入。

9.10.4　联合体的应用

由于联合体只保留了最后一次被赋值的成员数据，使得单独使用联合体类型不如结构体类型及数组应用广泛。但在解决实际问题时，如果有两个结构体类型中只有少数成员的类型或含义不同，其他大部分成员的类型或含义都相同时，可以将联合体类型作为两个结构体类型中不相同成员的数据类型，这样只用定义一个结构体类型，就可以解决实际问题，又能节省内存空间。当然联合体成员也可以是结构体类型，应用比较灵活。

【例 9.22】　编写一个程序，要求输入一个学生的数据信息并显示出来，其中学生信息包括学号、姓名和 3 门课的成绩。每一门成绩通常可采用两种表示方法：一种是五分制，分别用字符 A、B、C、D 和 F 表示优、良、中、及格和不及格；另一种是百分制，采用的是整数形式。

分析：某一门成绩在输入和输出时只能采用其中的一种形式，这时就可以将五分制成绩项和百分制成绩项定义成联合体，使两者共用同一存储空间，而某一时刻，只有一种表示形式有效。

程序如下：

```
#include<stdio.h>
union uscore                    /* 把每一门成绩可采用的两种表示方法定义为联合体 */
{char cscore;
 int iscore;
};
struct sscore                /* 把每一门成绩定义为结构体 */
```

```
{int type;                  /* 每一门成绩采用哪种表示方法由标志变量 type 决定 */
 union uscore tscore;
};
struct stu_exam              /* 定义学生信息结构体 */
{long num;
 char name[10];
 struct sscore score[3];
}student1;
struct stu_exam *ps=&student1;
main( )
{float s;
 int i=0;
 printf("Please input num:");
 scanf("%ld",&ps->num);
 getchar();
 printf("Please input name:");
 gets(ps->name);
 for(i=0;i<3;i++)
 {printf("Please input score%d:",i+1);
  scanf("%d",&ps->score[i].type);
  if(ps->score[i].type==0)                /* 采用五分制 */
  {getchar();
   scanf("%c",&ps->score[i].tscore.cscore);
  }
  else
    if(ps->score[i].type==1)              /* 采用百分制 */
      scanf("%d",&ps->score[i].tscore.iscore);
 }
 printf("num\tname\tscore1\tscore2\tscore3\n");
 printf("%ld\t%s\t",ps->num, ps->name);
 for(i=0;i<3;i++)
 {if(ps->score[i].type==0)
     printf("%c\t",ps->score[i].tscore.cscore);
  else
     printf("%d\t",ps->score[i].tscore.iscore);
 }
 printf("\n");
}
```

运行情况如下：

```
Please input num:201001 ↵
Please input name:Liyan ↵
Please input score1: 1   78 ↵
Please input score2: 0   A ↵
Please input score3: 0   B ↵
num        name     score1   score2   score3
201001     Liyan    78       A        B
```

说明：程序中定义了学生信息结构体 struct stu_exam，包括学号、姓名和 3 门课成绩，其中 score[3] 成员定义为 struct sscore 结构体类型，每一门课成绩都有标志成员变量 type 和成绩成员变量 tscore。struct sscore 结构体中的 type 成员用于保存从键盘上输入的成绩标志：当 type=0 时，采用五分制；当 type=1 时，采用百分制。为此，在程序中将 struct sscore 结构体中的 tscore 成员定义成了 union uscore 联合体类型，union uscore 联合体在某一时间只有一个成员有效，哪一个成员有效与 type 成员的值有关，当 type=0 时，cscore 成员有效，输入并保存五分制成绩；当 type=1 时，iscore 成员有效，输入并保存百分制成绩。输出也与 type 成员有关，type=0 时，输出五分制成绩；type=1 时，输出百分制成绩。

程序中有如下定义形式：

```
union uscore
{ char cscore;
  int iscore;
};
struct sscore
{ int type;
  union uscore tscore;
};
```

其中，union uscore 联合体在内存中占 2 个字节存储空间，这样 struct sscore 结构体在内存中占 4 个字节存储空间，显然比直接定义结构体类型节省存储空间，例如：

```
struct sscore
{ int type;
  char cscore;
  int iscore;
};
```

此结构体类型占 5 个字节的存储空间。

9.11　枚举类型

枚举类型属于基本数据类型，是一种特殊的整型数据类型，占用的内存空间与 int 类型相同。

如果一个变量所取的数值范围有限,并且需用标识符作为其数值时,就可将它定义为枚举类型。例如,一周有 7 天,一年有 12 个月,程序中使用整数 1、2、3 等分别表示星期一、星期二、星期三等或一月份、二月份、三月份等则不够清晰且存在二义性,若用 mon、tue、wed 或 jan、feb、mar 等有意义的标识符来表示星期和月份,可使程序更直观,可读性更强。

枚举类型是将变量的所有可能取值以标识符常量的形式一一列举出来,给出一个具体的取值范围,这样变量的取值只限于列举出来的值,不能超出此范围。

9.11.1 枚举类型和枚举变量的定义

枚举类型用关键字 enum 来定义,所列举的值叫作枚举元素或枚举常量,枚举变量的取值只能是列举出来的枚举元素之一。

枚举类型和枚举变量的定义有 3 种方法:

1. 枚举类型与枚举变量分开定义

枚举类型定义:

enum <枚举名> {<枚举元素表>};

枚举变量定义:

enum <枚举名> <枚举变量名表>;

其中,enum 是定义枚举类型的关键字。<枚举名>由用户命名,但应符合标识符的命名规则。"enum <枚举名>"为枚举类型,用于定义该类型的变量,{<枚举元素表>}是标识符常量的集合。枚举类型定义的展开形式如下:

enum <枚举名> {<枚举元素名 1,枚举元素名 2,…>};

例如,枚举类型与枚举变量分开定义如下:

```
enum day{sun,mon,tue,wed,thu,fri,sat};
enum day workday;
```

2. 枚举类型和枚举变量同时定义

定义形式如下:

enum <枚举名> {<枚举元素表>} <枚举变量名表>;

例如:

```
enum day{sun,mon,tue,wed,thu,fri,sat} workday;
```

3. 无名枚举类型与枚举变量同时定义

定义形式如下:

enum{<枚举元素表>}<枚举变量名表>;

例如:

```
enum{sun,mon,tue,wed,thu,fri,sat} workday;
```

9.11.2 枚举变量的应用

前面定义的枚举类型 enum day 有 7 个枚举元素,workday 被定义为枚举变量,它的值只能是

7个枚举元素之一。

说明：

(1) 可以将任一枚举元素的值用赋值语句赋给枚举变量。例如：

workday = wed;

是合法的，而不可以将任何枚举元素之外的值赋给枚举变量。例如：

workday = a;

是不合法的。

(2) 枚举元素按整型常量来处理。

默认情况下，枚举元素1的值为整数0，枚举元素2的值为整数1，枚举元素3的值为整数2，…，枚举元素n的值为整数n-1，后一个枚举元素的值是前一个的值加1。如上面的枚举类型day中的枚举元素sun，mon，tue，wed，thu，fri，sat的值分别是0，1，2，3，4，5，6。

(3) 枚举元素所表示的整型数值也可以在枚举类型定义时显式指定。例如：

enum day{sun = 1,mon,tue,wed,thu,fri,sat} workday;

令枚举元素sun的值为1，后面枚举元素的值依次增一，分别是2，3，4，5，6，7。

又如：

enum day{sun,mon = 10,tue,wed,thu,fri,sat} workday;

令枚举元素mon的值为10，后面枚举元素的值依次增一，分别是11，12，13，14，15，而枚举元素sun的值默认为整数0。例如：

workday = wed ;

printf("%d",workday);

输出结果为12。

(4) 不能在定义以外的其他位置对枚举元素指定整数值。例如：

enum day{sun,mon,tue,wed,thu,fri,sat} workday;

sun = 10;

对sun的赋值语句是错误的，因为枚举元素是常量，不是变量。

(5) 给枚举变量赋整数值时，可将整数强制转换为枚举类型后再进行赋值。例如：

workday = (enum day)15;

是正确的，相当于将值为15的枚举元素赋给了workday。等价于

workday = sat;

(6) 枚举类型是一种特殊的整型数据类型，占用的内存空间与int类型相同。例如：

printf("%d\n",sizeof(enum day));

输出结果为2，表示枚举类型占2个字节存储空间。

(7) 枚举元素的值可以进行比较。例如：

if(workday<sat)

枚举元素的值是按照它们的整型数值的大小进行比较的。例如：

enum{sun,mon,tue,wed,thu,fri,sat} workday;

枚举元素sun，mon，tue，wed，thu，fri，sat的值分别是0，1，2，3，4，5，6，则mon>sun，thu<sat。

【例 9.23】　编写一个程序,已知 2012 年 3 月 1 日是星期四,再输入一个当月新日期,计算出新日期是星期几并输出。

程序如下:

```
#include<stdio.h>
main( )
{int i,day;
  enum day{sun,mon,tue,wed,thu,fri,sat}weekday;
  weekday=(enum day)4;                       /*4 是 int 类型,要强制转换成枚举类型 */
  printf("please input a new day:");
  scanf("%d",&day);                          /*输入当月新日期 */
  if(day<=31)                                /*输入的新日期没有超过本月天数时 */
  {for(i=2;i<=day;i++)                       /*计算新日期是星期几 */
    {weekday++;
     if(weekday>sat) weekday=sun;            /*枚举值比较,再赋值 */
    }
   switch(weekday)
   {case sun:printf("The day is Sunday.\n");break;
    case mon:printf("The day is Monday.\n");break;
    case tue:printf("The day is Tuesday.\n");break;
    case wed:printf("The day is Wednesday.\n");break;
    case thu:printf("The day is Thursday.\n");break;
    case fri:printf("The day is Friday.\n");break;
    case sat:printf("The day is Saturday.\n");break;
   }
  }
  else printf("The day is error!\n");        /*输入的新日期超过本月天数时 */
}
```

运行情况如下:

```
Please input a new day:24↵
The day is Saturday.
```

若输入的新日期超过本月天数时,将显示运行结果为:

```
The day is error!
```

显然,用标识符 sun,mon,…,sat 表示星期,比用数字 0,1,…,6 表示更清晰,使程序的可读性更强。

9.12　用 typedef 定义已有类型的别名

在程序设计过程中,有时为了简化已有的类型标识符或适应人们熟悉其他语言的习惯,甚至有利于程序的通用与移植,可以为已有的类型标识符定义一个新的类型标识符。这样,程序中除了可以使用已有的数据类型(包括 int、char、float 等基本类型和结构体、联合体等构造类型)定义变量之外,还可以用新类型标识符定义变量。

1. 类型定义的概念

用户自定义类型是指用 typedef 关键字给已有的数据类型标识符取“别名”,即新的类型标识符。此“别名”和已有的数据类型标识符具有相同的地位和作用,可以用“别名”来定义变量。需要注意的是 typedef 语句不是创建新的数据类型标识符,而只是为已有的数据类型标识符起别名,已有的数据类型标识符仍然有效。

2. 类型定义形式及应用

用 typedef 关键字可以给不同的已有类型标识符定义新类型标识符。

(1) 基本类型的类型定义

定义新类型标识符的一般形式如下:

typedef 已有类型标识符 新类型标识符;

例如:

```
typedef int INTEGER;
typedef float REAL;
```

上述定义分别给 int、float 类型定义了新的类型标识符 INTEGER、REAL,为了区别,一般将新的类型标识符用大写字母表示。这样,就可以用新的类型标识符定义变量了。例如:

```
INTEGER x,y;
```

表示定义了整型变量 x,y。它和定义语句:

```
int x,y;
```

是等价的。这样可以使熟悉 PASCAL 语言的用户用 INTEGER 来定义变量,以适应他们的习惯。

(2) 构造类型的类型定义

① 定义数组新类型标识符的形式如下:

typedef 已有类型标识符 数组新类型标识符[数组长度];

例如:

```
typedef int ARRAY[10];
ARRAY a;
```

表示定义新类型标识符 ARRAY 是一个长度为 10 的整型数组类型,用它定义的 a 是整型数组。

ARRAY a;等价于 int a[10];

② 定义结构体新类型标识符的形式如下:

```
typedef struct <结构体名>
{
  <成员表列>;
}<结构体新类型标识符>;
```

为结构体定义新的类型标识符之后,就可以用结构体新类型标识符定义结构体变量。例如:

```
typedef struct student
{long num;
```

```
  char name[10];
  char sex;
  int age;
  float score[2];
}STU;
STU student1;
```

又如：

```
typedef char *STRING;
STRING ps,s[5];
```

表示定义 STRING 为字符指针类型,用它定义的 ps 是字符指针变量,s[5]是字符指针数组。等价于:

```
char *ps, *s[5];
```

本章习题

1. 写出下面程序运行后的输出结果。

```
struct student
{char name[10];
 int num;
 char sex;
};
main()
{
 printf("%d\n",sizeof(struct student));
}
```

2. 写出下面程序运行后的输出结果。

```
struct person
{char name[10];
 int age;
}class[10]={"John",18,"Peter",17,"Mary",19,"Linda",20};
main()
{
 printf("%c\n", class[2].name[1]);
}
```

3. 写出下面程序运行后的输出结果。

```
struct aa
{int x;
 int *y;
```

```
} *p;
int a[8]={10, 20, 30, 40, 50, 60, 70, 80};
struct aa b[4]={100, &a[1], 200, &a[3], 10, &a[5], 20, &a[7]};
main()
{p=b;
 printf("%d\n", *++p->y );
 printf("%d\n",++(p->x));
}
```

4. 写出下面程序运行后的输出结果。

```
main()
{struct aa
  {int x,y;
   char c;
  }b1[2], *p=b1;
 b1[0].x=5;       b1[1].x=1;
 b1[0].y=7;       b1[1].y=3;
 b1[0].c='A';     b1[1].c='a';
 printf("%d\n",++p->x/(++p)->y * ++p->c);
 printf("%d,%c\n",p->x,b1[0].c);
}
```

5. 写出下面程序运行后的输出结果。

```
struct stru
{int x;
 char ch;
};
main()
{struct stru a={10, 'x'};
 func(a);
 printf("%d,%c\n",a.x,a.ch);
}
func(struct stru b)
{b.x=100;
 b.ch='n';
}
```

6. 有 zhao、qian、sun、li 4 人轮流值班，本月有 31 天，第一天由 zhao 来值班，编写程序做出值班表。

7. 用结构体指针变量作函数参数编写程序，输入全班学生信息，每位学生信息包括学号、姓名、三门课程成绩。计算全班学生每门课程的平均成绩并统计出每门课程的不及格人数。

8. 设计一个数字式的定时器，设定时间后计时开始时，屏幕上动态显示剩余的时间，计时结束时，时间停止变化。要求：定时时间用结构体类型描述，包括小时、分钟和秒。

9. 口袋中有红、黄、蓝、白、黑 5 种颜色的球若干个，每次从口袋中取出 3 个不同颜色的球，问可得到多少种不同的取法，打印出每种组合的 3 种颜色。

10. 设有一个教师与学生通用的表格，教师信息有号码、姓名、职业、部门 4 项；学生信息有号码、姓名、职业、班级 4 项。编写程序输入人员信息，再以表格形式输出。

11. 输入一系列英文单词，单词之间用空格隔开，输入 &&& 时，表示输入结束。统计输入过哪些单词（同一字母的大小写被认为是不同的字母）及各单词出现的次数，最后按单词的字典顺序输出各单词和单词出现次数的对照表。

12. 编程求两个复数的和与积。要求：定义一个表示复数的结构体类型，包含复数的实部及虚部两个成员。设有两个复数 z1=a1+b1i，z2=a2+b2i，则求复数之和的公式：z=z1+z2=(a1+a2)+(b1+b2)i；求复数之积的公式：z=z1 * z2=(a1 * a2-b1 * b2)+(a1 * b2+a2 * b1)i。

13. 已知一个链表的结点含有姓名、电话号码两项数据，请编程实现以下功能：

(1) 用头插法建立单链表，并输出链表结点信息。

(2) 输入一个人的姓名和电话号码，查找链表是否有此人，若有，则更新其电话号码，否则将这一个新结点添加到链表的头部，输出新链表。

(3) 将链表按姓名升序排序并输出。

14. 链表 a 和 b 是按学号升序有序的链表，链表结点包括学号和成绩，把这两个链表合并成一个按学号升序有序的链表 c。

15. 编写一个程序，首先输入某年某月某日是星期几，作为已知条件，再输入一个当月新日期，计算出新日期是星期几并输出。

16. 定义一个含位字段的结构体，用位字段来描述学生的课程选择情况（其中 0 表示未选修，1 表示选修），结构体类型含有学号、数学课程、英语课程、程序设计课程等成员。要求：按表格式输出所有学生的课程选择数据。

第十章 文　件

10.1　C 文件概述

在处理 C 文件的过程中,要用到标准函数库中的输入/输出函数。在介绍这些函数之前,首先讨论文件的概念。

10.1.1　文件的概念

文件是程序设计中一种重要的数据类型。一般来说,所谓"文件",就是一组存储在外部介质上的数据的集合。而组成这些文件的数据可以是一批二进制数、一组字符或一个程序。文件存放的物理介质如软盘、硬盘和光盘等称为文件的存储介质。如果一批数据是以文件形式存放在磁盘上,则称为磁盘文件。

C 语言程序对文件的处理是通过调用由编译系统提供的输入/输出函数实现的。C 语言的文件具有广泛的含义,它把所有的外部设备都作为文件看待,这样的文件称为设备文件。这样就把实际的物理设备抽象化,使之成为逻辑文件。在 C 语言中对外部设备的输入/输出处理就是读写设备文件的过程。对设备文件的读写方法和对磁盘文件的读写方法是完全相同的。因此,在 C 语言中把一般磁盘文件和设备文件都作为逻辑文件看待,对它们的输入和输出采用相同的方法进行。这种在逻辑上的统一为程序设计提供了很多方便,从而使得 C 标准函数库中的输入/输出函数既可用来处理磁盘文件,也可以控制外部设备。

C 语言程序处理文件时,通过文件名,找到相应的文件,并把它读入内存,然后对该文件进行处理。对文件的处理过程实际上就是面向文件的输入/输出过程,如图 10.1所示。

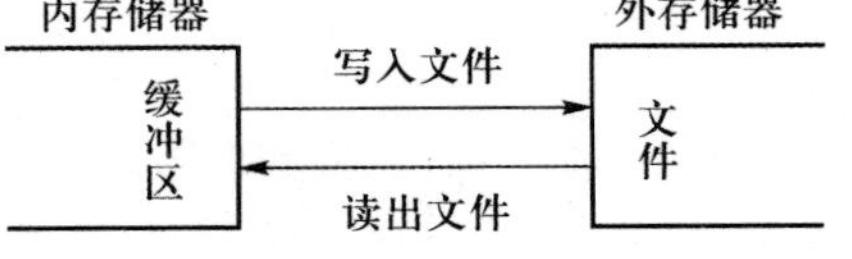

图 10.1　缓冲文件系统读写示意图

C 语言和其他高级语言一样,引入文件结构类型的目的主要有两点:

(1) 通过"文件"可使数据永久地保存在外部存储器中,使之成为共享数据。

(2) 通过"文件"可进行人与计算机、计算机之间和程序之间的数据通信。

10.1.2　文件的分类

文件按不同的原则可以划分成不同的种类。了解文件的分类有助于理解文件的特性。下面给出其分类原则。

1. 按文件的结构形式分类

（1）二进制文件。二进制文件是把内存中的数据按其在内存中的存储形式原样输出到磁盘上存放。用二进制文件存储数据，可以节省外存空间。通常情况下，中间结果数据需要暂时保存在外存上，以后又输入到内存，这样的数据常用二进制形式保存。

（2）文本文件。全部由字符形式组成的具有行列结构的文件，即文件的每个元素都是字符或回车符和换行符。由于文本文件的每个元素都是用ASCII码来表示的，所以又叫ASCII码文件。ASCII码文件的每一个字节存放一个ASCII代码，代表一个字符。用ASCII形式输出与字符一一对应，一个字节代表一个字符。因此，这种文件便于对字符进行处理，也便于输出字符。下面，对二者进行比较。

如果有一整数1029，在内存中占2个字节，如果按ASCII形式输出，则占用4个字节，而按二进制形式输出，在磁盘上只占2个字节，如图10.2所示。

	十进制整数1029的各种存储形式	占用字节数
内存中存储形式	00000100　00000101	2
二进制存储形式	00000100　00000101	2
ASCII存储形式	00110001　00110000　00110010　00111001	4

图10.2　二进制文件与文本文件存储形式的比较

在文本文件中，输入和输出的字符和文件中的数据一一对应，便于字符处理。在二进制文件中，一个字节并不对应一个字符，不能直接以字符形式输出。

2. 按文件的读写方式分类

（1）顺序文件。一个C文件是一个字节流或二进制流，它将数据看作为一连串的字符或字节数据，而不考虑其界限。在C语言中，对文件的读写是以字符或字节为单位的。输入输出数据流的开始和结束均受程序控制而不受回车符或换行符的控制。这种文件通常又称为流式文件。

当从顺序文件中读取数据时，首先要打开顺序文件并置文件指针于文件的开头，然后将文件元素按顺序逐个读入内存中；当要向一顺序文件写数据时，首先要打开顺序文件并置文件指针于文件的开头，然后把内存中的数据按顺序逐个写到文件中。

（2）随机文件。在随机文件中，可以直接对文件的某一元素进行读写，而不需要像顺序文件那样从头开始，即可以随机存取文件元素。这种具有随机读写功能的文件称为随机文件。C语言专门设置了用于文件随机读写方式的定位函数，这些函数将在本章的后面介绍。

3. 按文件存储的外部设备分类

（1）磁盘文件。前面已提到，在程序运行中，通常需要将一些数据输出到磁盘上保存起来，以后需要时再从磁盘中输入计算机内存，这就要用到磁盘文件。

（2）设备文件。在C语言中把所有的外部设备都作为文件看待，这样的文件称为设备文件。在表示外部设备的设备文件中，有3个特殊文件，它们是由系统分配和控制的。这3个文件称为标准设备文件，它们是：

标准输入文件stdin：由系统分配为键盘。

标准输出文件 stdout:由系统分配为显示器。

标准错误输出文件 stderr:由系统分配为显示器。

4. 按系统对文件的处理方法分类

(1) 缓冲文件系统。“缓冲文件系统”是指系统自动地在内存区为每个正在使用的文件开辟一个确定大小的缓冲区。从内存向磁盘输出数据必须先送到内存中的缓冲区,装满缓冲区后才一起送到磁盘上,如果从磁盘向内存读入数据,则一次从磁盘文件将一批数据输入到内存缓冲区中,然后再从缓冲区逐个地将数据送到程序数据区。缓冲区的大小由 C 语言的版本确定,一般为 512 个字节。

(2) 非缓冲文件系统。“非缓冲文件系统”是指系统不自动开辟确定大小的缓冲区,而由程序为每个文件设定缓冲区。1983 年 ANSI C 标准决定不采用非缓冲文件系统,而只采用缓冲文件系统。ANSI C 将缓冲文件系统扩充为既可用来处理文本文件,也可用来处理二进制文件。

另外,通常所说的如下几种文件,是针对 Turbo C 集成开发环境而言,要与 C 语言的文件概念区分开来。

(1) 源程序文件:用于存放源程序代码。

(2) 目标文件:由编译系统生成的目标代码文件。

(3) 可执行文件:由编译系统生成的可执行代码文件。

10.1.3 文件类型的指针

在缓冲文件系统中,一个重要的概念就是“文件指针”。C 语言程序可同时处理多个文件,为了对每个文件进行有效的管理,就需要在计算机内存中为每个被使用的文件开辟一个“文件信息描述区”,用来存放文件的名字、文件的状态及文件的当前位置等相关信息。该信息描述区是用一个结构体变量来实现的,该结构体变量叫文件结构变量。文件结构变量的类型是由系统定义的,取名为 FILE。通常它被存放在头文件 stdio.h 中,定义如下:

```
typedef struct
{ short                 level;          /* 缓冲区“满”或“空”的程度 */
  unsigned              flags;          /* 文件状态标志 */
  char                  fd;             /* 文件描述符 */
  unsigned char         hold;           /* 若无缓冲区不读取字符 */
  short                 bsize;          /* 缓冲区的大小 */
  unsigned char         * buffer;       /* 数据传送缓冲区 */
  unsigned char         * curp;         /* 当前的活动指针 */
  unsigned              istemp;         /* 临时文件指示器 */
  short                 token;          /* 用于有效性检查 */
} FILE;
```

对文件的处理步骤一般为:打开文件→文件的读/写操作→关闭文件。

打开文件所完成的功能是:由系统在内存中自动建立该文件的文件结构体。文件操作完成并关闭文件后,其文件结构体被释放。在 C 语言中,对已打开的文件进行输入输出操作是通过指向该文件结构的指针变量进行的。每个被使用的文件都在内存中开辟一个存储区,用来存入文件有关信息。只有通过文件指针才能实现对文件的读写操作。文件指针说明的一般形式是:

FILE * 文件指针名;

例如:FILE * fp;

其中,FILE 是文件结构体类型标识符,fp 是一个指向 FILE 结构体类型的指针变量,也就是说通过文件指针变量才能够找到与它相关的文件。这个指针变量中的地址值是在打开文件时由函数 fopen( )提供的。

如果程序中需要同时处理多个文件,则应定义多个指针变量,使它们分别指向一个文件,以实现对多个文件的输入输出操作。例如:

FILE * fp1, * fp2;

fp1 和 fp2 均为指向 FILE 结构体类型的指针变量,它们可分别指向一个可操作的文件,换句话说,一个文件就有一个文件指针变量,以后对文件的访问就转化为对文件指针变量的操作。

10.2 数据文件的输入/输出

在使用标准库函数中的有关输入/输出函数时,对以下内容应该有清楚的了解:

(1) 函数的引用格式。

(2) 函数的功能。

(3) 函数参数的个数和顺序,以及每个参数的意义和类型。

(4) 返回值的数据类型及含义。

(5) 需要使用的包含文件。

标准库函数中的有关输入/输出函数都是外部引用函数,所以使用时应该予以说明。这些说明以及标准函数中使用的符号常量(如 EOF、NULL)等都包括在“stdio.h”文件中,所以在使用这些函数时,必须写入包含“stdio.h”文件的预处理命令。

10.2.1 文件的打开与关闭

使用 3 种标准输入/输出设备文件进行输入/输出时,在用户程序中不需要打开和关闭对应的设备文件,就可直接引用标准设备文件的输入/输出函数进行输入/输出。但是,对于一般文件的读/写,必须先打开它,然后才能读/写,读/写完后还应关闭文件。一般文件的打开用 fopen( )函数,而关闭用 fclose( )函数,它们的函数原型都在 stdio.h 文件中。

1. 文件的打开函数 fopen( )

其函数原型为:

FILE * fopen(char * fname,char * mode)

fopen( )函数的功能是以“mode”指定的“使用方式”打开 fname 指定的“文件名”对应的文件,同时自动给该文件分配一个内存缓冲区。如果打开文件成功,则返回一个指向打开文件的指针,否则返回一个空指针。fname 应是一个合法的文件名,文件名前还可以指明文件路径,它是一个字符串。对文件的操作方式由 mode 决定，mode 也是字符串，表 10.1 给出了 mode 的取值表。

表 10.1 mode 的取值表

mode	含 义
r(只读)	为输入打开一个文本文件
w(只写)	为输出打开一个文本文件
a(追加)	打开一个文本文件在尾部追加
rb(只读)	为输入打开一个二进制文件
wb(只写)	为输出打开一个二进制文件
ab(追加)	打开一个二进制文件在尾部追加
r+(读写)	为读/写打开一个文本文件
w+(读写)	为读/写建立一个新的文本文件
a+(读写)	为读/写打开一个文本文件
rb+(读写)	为读/写打开一个二进制文件
wb+(读写)	为读/写建立一个新的二进制文件
ab+(读写)	为读/写打开一个二进制文件

由表 10.1 可见，文件的操作方式有文本文件和二进制文件两种，打开文件的正确方法如下：

```
#include <stdio.h>
…
FILE *fp;
…
if ((fp=fopen("test.txt","w"))==NULL)    /* 创建一个只写的新文本文件 */
  {printf("cannot open file\n");
   exit(0);
  }
…
```

这种方法能发现打开文件时的错误，如在开始写文件时，发现文件有写保护，或读文件时，磁盘上不存在该文件，这些情况都会返回一个空指针 NULL(NULL 值在 stdio.h 中定义为 0)，表明打开文件时有错。事实上打开文件时要向编译系统说明 3 个信息：需要访问的外部文件是哪一个；打开文件后，是要执行读还是写，即选择操作方式；确定哪一个文件指针指向该文件。对打开文件所选择的操作方式来说，一经说明不能改变，除非关闭文件后重新打开。文件以只读方式打开就不能对其进行写操作，对已存在的文件如果以写方式打开，则信息将会丢失。

2. 文件的关闭函数 fclose()

其函数原型为：

```
int fclose(FILE *fp)
```

fclose( )函数的功能是关闭文件指针变量 fp 所指向的文件，并把它的缓冲区内容全部写出。当调用 fclose( )函数后，fp 与文件失去联系，同时自动释放分配给文件的内存缓冲区。

fclose( )函数若能正确关闭指定的文件，则返回 0 值；否则返回非零值。

【例 10.1】　打开和关闭一个只读的二进制文件。

程序如下：

```
#include <stdio.h>
main( )
{ FILE  * fp;
  if ((fp=fopen("test1.dat","rb"))==NULL)
        { printf("cannot open file\n");
         exit(0);
        }
  if (fclose(fp))
        printf("file close error!\n");
}
```

运行这个程序，如果在当前目录中存在一个名为“test1.dat”的文件，则不提示任何信息；如果不存在名为“test1.dat”的文件，则会提示“cannot open file”的信息。如果不能正确关闭名为“test1.dat”的文件，则会提示“file close error!”的信息。

10.2.2　文件的字符输入／输出函数（fgetc 和 fputc）

当文件按指定的工作方式打开以后，就可对文件执行读/写操作。对文本文件来说，可按字符读写或按字符串读写；对二进制文件来说，可按块读写或格式化读写。

C 语言提供的 fgetc( )和 fputc( )函数可对文本文件按字符进行读写，其函数原型存于stdio.h 头文件中。

1. 文件的字符输入函数 fgetc( )

其函数原型为：

int fgetc(FILE * fp)

fgetc( )函数的调用形式为：ch=fgetc(fp)

fgetc( )函数的功能是从 fp 所指向文件的当前位置读取单个字符，并将文件指针指向下一个字符处，如果遇到文件结束符，函数返回一个文件结束标志 EOF，此时表示本次操作结束，若读文件完成，则应关闭文件。

2. 文件的字符输出函数 fputc( )

其函数原型为：

int fputc(int ch,FILE * fp)

fputc( )函数的功能是将 ch 中的字符写入 fp 所指向的文件的当前位置，并将文件指针后移一位。在输出成功的情况下，fputc( )函数的返回值就是所输出的字符，输出失败时返回 EOF。

【例 10.2】　从键盘输入若干串字符，存入磁盘文件 test2.txt 中。

程序如下：

```
/＊该程序的文件名为 10-2.c＊/
#include <stdio.h>
main()
{FILE ＊fp;                                      /＊定义文件指针变量＊/
 char ch;
 if ((fp=fopen("test2.txt","w"))==NULL)         /＊以只写方式打开文件＊/
     {printf("cannot open file!\n");
      exit(0);
     }
 while ((ch=getchar())!=EOF)         /＊键入 Ctrl+Z 组合键并按 Enter 键结束输入＊/
     fputc(ch,fp);                   /＊向文件写入一个字符＊/
 fclose(fp);
}
```

该程序可从键盘输入若干串字符，当键入 Ctrl+Z 组合键并按 Enter 键即结束输入，输入的字符串写入名为 test2.txt 的文件。因为该文件是以文本文件写方式打开的，所以可通过各种字处理工具进行访问。例如，可以通过 DOS 提供的 type 命令来显示文件内容。

在 DOS 命令提示符下运行程序：

```
C:\TC>10-3.exe ↵
I am a student.↵
This is a C program.↵
There is contradiction in everything.↵
Ctrl+Z ↵
```

在 DOS 操作系统环境下，利用 type 命令显示 test2.txt 文件如下：

```
C:\TC>type test2.txt ↵
I am a student.
This is a C program.
There is contradiction in everything.
```

【例 10.3】 将存放于磁盘文件 test2.txt 中的字符串按读写字符的方式逐个从文件读出，并显示在屏幕上。

程序如下：

```
#include <stdio.h>
main()
{FILE ＊fp;                                      /＊定义文件指针变量＊/
 char ch;
 if ((fp=fopen("test2.txt","r"))==NULL)         /＊以只读方式打开文件＊/
     {printf("cannot open file!\n");
      exit(0);
```

```
    }
  while ((ch=fgetc(fp))!=EOF)          /* 从文件循环读字符,显示到屏幕上 */
      putchar(ch);
  fclose(fp);
}
```

运行该程序,可将例 10.2 中建立的 test2.txt 文件中的字符串按字符逐个读出并显示在屏幕上,直到文件末尾。

10.2.3 文件的字符串输入/输出函数 (fgets 和 fputs)

C 语言提供读写字符串的函数原型在 stdio.h 头文件中。

1. 文件字符串输入函数 fgets()

其函数原型为:

char *fgets(char *str,int num,FILE *fp)

fgets()函数的功能是从 fp 所指向的文件当前位置读取至多 num-1 个字符,在其后补充一个字符串结束标志'\0',组成字符串并存入 str 指向的存储区。如果读取前 num-1 个字符时遇到"回车符",则只读到回车符为止,补充结束标记'\0'组成字符串(包括该回车符),回车符后的字符将不再读取。如果读取前 num-1 个字符时遇到文件尾,则将读取的字符后面补充结束标志'\0'组成字符串。当正确地读取了一个字符串后,文件内部指针会自动后移一个字符串的位置。

如果 fgets()函数正确执行,则返回 str 对应的首地址,否则返回 NULL。

2. 文件字符串输出函数 fputs()

其函数原型为:

int fputs(char *str,FILE *fp)

fputs()函数的功能是将 str 指向的一个字符串,舍去字符串结束标记'\0'后写入 fp 所指向的文件中。当正确地写入一个字符串后,文件内部指针会自动后移一个字符串的位置。

输出操作成功时,则返回 0 值;输出操作失败时,则返回 EOF。

【例 10.4】 向磁盘写入字符串,并写入文本文件 test3.txt.

程序如下:

```
#include <stdio.h>
#include <string.h>
main()
{FILE *fp;
 char str[100];
 if ((fp=fopen("test3.txt","w"))==NULL)          /* 打开只写的文本文件 */
      {printf("cannot open file\n");
       exit(0);
      }
 while((strlen(gets(str)))!=0)                   /* 若串长度为零,则结束 */
```

```
        {fputs(str,fp);                          /* 写入串 */
         fputs("\n",fp);                         /* 写入回车符 */
        }
   fclose(fp);                                   /* 关闭文件 */
  }
```

运行该程序，从键盘输入长度小于 100 个字符的若干个字符串，写入文件。如输入空串(即直接按 Enter 键)，则程序结束。

运行情况如下：

```
computer ↵
I am a student.↵
This is a C program! ↵
↵
```

运行结束后，利用 DOS 的 type 命令显示文件：

```
C:\>type test4.txt
computer
I am a student.
This is a C program!
```

【例 10.5】 从一个文本文件 test3.txt 中读出字符串，再写入另一个文件 test4.txt。

程序如下：

```
#include <stdio.h>
#include <string.h>
main()
{FILE *fp1, *fp2;
 char str[100];
 if ((fp1=fopen("test3.txt","r"))==NULL)      /* 以只读方式打开文件 test3.txt */
      {printf("cannot open file\n");
       exit(0);
      }
 if ((fp2=fopen("test4.txt","w"))==NULL)      /* 以只写方式打开文件 test4.txt */
      {printf("cannot open file\n");
       exit(0);
      }
 while((strlen(fgets(str,100,fp1)))>0)        /* 从文件中读回的字符串长度大于 0 */
      {fputs(str,fp2);           /* 把从文件 test3.txt 中读取的字符串写入文件 test4.txt */
       printf("%s",str);
      }
 fclose(fp1);
 fclose(fp2);
}
```

该程序要对两个文件进行操作,所以需定义两个文件指针变量。在操作文件以前,应将两个文件以所需的使用方式同时打开(不分先后),读写完成后应关闭文件。在程序执行过程中,把从 test3.txt 文件中读出的字符串写入 test4.txt 文件的同时也显示在屏幕上。程序运行结束后,在当前目录下会看到增加了一个与原文件内容相同的文本文件 test4.txt。

10.2.4 文件的格式化输入/输出函数(fscanf 和 fprintf)

在第三章中介绍了格式化输入 scanf()函数和格式化输出 printf()函数。对文件的格式化读写就是在这两个函数的前面加一个字母 f 成为 fscanf()和 fprintf()。

1. 文件格式化输入函数 fscanf()

其函数原型为:

int fscanf(FILE *fp,char *format,arg_list)

fp 为文件指针变量,通过 fopen()函数使它指向打开的可读文件;format 为字符型指针,它可以是存放格式控制字符串的字符串常量,也可以是存放格式控制字符串数组的首地址,还可以是指向格式控制字符串的指针变量,关于"格式控制字符串"已在第三章介绍,这里不再赘述;arg_list 是变量地址列表,它要与"格式控制字符串"中对应的格式说明符相匹配,该表中可以是变量地址、数组首地址、指针变量或指针数组元素。

fscanf()函数的功能是从 fp 指向的文件中,按照 format 格式控制字符串指定的格式读取若干个数据存入变量列表 arg_list 中。正确地读取若干个数据后,文件内部指针自动后移到下一个要被读取数据的开始位置。

2. 文件格式化输出函数 fprintf()

其函数原型为:

int fprintf(FILE *fp,char *format,arg_list)

fp 为文件指针变量,通过 fopen()函数使它指向打开的可写文件;format 为字符型指针,它可以是存放格式控制字符串的字符串常量,也可以是存放格式控制字符串数组的首地址,还可以是指向格式控制字符串的指针变量;arg_list 是输出表达式列表,表达式列表中的每一项要与"格式控制字符串"中对应的格式字符相匹配。

fprintf()函数的功能是计算输出表达式列表中每一个表达式的值,按照 format 指向的格式控制字符串中指定的格式说明符将各表达式的值写入 fp 指向的文件中。当正确地把若干个表达式的值写入文件后,文件内部指针会自动后移到下一个要写的位置。

【例 10.6】 从键盘上依次读取一个字符、两个整数、三个单精度数、一个字符串,写入 C 盘当前目录下名为"test5.dat"的二进制数据文件中,然后从该文件中读出这些数据并输出到屏幕上。

程序如下:

```
#include "stdio.h"
main()
{FILE *fp;
 char str[50],ch;
 int i1,i2;
```

```
    float f1,f2,f3;
    if ((fp=fopen("c:test5.dat","wb"))==NULL)   /*打开一个只写的二进制文件*/
      {printf("cannot open file\n");
       exit(0);
      }
    scanf("%c",&ch);                            /*从键盘读取1个字符*/
    scanf("%d,%d",&i1,&i2);                     /*从键盘读取2个整数*/
    scanf("%f,%f,%f",&f1,&f2,&f3);              /*从键盘读取3个实数*/
    scanf("%s",str);                            /*从键盘读取1个字符串*/
    fprintf(fp,"%c\n%d,%d\n%f,%f,%f\n%s\n",ch,i1,i2,f1,f2,f3,str);
            /*将1个字符、2个整数、3个实数、1个字符串写入fp指向的文件*/
    fclose(fp);                                 /*关闭fp所指向的文件*/
    if ((fp=fopen("c:test5.dat","rb"))==NULL)   /*打开一个只读的二进制文件*/
      {printf("cannot open file\n");
       exit(0);
      }
    fscanf(fp,"%c",&ch);                        /*从fp指向的文件读取1个字符*/
    fscanf(fp,"%d,%d",&i1,&i2);                 /*从fp指向的文件读取2个整数*/
    fscanf(fp,"%f,%f,%f",&f1,&f2,&f3);          /*从fp指向的文件读取3个实数*/
    fscanf(fp,"%s",str);                        /*从fp指向的文件读取1个字符串*/
    printf("character=%c,integer=%d,%d,float=%f,%f,%f\n",ch,i1,i2,f1,f2,f3);
    printf("string=%s\n",str);                  /*显示读取的数据*/
    fclose(fp);
}
```

运行情况如下:

```
b↵
10,20↵
11.5,12.5,13.5↵
computer↵
character=b,integer=10,20,float=11.500000,12.500000,13.500000
string=computer
```

10.2.5 文件的数据块输入/输出函数(fread 和 fwrite)

前面介绍的几种读写文件的方法,对复杂的数据类型无法以整体形式向文件写入或从文件读出。C语言提供了成块读写方式来操作文件,使得数组或结构体等类型可以进行一次性读写。

1. 文件的数据块输入函数 fread()

其函数原型为:

int fread(char ＊buf,int size,int count,FILE ＊fp)

buf为字符型指针,它是读入数据的存放地址;size可以是整型常量、变量或表达式,代表读取的每个数据块所占用的字节总数,通常使用表达式"sizeof(数据类型标识符)"进行计算;count可以是整型常量、变量或表达式,代表依次读取数据块的个数(一个数据块为size个字节);fp为文件指针变量,通过fopen()函数使它指向打开的可读文件。

fread()函数的功能是从fp所指向的文件当前位置读取count个数据块(每个数据块为size个字节)存入buf指定的存储区。

如果fread()函数正确执行,则返回实际读取的数据块个数。

2. 文件的数据块输出函数fwrite()

其函数原型为:

int fwrite(char ＊buf,int size,int count,FILE ＊fp)

buf为字符型指针,它是输出数据的存放地址;size可以是整型常量、变量或表达式,代表写入文件的每个数据块所占用的字节总数,通常使用表达式"sizeof(数据类型标识符)"进行计算;count可以是整型常量、变量或表达式,代表依次写入文件的数据块的个数(一个数据块为size个字节);fp为文件指针变量,通过fopen()函数使它指向打开的可写文件。

fwrite()函数的功能是将buf指向的count个数据块(每个数据块为size个字节)写入fp所指向的文件。

如果fwrite()函数正确执行,则返回实际写入的数据块个数。

【例10.7】　向磁盘写入格式化数据,再从该文件读出并显示到屏幕上。

程序如下:

```
#include "stdio.h"
#include "stdlib.h"
main()
{FILE *fp1;
 int i;
 struct stu
 {char name[15];
  char num[6];
  float score[2];
 }student;
 if ((fp1=fopen("test6.dat","wb"))==NULL)
 {printf("cannot open file\n");
  exit(0);
 }
 printf("input data:\n");
 for (i=0;i<2;i++)
 {scanf("%s%s%f%f",student.name,student.num,
        &student.score[0],&student.score[1]);
```

```
    fwrite(&student,sizeof(student),1,fp1);
  }
  fclose(fp1);
  if ((fp1=fopen("test6.dat","rb"))==NULL)
  { printf("cannot open file\n");
    exit(0);
  }
  printf("output from file:\n");
  for (i=0;i<2;i++)
  { fread(&student,sizeof(student),1,fp1);
    printf("%s,%s,%6.1f,%6.1f\n",student.name,student.num,
           student.score[0],student.score[1]);
  }
  fclose(fp1);
}
```

运行情况如下：

```
input data:
wanghong 0101 85 87.5 ↵
liying 0102 76.5 91 ↵
output from file:
wanghong,0101,  85.0,  87.5
liying,0102,  76.5,  91.0
```

通常如果输入数据的格式较为复杂，可采取将各种格式的数据当作字符串输入，然后将字符串转换为所需的格式。C 语言提供如下转换函数：

```
int atoi(char * ptr)
float atof(char * ptr)
long int atol(char * ptr)
```

它们分别将 ptr 所指向的数字串转换为整型、实型和长整型。使用这些函数时应将头文件 stdlib.h用#include 命令包含在程序的前面。

【例 10.8】　将不同类型的数据以字符串输入，将其中的数字串进行转换，并进行文件的成块读写。

程序如下：

```
#include <stdio.h>
#include <stdlib.h>
main()
{ FILE * fp1;
  char ds[20], * temp=ds;
  int i;
```

```
  struct stu
  {char name[15];
   char num[6];
   float score[2];
  }student;
  if ((fp1=fopen("test7.dat","wb"))==NULL)
  {printf("cannot open file\n");
   exit(0);
  }
  for (i=0;i<2;i++)
  {printf("input name:");
   gets(student.name);
   printf("input num:");
   gets(student.num);
   printf("input score1:");
   gets(temp);
   student.score[0]=atof(temp);
   printf("input score2:");
   gets(temp);
   student.score[1]=atof(temp);
   fwrite(&student,sizeof(student),1,fp1);
  }
  fclose(fp1);
  if ((fp1=fopen("test7.dat","rb"))==NULL)
  {printf("cannot open file\n");
   exit(0);
  }
  printf("----------------------------\n");
  printf("%-15s%-7s%7s%7s\n","name","num","score1","score2");
  printf("----------------------------\n");
  for (i=0;i<2;i++)
  {fread(&student,sizeof(student),1,fp1);
   printf("%-15s%-7s%7.1f%7.1f\n",student.name,student.num,
          student.score[0],student.score[1]);
  }
  fclose(fp1);
}
```

运行情况如下：

```
input name:wanghong ↵
input num:0101 ↵
input score1:85 ↵
input score2:87.5 ↵
input name:liying ↵
input num:0102 ↵
input score1:76.5 ↵
input score2:91 ↵
---------------------------------
name          num    score1   score2
---------------------------------
wanghong      0101   85.0     87.5
liying        0102   76.5     91.0
```

10.2.6 整数（字）输入／输出函数 （getw 和 putw）

1. 整数(字)输出函数 putw( )

其函数原型为:

int putw(int i,FILE ＊fp)

调用形式为:putw(i,fp)

i 为要写入磁盘文件的一个 int 型整数;fp 为文件指针变量,通过 fopen( )函数使它指向打开的可写文件。

putw( )函数的功能是将指定的整数(即一个字,占 2 个字节)i 写入由 fp 指向的文件中。

【例 10.9】 将 1~10 的自然数写入数据文件 test9.dat 中。

程序如下:

```
#include <stdio.h>
main( )
{FILE  * fp;
 int i;
 if ((fp=fopen("test8.dat","wb"))==NULL)
       {printf("cannot open file\n");
         exit(0);
       }
 for(i=1;i<=10;++i)
       putw(i,fp);
 fclose(fp) ;
}
```

2. 整数(字)输入函数 getw()

其函数原型为:

```
int getw(FILE *fp)
```

调用形式为:i=getw(fp)

i为整型变量;fp为文件指针变量,通过 fopen()函数使它指向打开的可读文件。getw()函数的功能是从由fp指向的磁盘文件中读取一个整数(即一个字,占2个字节)。

【例 10.10】 把 test8.dat 文件中的 10 个整数求和并输出。

程序如下:

```
#include <stdio.h>
main()
{FILE *fp;
 int i,j,sum=0;
 if ((fp=fopen("test8.dat","rb"))==NULL)
       {printf("cannot open file\n");
        exit(0);
       }
 for(i=1;i<=10;i++)
       {j=getw(fp);
        sum=sum+j;
       }
 printf("sum=%d",sum);
 fclose(fp) ;
}
```

10.3 文件的定位

在每一个文件的文件结构体变量中,都有一个指向当前读写位置的指针。在读写一个顺序文件时,每次读写都使指针顺序下移一个位置。如果想改变顺序文件这种移动指针的方法,可以使用文件定位函数,使指针指向特定的位置。

1. ftell()函数

其函数原型为:

```
long ftell(FILE *fp)
```

其中,fp为文件指针变量。

ftell()函数的功能是返回 fp 所指向文件的当前位置,这个当前位置值是以文件开头算起的字节数。例如:

```
i=ftell(fp);            /*变量i为当前文件指针的位置*/
```

ftell()函数的正常返回值为文件的当前位置,出错时其返回值为-1L。通常利用返回值来判断调用函数是否出错。例如：

```
i=ftell(fp);
if (i==-1L) printf("error\n");
```

2. fseek()函数

对于顺序文件，一般是按照文件指针的自动下移来完成文件的读/写操作。然而，如果能够控制文件指针，使其移到文件的任意位置，就可以实现随机读/写操作。C 语言提供了 fseek()函数用来改变文件指针的位置。其函数原型为：

```
int fseek(FILE *fp,long offset,int from)
```

其中，fp 为文件指针变量；offset 为文件指针的位移量，指以起始位置 from 为基点向前、向后移动的字节数，并要求 offset 为 long 型数据；from 为起始位置，必须是 0、1 或 2，它们表示 3 个符号常数，在 stdio.h 中定义如表 10.2 所示。

表 10.2 ANSI C 标准指定的标识符

用数字表示	标识符	起始位置
0	SEEK-SET	文件开头
1	SEEK-CUR	当前文件指针位置
2	SEEK-END	文件末尾

说明：

(1) fseek()函数可将文件指针 fp 移到由起始位置开始、位移量为 offset 的字节处。例如：

fseek(fp,50L,0)；将文件指针 fp 移到离文件开头 50 个字节处。

fseek(fp,64L,1)；将文件指针 fp 移到离文件指针当前位置 64 个字节处。

fseek(fp,-10L,2)；将文件指针从文件末尾向后退 10 个字节。

(2) fseek()函数一般用于二进制文件，因为文本文件要进行字符转换，计算位置时往往会产生混乱。

【例 10.11】 从键盘上输入 4 个学生的数据，建立一个名为“stud.dat”的二进制文件，然后从这个文件中读取第 2、4 个学生的数据，并在屏幕上显示输出。

程序如下：

```
#include <stdio.h>
#define N 4
struct stu
{char name[15];
 char num[7];
 int score;
}stud;
main()
{int i;
 FILE *fp;
```

```
    if((fp=fopen("stud.dat","wb"))==NULL)
        {printf("cannot open file\n");
         exit(0);
        }
    printf("input data:\n");
    for(i=0;i<N;i++)
        {scanf("%s%s%d",stud.name,stud.num,&stud.score);
         fwrite(&stud,sizeof(stud),1,fp);
        }
    fclose(fp);
    if ((fp=fopen("stud.dat","rb"))==NULL)
        {printf("cannot open file\n");
         exit(0);
        }
    for(i=1;i<N;i+=2)
        {fseek(fp,i * sizeof(struct stu),0);
         fread(&stud,sizeof(struct stu),1,fp);
         printf("name:%s num:%s score:%d\n",stud.name,stud.num,stud.score);
        }
    fclose(fp);
}
```

运行情况如下：

```
input data:
wanghong 210101 87 ↵
limei 210102 76 ↵
zhaowei 210103 94 ↵
zhangying 210104 83 ↵
name:limei num:210102 score:76
name:zhangying num:210104 score:83
```

3. rewind()函数

其函数原型为：

```
int rewind(FILE * fp);
```

fp 是文件指针变量，通过 fopen()函数指向某个打开的文件。

rewind()函数的功能是将文件位置指针移到所指定的文件起点，并使 feof 函数的值恢复为 0（假）。

10.4　文件状态检测函数

在调用 fopen( )和 fclose( )或各种输入输出函数时,可以根据函数的返回值来判断函数调用是否出错。除此之外,C 语言还提供了 ferror( )、clearerr( )、feof( )函数对文件进行错误检测。

1. ferror( )函数

其函数原型为:

int ferror(FILE ＊fp);

说明:

(1) ferror( )函数的返回值若为 0(假)表示未出错;若为非 0(真)表示出错。

(2) 对于同一个文件每一次调用输入输出函数,均产生一个新的 ferror( )函数值。所以应当在调用一个输入输出函数后立即检查 ferror( )函数的值,否则错误信息将丢失。

(3) 当执行 fopen( )函数时,ferror( )函数将自动置初值 0。

2. clearerr( )函数

其函数原型为:

void clearerr(FILE ＊fp);

clearerr( )函数的功能是将文件错误标志和文件结束标志均置为 0。假如在调用一个输入输出函数时出现错误,ferror( )函数得到一个非 0 值,这个值一直保持到调用 clearerr( )函数、rewind( )函数或任何其他一个输入输出函数为止。

3. feof( )函数

其函数原型为:

int feof(FILE ＊fp);

feof( )函数的功能是用来检测 fp 所指向的文件是否到达文件尾。若到达文件尾返回非 0(真);否则返回 0(假)。

通常在读文件中的数据时,都要事先利用该函数来判断文件是否结束,若没有结束,则读取数据,否则不能读取数据,常用的语句形式如下:

```
while(!feof(fp))
    {… }
```

10.5　文件程序设计举例

文件操作在程序设计中是非常重要的技术,文件的数据格式不同,决定了对文件的操作方式的不同。

【例 10.12】　假设需要同时处理 3 个文件。文件 addr.txt 记录了一批人的姓名和地址;文件 tel.txt 记录了同一批人的姓名与电话号码(但与文件 addr.txt 的顺序不同)。希望通过对比两个文件,将同一人的姓名、地址和电话号码记录到第 3 个文件 addrtel.txt 中。前两个文件的内容如下：

addr.txt 的内容：

wangfu□□□□□□□□tianjing

zhaoqiang□□□□□hebei

jiangjing□□□□□beijing

zhaowei□□□□□□□neimenggu

tel.txt 的内容：

jiangjing□□□□□87654321

wangfu□□□□□□□□76543210

zhaowei□□□□□□□6543210

zhaoqiang□□□□□43210987

这两个文件格式基本一致，姓名字段占 14 个字符，地址和电话号码长度均不超过 14 个字符，并以回车结束。文件结束的最后一行有回车符，也可以说是长度为 0 的串。在两个文件中，由于存放的是同一批人的资料，则文件的记录数是相等的，但存放顺序不同。可以把任一文件记录作为基准，在另一文件中顺序查找相同姓名的记录，若找到，则合并记录存入到第 3 个文件，然后再将被查找文件的指针移到文件头，以备下一次顺序查找。

程序如下：

```
#include <stdio.h>
#include <stdlib.h>
#include <conio.h>
#include <string.h>
main()
{FILE  *fptr1, *fptr2, *fptr3;
 char temp[15],temp1[15],temp2[15];
 if ((fptr1=fopen("addr.txt","r"))==NULL)
      {printf("cannot open file\n");
       exit(0);
      }
 if ((fptr2=fopen("tel.txt","r"))==NULL)
      {printf("cannot open file\n");
       exit(0);
      }
 if ((fptr3=fopen("addrtel.txt","w"))==NULL)
      {printf("cannot open file\n");
       exit(0);
      }
 clrscr();
 while(strlen(fgets(temp1,15,fptr1))>1)
```

```
  {fgets(temp2,15,fptr1);
   fputs(temp1,fptr3);
   fputs(temp2,fptr3);
   strcpy(temp,temp1);
   do
    {fgets(temp1,15,fptr2);
     fgets(temp2,15,fptr2);
    } while (strcmp(temp,temp1)!=0);
   rewind(fptr2);
   fputs(temp2,fptr3);
  }
 fclose(fptr1);
 fclose(fptr2);
 fclose(fptr3);
}
```

程序运行后,将得到一个合并后的文件 addrtel.txt,其内容如下:

wangfu□□□□□□□□tianjing
76543210
zhaoqiang□□□□□hebei
43210987
jiangjing□□□□□beijing
87654321
zhaowei□□□□□□neimenggu
6543210

本章习题

1. 回答下列问题:

(1) C 语言的文件操作有什么特点? 什么是缓冲文件系统? 什么是非缓冲文件系统? 二者的主要区别是什么? ANSI C 标准规定用什么系统?

(2) 什么是文件结构体变量? 包含什么内容? 在文件处理中的作用是什么?

(3) 什么是文件型指针? 如何利用指针进行输入/输出?

(4) 文件操作分哪 3 步? 为什么要打开和关闭文件?

(5) 标准设备文件包含哪些? 对它们输入/输出时,也要求用户程序打开和关闭吗?

2. 现有一磁盘文件 readme.txt,请编一程序统计该文件所包含的字母、数字、空白字符的个数。

3. 编一程序,要求:

(1) 将 readme.txt 文件复制到另一文件 help.txt 上;

（2）将 readme.txt 文件显示在屏幕上。

4. 将从键盘上输入的字符串中的小写字母变为大写字母，加行号显示在屏幕上并输出到磁盘文件 test.txt 中。

5. 使用命令行参数编写一程序，分页显示文本文件的内容，每页显示 10 行，按任意键继续显示下页。

6. 编写程序，从键盘上输入学生的学号、姓名和高数、英语、计算机 3 门课的成绩，并将这些信息和每人的总分及平均成绩写入磁盘文件 student.dat 中。

7. 从题目 6 的 student.dat 文件中读出每个学生的信息按总分排序显示在终端上，并写入另一磁盘文件 sorted.dat 中。

8. 按题目 7 从键盘上输入一个学生的学号、姓名和高数、英语、计算机 3 门课的成绩，计算总分及平均成绩，按总分插入到 sorted.dat 文件中。

附录 A
常用 ASCII 码字符集

字符	ASCII 值（十进制）	ASCII 值（十六进制）	字符	ASCII 值（十进制）	ASCII 值（十六进制）	字符	ASCII 值（十进制）	ASCII 值（十六进制）
NUL	0	00	EM	25	19	2	50	32
SOH	1	01	SUB	26	1A	3	51	33
STX	2	02	ESC	27	1B	4	52	34
ETX	3	03	FS	28	1C	5	53	35
EOT	4	04	GS	29	1D	6	54	36
ENQ	5	05	RS	30	1E	7	55	37
ACK	6	06	US	31	1F	8	56	38
BEL	7	07	（空格）	32	20	9	57	39
BS	8	08	!	33	21	:	58	3A
HT	9	09	"	34	22	;	59	3B
LF	10	0A	#	35	23	<	60	3C
VT	11	0B	$	36	24	=	61	3D
FF	12	0C	%	37	25	>	62	3E
CR	13	0D	&	38	26	?	63	3F
SO	14	0E	'	39	27	@	64	40
SI	15	0F	(	40	28	A	65	41
DLE	16	10	)	41	29	B	66	42
DC1	17	11	*	42	2A	C	67	43
DC2	18	12	+	43	2B	D	68	44
DC3	19	13	,	44	2C	E	69	45
DC4	20	14	-	45	2D	F	70	46
NAK	21	15	.	46	2E	G	71	47
SYN	22	16	/	47	2F	H	72	48
ETB	23	17	0	48	30	I	73	49
CAN	24	18	1	49	31	J	74	4A

续表

字符	ASCII 值（十进制）	ASCII 值（十六进制）	字符	ASCII 值（十进制）	ASCII 值（十六进制）	字符	ASCII 值（十进制）	ASCII 值（十六进制）
K	75	4B	]	93	5D	o	111	6F
L	76	4C	^	94	5E	p	112	70
M	77	4D	_	95	5F	q	113	71
N	78	4E	`	96	60	r	114	72
O	79	4F	a	97	61	s	115	73
P	80	50	b	98	62	t	116	74
Q	81	51	c	99	63	u	117	75
R	82	52	d	100	64	v	118	76
S	83	53	e	101	65	w	119	77
T	84	54	f	102	66	x	120	78
U	85	55	g	103	67	y	121	79
V	86	56	h	104	68	z	122	7A
W	87	57	i	105	69	{	123	7B
X	88	58	j	106	6A	|	124	7C
Y	89	59	k	107	6B	}	125	7D
Z	90	5A	l	108	6C	~	126	7E
[	91	5B	m	109	6D	DEL	127	7F
\	92	5C	n	110	6E			

注：前 32 个字符为控制字符，常用控制字符的含义如下。

NUL：空字符　BEL：响铃　BS：退格　HT：水平制表

LF：换行　VT：垂直制表　FF：换页　CR：回车

附录B
C语言的常用标准库函数

每一种C语言编译系统都提供了一批标准库函数,这些库函数并不是C语言的一部分。不同的编译系统所提供的标准库函数的数目、名字和功能是不完全相同的。ANSI C标准提供的标准库函数包括了目前多数C语言编译系统所提供的库函数,但也有一些是某些C语言编译系统未曾实现的。由于C语言库函数的种类和数目很多,限于篇幅,本附录不能全部介绍,只能列出ANSI C标准提供的常用的和最基本的一部分。读者在编制C程序时,如果用到更多的函数,可查阅有关的系统手册。

1. 数学函数

使用数学函数时,应在该源文件中使用:#include "math.h"或#include<math.h>。

函数名	函数类型和形参类型	功　能	返回值	说　明
acos	double acos(*x*) double *x*	计算 $\cos^{-1}(x)$ 的值	计算结果	*x* 应在-1~1范围内
asin	double asin(*x*) double *x*	计算 $\sin^{-1}(x)$ 的值	计算结果	*x* 应在-1~1范围内
atan	double atan(*x*) double *x*	计算 $\tan^{-1}(x)$ 的值	计算结果	
cos	double cos(*x*) double *x*	计算 cos(*x*)的值	计算结果	*x* 单位为弧度
cosh	double cosh(*x*) double *x*	计算 *x* 的双曲余弦 cosh(*x*)的值	计算结果	
exp	double exp(*x*) double *x*	求 e^x 的值	计算结果	
fabs	double fabs(*x*) double *x*	求 *x* 的绝对值	计算结果	
floor	double floor(*x*) double *x*	求出不大于 *x* 的最大整数	该整数的双精度实数	
fmod	double fmod(*x*,*y*) double *x*,*y*	求整数 *x*/*y* 的余数	返回余数双精度数	
frexp	double frexp(val,eptr) double val int *eptr	把双精度数 val 分解为数字部分(尾数)*x* 和以2为底的指数 *n*,即 $val=x\times2^n$,*n* 存放在 eptr 指向的变量中	返回数字部分 *x* ($0.5\leq x<1$)	

续表

函数名	函数类型和形参类型	功　　能	返回值	说　　明
log	double log(x) double x	求 $\log_e x$，即 $\ln x$	计算结果	
log10	double log10(x) double x	求 $\log_{10} x$	计算结果	
modf	double modf(val,iptr) double val double * iptr	把双精度数 val 分解为整数部分和小数部分，把整数部分存到 iptr 指向的单元	val 的小数部分	
pow	double pow(x,y) double x,y	计算 x^y 的值	计算结果	
sin	double sin(x) double x	计算 sin$x$ 的值	计算结果	x 单位为弧度
sinh	double sinh(x) double x	计算 x 的双曲正弦 sinh(x)的值	计算结果	
sqrt	double sqrt(x) double x	计算$\sqrt{x}$	计算结果	$x \geq 0$
tan	double tan(x) double x	计算 tan(x)的值	计算结果	x 单位为弧度
tanh	double tanh(x) double x	计算 x 的双曲正切 tanh(x)的值	计算结果	

2. 字符函数和字符串函数

ANSI C 标准要求在使用字符串函数时要包含头文件"string.h"，使用字符函数时要包含"ctype.h"。有的 C 编译系统不遵循 ANSI C 标准的规定，而用其他名称的头文件。请使用时查看有关手册。

函数名	函数类型和形参类型	功　　能	返回值	包含文件
isalnum	int isalnum(ch) int ch	检查 ch 是否是字母(alpha)或数字(numeric)	是字母或数字返回 1；否则返回 0	ctype.h
isalpha	int isalpha(ch) int ch	检查 ch 是否是字母	是，返回 1；不是，返回 0	ctype.h
iscntrl	int iscntrl(ch) int ch	检查 ch 是否是控制字符(其 ASCII 码在 0~0x1F 之间)	是，返回 1；不是，返回 0	ctype.h
isdigit	int isdigit(ch) int ch	检查 ch 是否是数字 0~9	是，返回 1；不是，返回 0	ctype.h
isgraph	int isgraph(ch) int ch	检查 ch 是否是可打印字符(其 ASCII 码在 0x21~0x7E 之间)，不包括空格	是，返回 1；不是，返回 0	ctype.h

续表

函数名	函数类型和形参类型	功　　能	返回值	包含文件
islower	int islower(ch) int ch	检查 ch 是否是小写字母 a~z	是,返回 1;不是,返回 0	ctype.h
isprint	int isprint(ch) int ch	检查 ch 是否是可打印字符(其 ASCII 码在 0x20~0x7E 之间,包括空格)	是,返回 1;不是,返回 0	ctype.h
ispunct	int ispunct(ch) int ch	检查 ch 是否是标点字符(即除空格、数字、字母之外的所有可打印字符)	是,返回 1;不是,返回 0	ctype.h
isspace	int isspace(ch) int ch	检查 ch 是否是空格、跳格符(制表符)或换行符	是,返回 1;不是,返回 0	ctype.h
isupper	int isupper(ch) int ch	检查 ch 是否是大写字母 A~Z	是,返回 1;不是,返回 0	ctype.h
isxdigit	int isxdigit(ch) int ch	检查 ch 是否是一个 16 进制数字符(即 0~9,A~F 或 a~f)	是,返回 1;不是,返回 0	ctype.h
strcat	char * strcat(str1,str2) char * str1, * str2	把字符串 str2 接到 str1 的后面,str1 最后的'\0'去掉	str1	string.h
strchr	char * strchr(str,ch) char * str int ch	找出字符 ch 在 str 指向的字符串中第一次出现的位置	返回该字符在串中第一次出现时指针的内容;找不到时,返回空指针	string.h
strcmp	int strcmp(str1,str2) char * str1, * str2	比较两个字符串 str1,str2	str1<str2 返回负数 str1=str2 返回 0 str1>str2 返回正数	string.h
strcpy	char * strcpy(str1,str2) char * str1, * str2	复制 str2 串到 str1 中	str1	string.h
strlen	unsigned int strlen(str) char * str	计算 str 所指向的字符串的长度。不包含串结束符'\0'	返回字符个数	string.h
strstr	char * strstr(str1,str2) char * str1, * str2	找出字符串 str2(不包含串结束符'\0')在串 str1 中第一次出现的位置	返回 str2 串在 str1 中第一次出现时指针的内容;找不到时,返回空指针	string.h
tolower	int tolower(ch) int ch	将 ch 字符转换为小写字母	返回小写字母	ctype.h
toupper	int toupper(ch) int ch	将 ch 字符转换为大写字母	返回大写字母	ctype.h

3. 输入输出函数

使用以下函数时,应在源文件中使用 include "stdio.h"。

函数名	函数类型和形参类型	功　　能	返回值
clearerr	void clearerr(fp) FILE * fp	清除文件指针错误指示器	
fclose	int fclose(fp) FILE * fp	关闭 fp 所指文件，释放文件缓冲区	有错，返回非 0；无错，返回 0
feof	int feof(fp) FILE * fp	检查文件是否结束	遇文件结束符返回非 0 值，否则返回 0
fgetc	int fgetc(fp) FILE * fp	从 fp 所指文件读取一个字符	无错，返回所得字符；有错，返回 EOF
fgets	int fgets(buf,n,fp) char * buf int n FILE * fp	从 fp 所指文件读取一个长度为(n-1)的字符串，存入 buf	返回地址 buf，若遇文件结束或出错，返回 NULL
fopen	FILE * fopen(filename,mode) char * filename, * mode	以 mode 方式打开名为 filename 的文件	成功，返回一个文件指针；失败，返回 NULL
fprintf	int fprintf(fp,format,arg_list) FILE * fp char * format	把 arg_list 的值以 format 指定的格式输出到文件中	输出字符的个数
fputc	int fputc(ch,fp) char ch FILE * fp	将字符 ch 输出到 fp 所指的文件	成功，返回该字符；失败，返回 0
fputs	int fputs(str,fp) char * str FILE * fp	将字符串 str 写到 fp 所指文件	成功，返回 0；失败，返回非 0
fread	int fread(buf,size,n,fp) char * buf int size,n FILE * fp	从 fp 指向的文件读取 n 个长度为 size 的数据项，存到 buf	返回实际读取的数据项个数，如遇文件结束或出错返回 0
fscanf	int fscanf(fp,format,arg_list) FILE * fp char * format	从 fp 指定的文件中按 format 给定的格式将输入数据送到 arg_list 所指向的内存单元	实际输入的数据个数
fseek	int fseek(fp,offset,base) FILE * fp long offset int base	将 fp 指向的文件的位置指针移到以 base 所指出的位置为基准、以 offset 为位移量的位置	返回当前位置，否则，返回 -1
ftell	long ftell(fp) FILE * fp	返回 fp 所指向的文件中的读写位置	返回 fp 所指向的文件中的读写位置

续表

函数名	函数类型和形参类型	功　　能	返回值
fwrite	int fwrite(buf,size,n,fp) char * buf int size,n FILE * fp	将 buf 所指向的 n 个 size 字节输出到 fp 所指文件	实际写入的数据项个数
getc	int getc(fp) FILE * fp	从 fp 所指向的文件中读入一个字符	返回所读的字符,若文件结束或出错,返回 EOF
getchar	int getchar(void)	从键盘输入一个字符	所读字符,若文件结束或出错,则返回-1
gets	char * gets(str) char * str	从标准输入设备输入一个字符串并存放到 str 指向的字符数组中	操作成功返回 str;不成功则返回空指针
printf	int printf(format,arg _ list) char * format	将输出项 arg _ list 的值输出到标准输出设备上	输出字符的个数,若出错,返回负数
putc	int putc(ch,fp) int ch FILE * fp	把一个字符 ch 输出到 fp 所指的文件中	输出的字符 ch,若出错,返回 EOF
putchar	int putchar(ch) char ch	输出字符 ch 到标准输出设备	输出的字符 ch,若出错,返回 EOF
puts	int puts(str) char * str	输出字符串 str 到标准输出设备	成功,返回换行符;失败,返回 EOF
rewind	void rewind(fp) FILE * fp	将 fp 指示的文件中的位置指针置于文件开头位置,并清除文件结束标志和错误标志	无
scanf	int scanf(format,arg _ list) char * format	从标准输入设备按 format 格式输入数据到 arg _ list 所指内存	读入并赋给 arg _ list 的数据个数。遇文件结束返回 EOF,出错返回 0
sprintf	int sprintf(buffer, format [, arg _ list] …); char * buffer const char * format	把 arg _ list 的值以 format 指定的格式输出到缓冲区中	输出字符的个数
sscanf	int sscanf(buffer, format [, arg _ list] …); const char * buffer const char * format	从 buffer 指定的缓冲区中按 format 给定的格式将输入数据送到 arg _ list 所指向的内存单元	实际输入的数据个数

4. 字符屏幕和图形功能函数

字符屏幕处理函数的头部信息在 conio.h 中，图形系统的有关函数和原型在 graphics.h 中。

函数名	函数类型和形参类型	功　能	包含文件
arc	void arc(x,y,start,end,radius) int x,y,start,end,radius	以 radius 为半径，以 x,y 为圆心，以 start 为初始角，end 为终止角逆时针方向画一弧线	graphics.h
bar	void bar(left,top,right,bottom) int left,top,right,bottom	从左上角 left,top 到右下角 right,bottom 画一矩形条	graphics.h
circle	void circle(x,y,redius) int x,y,radius	以(x,y)为圆心，以 radius 为半径画一个圆	graphics.h
closegraph	void closegraph()	关闭图形工作方式，释放用于保存图形驱动器和字体的系统内存	graphics.h
clrscr	void clrscr()	清除整个当前字符窗口，将光标定到左上角(1,1)处	conio.h
cputs	int cputs(str) const char * str	把字符串 str 输出到当前字符窗口	conio.h
detecgraph	void detecgraph(drive,mode) int * drive, * mode	确定图形适配器的类型	graphics.h
floodfill	void floodfill(x,y,border) int x,y,border	用图形块中给定点和形状块边界线的当前颜色和模式，填充该图形块	graphics.h
getbkcolor	int far getbkcolor()	返回当前背景颜色	graphics.h
getcolor	int getcolor()	返回当前画线颜色	graphics.h
getfillpattern	void far getfillpattern(pa) char far * pa	填写由 pa 指向的数组，填写内容为构成当前填充图案的 8 个字节	graphics.h
getgraphmode	int getgraphmode()	返回当前图形模式	graphics.h
getimage	void far getimage(left,top,right,bottom,buf) int left,top,right,bottom void far * buf	把屏幕图形部分复制到 buf 指向的内存。左上角为 left,top；右下角为 right,bottom	graphics.h
gettext	int gettext(left,top,right,bottom,buf) int left,top,right,bottom char * buff	把从左上角 left,top 到右下角 right,bottom 的矩形区域中的字符复制到内存	conio.h
gotoxy	void gotoxy(x,y) int x,y	把字符屏幕上的光标移动到 x,y 处	conio.h

续表

函数名	函数类型和形参类型	功 能	包含文件
imagesize	unsigned far imagesize(left,top,right,bottom) int left,top,right,bottom	返回存储一块屏幕图形所需的存储字节数。该块屏幕左上角为 left, top;右下角为 right,bottom	graphics.h
initgraph	void initgraph(drive,mode,path) int * drive, * mode char * path	把 drive 所指的图形驱动器装入内存,屏幕模式有 mode 确定,图形驱动器路径由 path 给定	graphics.h
line	void line(sx,sy,ex,ey) int sx,sy,ex,ey	从(sx, sy)到(ex, ey)画一直线	graphics.h
outtext	void outtext(str) char * str	在光标处显示一字符串 str	graphics.h
puttext	int puttext(left,top,right,bottom,buf) int left,top,right,bottom char * buf	把由 gettext()储存到内存 buf 的字符复制到左上角到右下角的区域	graphics.h
rectangle	void rectangle(left,top,right,bottom) int left,top,right,bottom	用当前画线的颜色画一个以左上角为 left,top 和右下角为 right,bottom 的矩形	graphics.h
setbkcolor	void setbkcolor(color) int color	改变背景色为 color 所指颜色	graphics.h
setcolor	void setcolor(color) int color	设置当前画线颜色	graphics.h
setfillstyle	void far setfillstyle(pa,color) int pa,color	为各种图形函数设置填充式样和颜色	graphics.h
settextstyle	void far settextstyle(font,direct,size) int font,direct,size	为图形字符输出函数设置当前字体、方向和字符大小	graphics.h
textbackground	void textbackground(col) int col	设置字符屏幕的背景	conio.h
textcolor	void textcolor(color) int color	设置字符屏幕下的字符颜色	conio.h
window	void window(left,top,right,bottom) int left,top,right,bottom	用于建立字符窗口	conio.h

5. 动态存储分配

ANSI C 标准建议在“stdlib.h”头文件中包含有关的信息,但有许多的 C 编译要求用“malloc.h”包含。使用时,请查阅有关手册。

函数名	函数类型和形参类型	功　　能	返回值
calloc	void ＊calloc(n,size) unsigned n,size	分配 n 个数据项的内存连续空间,每个数据项的大小为 size	分配内存单元的起始地址。如果不成功,返回 0
free	void free(p) void ＊p	释放 p 所指的内存区	
malloc	void ＊malloc(size) unsigned size	分配 size 字节的存储区	被分配的内存区地址,如果内存不够,返回 0
realloc	void ＊realloc(＊p,size) void ＊p unsigned size	将 p 所指出的已分配内存区的大小改为 size。size 可以比原来分配的空间大或小	返回指向该内存区的指针

6. 类型转换函数

函数名	函数类型和形参类型	功　　能	包含文件
atof	float atof(＊str) char ＊str	把由 str 指向的字符串转换为实型 float (该字符串前部必须是一个有效的实型数)	math.h 和 stdlib.h
atoi	int atoi(＊str) char ＊str	把由 str 指向的字符串转换为整型 int (该字符串前部必须是一个有效的整型数)	stdlib.h
atol	long atol(＊str) char ＊str	把由 str 指向的字符串转换为长整型 long int (该字符串前部必须是一个有效的长整型数)	stdlib.h

参考文献

[1] 郝玉洁,袁平,常征,等.C 语言程序设计[M].北京:机械工业出版社,2000.
[2] 孙家启.C 语言程序设计[M].北京:中国科学技术出版社,2002.
[3] 秦友淑,曹化工,等.C 语言程序设计教程[M].2 版.武汉:华中理工大学出版社,1996.
[4] 孙宏昌,王燕来.C 语言程序设计[M].北京:高等教育出版社,1999.
[5] 徐金梧,杨德斌,徐科.Turbo C 实用大全[M].北京:机械工业出版社,1996.
[6] 郑平安,曾大亮,杨有安,等.程序设计基础(C 语言)[M].2 版.北京:清华大学出版社,2006.
[7] 周纯杰,刘正林,何顶新,等.标准 C 语言程序设计及应用[M].武汉:华中科技大学出版社,2005.
[8] 苏小红,王宇颖,孙志岗,等.C 语言程序设计[M].北京:高等教育出版社,2011.
[9] 谭浩强.C 程序设计[M].3 版.北京:清华大学出版社,2005.
[10] 张广路,全玲玲,苏莉,等.C 语言设计基础教程[M]. 北京:电子工业出版社,2010.
[11] 张敏霞,孙丽凤,王秀鸾.C 语言程序设计教程[M].2 版.北京:电子工业出版社,2010.
[12] 顾小晶.实用 C 语言简明教程[M].北京:中国电力出版社,2003.
[13] 苏小红,陈惠鹏,孙志岗,等.C 语言大学实用教程[M].2 版.北京:电子工业出版社,2007.
[14] 杨旭.C 语言程序设计案例教程[M].北京:人民邮电出版社,2005.
[15] 袁启昌.C 语言程序设计[M].北京:科学出版社,2005.
[16] 孟宪福,王旭.C 语言程序设计教程[M].2 版.北京:电子工业出版社,2010.
[17] 刘明军,韩玫瑰.C 语言程序设计[M].北京:电子工业出版社,2009.